国产数据库达梦丛书

达梦数据库应用基础

（第二版）

张海粟　朱明东　王　龙　戴剑伟
张守帅　张　胜　左青云　李韬伟　编著
刘志红　祁　超　徐　飞

電子工業出版社
Publishing House of Electronics Industry
北京 • BEIJING

内容简介

本书以达梦数据库管理系统（DM8）为平台，全面、系统地介绍了达梦数据库常用操作和应用方法，包括达梦数据库安装与卸载、常用对象管理、数据查询、数据操作、高级对象管理、安全管理、备份还原、作业管理等。本书突出对操作实践的指导，为了使读者更容易理解书中所介绍的内容，列举了大量详细的例子，既介绍了 SQL 命令方式的管理方法，又介绍了可视化图形界面的管理方法，便于读者进行操作练习，使读者轻松入门、快速提高，并能在较短时间内基本掌握达梦数据库管理系统及其应用技术。

本书内容全面、举例丰富、操作性强、语言通俗、格式规范，可作为相关专业大专、高职、本科生的教材，也可作为广大数据库应用开发人员的参考用书。

图书在版编目（CIP）数据

达梦数据库应用基础 / 张海粟等编著. —2 版. —北京：电子工业出版社，2021.11
（国产数据库达梦丛书）
ISBN 978-7-121-42433-5

Ⅰ. ①达…　Ⅱ. ①张…　Ⅲ. ①关系数据库系统　Ⅳ. ①TP311.138

中国版本图书馆 CIP 数据核字（2021）第 241819 号

责任编辑：李　敏
印　　刷：北京天宇星印刷厂
装　　订：北京天宇星印刷厂
出版发行：电子工业出版社
　　　　　北京市海淀区万寿路 173 信箱　　邮编：100036
开　　本：787×1 092　1/16　印张：14.25　字数：365 千字
版　　次：2016 年 11 月第 1 版
　　　　　2021 年 11 月第 2 版
印　　次：2024 年 7 月第 9 次印刷
定　　价：89.00 元

凡所购买电子工业出版社图书有缺损问题，请向购买书店调换。若书店售缺，请与本社发行部联系，联系及邮购电话：（010）88254888，88258888。

质量投诉请发邮件至 zlts@phei.com.cn，盗版侵权举报请发邮件至 dbqq@phei.com.cn。

本书咨询联系方式：010-88254753 或 limin@phei.com.cn。

序一

数据库已成为现代软件生态的基石之一。遗憾的是，国产数据库的技术水平与国外一流水平相比还有一定差距。同时，国产数据库在关键领域的应用普及度相对较低，应用研发人员规模还较小，大力推动和普及国产数据库的应用是当务之急。

由电子工业出版社策划，国防科技大学信息通信学院和武汉达梦数据库股份有限公司等单位多名专家联合编写的“国产数据库达梦丛书”，聚焦数据库管理系统这一重要基础软件，以达梦数据库系列产品及其关键技术为研究对象，翔实地介绍了达梦数据库的体系架构、应用开发技术、运维管理方法，以及面向大数据处理的集群、同步、交换等一系列内容，涵盖了数据库管理系统及大数据处理的多个关键技术和运用方法，既有技术深度，又有覆盖广度，是推动国产数据库技术深入广泛应用、打破国外数据库产品垄断局面的重要工作。

“国产数据库达梦丛书”的出版，预期可以缓解国产数据库系列教材和相关关键技术研究专著匮乏的问题，能够发挥出普及国产数据库技术、提高国产数据库专业化人才培养效益的作用。此外，该套丛书对国产数据库相关技术的应用方法和实现原理进行了深入探讨，将会吸引更多的软件开发人员了解、掌握并运用国产数据库，同时可促进研究人员理解实施原理、加快提高相关关键技术的自主研发水平。

倪光南

中国工程院院士

2020 年 7 月

序 二

作为现代软件开发和运行的重要基础支撑之一，数据库技术在信息产业中得到了广泛应用。如今，即使进入人人联网、万物互联的网络计算新时代，持续成长、演化和发展的各类信息系统，仍离不开底层数据管理技术，特别是数据库技术的支撑。数据库技术从关系型数据库到非关系型数据库、分布式数据库、数据交换等不断迭代更新，很好地促进了各类信息系统的稳定运行和广泛应用。但是，长期以来，我国信息产业中的数据库大量依赖国外产品和技术，特别是一些关系国计民生的重要行业信息系统也未摆脱国外数据库产品。大力发展国产数据库技术，夯实研发基础、吸引开发人员、丰富应用生态，已经成为我国信息产业发展和技术研究中一项重要且急迫的工作。

武汉达梦数据库股份有限公司研发团队和国防科技大学信息通信学院教师团队，长期从事国产数据库技术的研制、开发、应用和教学工作。为了助推国产数据库生态的发展，扩大国产数据库技术的人才培养规模与影响力，电子工业出版社在前期与上述团队合作的基础上，策划出版“国产数据库达梦丛书”。该套丛书以达梦数据库 DM8 为蓝本，全面覆盖了达梦数据库的开发基础、性能优化、集群、数据同步与交换等一系列关键问题，体系设计科学合理。

“国产数据库达梦丛书”不仅对数据库对象管理、安全管理、作业管理、开发操作、运维优化等基础内容进行了详尽说明，同时也深入剖析了大规模并行处理集群、数据共享集群、数据中心实时同步等高级内容的实现原理与方法，特别是针对 DM8 融合分布式架构、弹性计算与云计算的特点，介绍了其支持超大规模并发事务处理和事务分析混合型业务处理的方法，实现动态分配计算资源，提高资源利用精细化程度，体现了国产数据库的技术特色。相关内容既有理论和技术深度，又可操作实践，其出版工作是国产数据库领域产学研紧密协同的有益尝试。

中国科学院院士

2020 年 7 月

序 三

习近平总书记指出，“重大科技创新成果是国之重器、国之利器，必须牢牢掌握在自己手上，必须依靠自力更生、自主创新。”基于此，实现关键核心技术创新发展，构建安全可控的信息技术体系非常必要。

数据库作为科技产业和数字化经济中三大底座（数据库、操作系统、芯片）技术之一，是信息系统的中枢，其安全、可控程度事关我国国计民生、国之重器等重大战略问题。但是，数据库技术被国外数据库公司垄断达几十年，为我国信息安全带来了一定的安全隐患。

以武汉达梦数据库股份有限公司为代表的国产数据库企业，40 余年来坚持自主原创技术路线，经过不断打磨和应用案例的验证，已在我国关系国计民生的银行、国企、政务等重大行业广泛应用，突破了国外数据库产品垄断国内市场的局面，保障了我国基本生存领域和重大行业的信息安全。

为了助推国产数据库的生态发展，推动国产数据库管理系统的教学和人才培养，国防科技大学信息通信学院与武汉达梦数据库股份有限公司，在总结数据库管理系统长期教学和科研实践经验的基础上，以达梦数据库 DM8 为蓝本，联合编写了“国产数据库达梦丛书”。该套丛书的出版一是推动国产数据库生态体系培育，促进国产数据库快速创新发展；二是拓展国产数据库在关系国计民生业务领域的应用，彰显国产数据库技术的自信；三是总结国产数据库发展的经验教训，激发国产数据库从业人员奋力前行、创新突破。

华中科技大学软件学院院长、教授

2020 年 7 月

前 言

达梦数据库 DM8（简称达梦数据库）是武汉达梦数据库股份有限公司推出的具有完全自主知识产权的新一代高性能数据库产品。达梦数据库在支持应用系统开发及数据处理方面的主要特点如下。

一是支持安全高效的服务器端存储模块开发。达梦数据库可以运用过程语言和 SQL 语句创建存储过程或存储函数（将存储过程和存储函数统称为存储模块），存储模块运行在服务器端，减少了应用程序对达梦数据库的访问，并且能对其进行权限访问控制，有效改善了数据库应用程序的性能和安全性；同时提供了包括空间信息处理 DMGEO 系统包，以及兼容 Oracle 数据库的 DBMS_ALERT、DBMS_OUTPUT、UTL_FILE 和 UTL_MAIL 等丰富多样的系统包，为空间信息处理、收发邮件、访问和操作数据文件等功能的开发提供了简便可行的方法；还提供了命令行和图形化两种调试工具，具有对存储过程执行计划准确跟踪的能力。调试工具不仅可用于调试程序错误，还可用于对复杂存储过程、存储函数、触发器、包、类等高级对象进行性能跟踪与调优，为程序员开发和调试程序提供了一站式开发调试手段。

二是具有丰富多样的数据库访问接口和数据操作接口。达梦数据库提供了符合国际数据库标准或行业标准的驱动程序，以及 C/C++、.NET、Java、PHP、Python、Node.js、Go 等高级语言访问接口，支持 Eclipse、JBuilder、Visual Studio、Delphi、C++Builder、PowerBuilder 等各种流行数据库应用开发工具，完全满足当前数据库应用系统开发的需要。

三是高度兼容 Oracle、SQL Server 等主流数据库管理系统。达梦数据库在功能扩展、函数定义、调用接口定义及调用方式等方面尽量与 Oracle、SQL Server 等数据库产品一致，实现了很多 Oracle 独特的功能和语法，使多数基于 Oracle 的应用可以不用修改直接移植到达梦数据库。而原有的基于 Oracle 的 OCI 和 OCCI 接口开发的应用程序，只需要将应用连接到由达梦数据库提供的兼容动态库即可，开发人员无须更改应用系统的数据库交互代码，即可基本完成应用程序的移植，从而最大限度地提高应用系统的可移植性和可重用性，降低应用系统移植和升级的工作难度与强度。

四是支持国际化应用开发。达梦数据库支持 UTF-8、GB 18030、EUC-KR 等字符集。

用户可以在安装系统时，指定服务器端使用 UTF-8 字符集，在客户端能够以各种字符集存储文本，并使用系统提供的接口设置客户端使用的字符集，或者使用客户端操作系统默认的字符集。客户端和服务器端的字符集由用户指定后，都可以透明地使用，系统负责不同字符集之间的自动转换，从而满足国际化需要，增强了达梦数据库的通用性。

为了推动国产数据库管理系统的教学和人才培养，促进国产数据库的广泛应用，在总结数据库管理系统长期教学和科研经验的基础上，并在武汉达梦数据库股份有限公司的大力支持下，“国产数据库达梦丛书”编委会以达梦数据库 DM8 为蓝本，编著了《中国方案：中国数据库追梦之路》《达梦数据库应用基础（第二版）》《达梦数据库编程指南》《达梦数据库性能优化》《达梦数据库集群》《DM8 数据中心解决方案——达梦实时同步工具》《DM8 数据中心解决方案——达梦数据交换平台》《达梦数据库运维实战》等系列图书。

2016 年，编著者结合达梦数据库教学和应用开发的经验体会，以达梦数据库 DM7.1 为平台，编著了《达梦数据库应用基础》，得到了高校老师、学生和广大读者的广泛认可。《达梦数据库应用基础（第二版）》以新一代达梦数据库 DM8 为平台，继承了第一版的成功经验，在保留基本内容的同时，针对 DM8 的特点进行修改、增减和扩充。

全书共 8 章，第 1 章达梦数据库概述，回顾了达梦数据库的发展历程，总结了达梦数据库的特点，剖析了达梦数据库的体系结构，介绍了达梦数据库的常用工具；第 2 章达梦数据库安装与卸载，分别介绍了在 Windows 和 Linux 操作环境下 DM8 服务端及客户端的安装与卸载过程；第 3 章达梦数据库常用对象管理，重点对表空间、模式、表等达梦数据库常用对象的管理操作方法进行了介绍；第 4 章达梦数据库查询与操作，从单表查询、连接查询、查询子句、子查询、表数据操作等方面，用举例的方法说明了常用达梦数据库查询与操作 SQL 语句的使用；第 5 章达梦数据库高级对象管理，重点介绍了视图、索引、序列、同义词等达梦数据库高级对象的管理；第 6 章达梦数据库安全管理，重点介绍了用户管理、权限管理、角色管理、数据库审计等；第 7 章达梦数据库备份还原，重点介绍了对达梦数据库的脱机备份还原和联机备份还原等操作；第 8 章达梦数据库作业管理，重点介绍了作业管理的应用操作方法等。

本书突出了对操作实践的指导，书中列举了大量详细的案例，方便读者进行操作练习，掌握数据库管理应用技能，提高学习效率。另外，本书在头歌（EduCoder）实践教学平台构建了配套的在线实训教学资源，请登录头歌实践教学平台搜索“达梦数据库应用基础与性能优化”进行学习和实践。本书可满足具有不同学习基础读者的学习需求。

本书大纲由张海粟、朱明东拟制，第 1 章由张守帅执笔，第 2 章、第 3 章由张海粟、王龙执笔，第 4 章由朱明东执笔，第 5 章由徐飞执笔，第 6 章由李韬伟执笔，第 7、8 章由张胜执笔，附录由祁超执笔，戴剑伟、刘志红、左青云等同志在本书编著过程中承担了大量工作，统稿修改由戴剑伟、朱明东完成。

在本书编著过程中，编著者参考了武汉达梦数据库股份有限公司提供的技术资料，在此表示衷心的感谢。由于编著者水平有限，加之时间仓促，书中难免有错误与不妥之处，敬请读者批评指正。欢迎读者通过电子邮件 zhuming.dong@aliyun.com 与我们交流，也欢迎访问达梦数据库官网、达梦数据库官方微信公众号“达梦大数据”，或者拨打服务热线 400-991-6599 获取更多达梦数据库的资料和服务。

编著者

2021 年 8 月

目录

第 1 章　达梦数据库概述 ······ 1

1.1　达梦数据库的发展及特点 ······ 1

1.1.1　达梦数据库的发展 ······ 1

1.1.2　达梦数据库的特点 ······ 2

1.2　达梦数据库体系结构 ······ 9

1.2.1　物理存储结构 ······ 10

1.2.2　逻辑存储结构 ······ 13

1.2.3　数据库实例 ······ 17

1.3　达梦数据库常用工具 ······ 24

1.3.1　DM 控制台工具 ······ 24

1.3.2　DM 管理工具 ······ 25

1.3.3　DM 性能监视工具 ······ 26

1.3.4　DM 数据迁移工具 ······ 26

1.3.5　达梦数据库配置助手 ······ 27

1.3.6　DM 审计分析工具 ······ 27

第 2 章　达梦数据库安装与卸载 ······ 28

2.1　达梦数据库安装环境 ······ 28

2.1.1　硬件环境 ······ 28

2.1.2　软件环境 ······ 29

2.1.3　准备工作 ······ 29

2.2　达梦数据库安装 ······ 30

2.2.1　服务器端安装 ······ 30

2.2.2　客户端安装 ······ 40

2.2.3　许可证安装 ······ 41

2.3　数据库实例创建 ······ 41

2.3.1　数据库实例规划 ······ 42

2.3.2　界面方式创建数据库 ······ 42

2.3.3　命令行方式创建数据库 ······ 47

2.4　启动和停止数据库服务 ······ 48

2.4.1　DM 服务查看器方式 ······ 48

2.4.2 dmserver 方式……49
2.5 达梦数据库卸载……50
2.5.1 删除达梦数据库实例……50
2.5.2 卸载数据库软件……52
第 3 章 达梦数据库常用对象管理……56
3.1 表空间管理……56
3.1.1 创建表空间……56
3.1.2 修改表空间……61
3.1.3 删除表空间……64
3.2 模式管理……65
3.2.1 创建模式……65
3.2.2 修改模式……67
3.2.3 删除模式……68
3.3 表管理……70
3.3.1 创建表……70
3.3.2 修改表……74
3.3.3 删除表……77
第 4 章 达梦数据库查询与操作……79
4.1 单表查询……79
4.1.1 简单查询……80
4.1.2 条件查询……81
4.1.3 列运算查询……84
4.1.4 函数查询……84
4.1.5 别名查询……89
4.2 连接查询……90
4.2.1 笛卡儿积查询……90
4.2.2 内连接查询……91
4.2.3 外连接查询……91
4.3 查询子句……92
4.3.1 排序子句……92
4.3.2 分组子句……93
4.3.3 HAVING 子句……93
4.3.4 TOP 子句……93
4.4 子查询……94
4.4.1 使用 IN 关键字的子查询……94
4.4.2 使用 ANY、SOME、ALL 关键字的子查询……95
4.4.3 使用 EXISTS 关键字的子查询……95

4.5 表数据操作……96
4.5.1 插入表数据……96
4.5.2 修改表数据……97
4.5.3 删除表数据……97

第 5 章 达梦数据库高级对象管理……99

5.1 视图管理……99
5.1.1 视图的概念及作用……99
5.1.2 创建视图……100
5.1.3 删除视图……103
5.2 索引管理……104
5.2.1 索引的概念及作用……104
5.2.2 创建索引……105
5.2.3 删除索引……107
5.3 序列管理……107
5.3.1 序列的概念及作用……107
5.3.2 创建序列……108
5.3.3 删除序列……109
5.4 同义词管理……110
5.4.1 创建同义词……110
5.4.2 删除同义词……111

第 6 章 达梦数据库安全管理……112

6.1 用户管理……113
6.1.1 达梦数据库初始用户……113
6.1.2 创建用户……115
6.1.3 修改用户……117
6.1.4 删除用户……118
6.2 权限管理……118
6.2.1 权限概述……119
6.2.2 数据库权限管理……119
6.2.3 对象权限管理……121
6.3 角色管理……126
6.3.1 角色概述……126
6.3.2 创建角色……127
6.3.3 管理角色……127
6.4 数据库审计……128
6.4.1 审计概述……128
6.4.2 审计分类……129
6.4.3 审计实时侵害检测……136

6.4.4 审计配置 ······ 139

第 7 章 达梦数据库备份还原 ······ 143

7.1 备份还原概述 ······ 143
7.1.1 相关概念 ······ 144
7.1.2 备份还原的分类 ······ 145
7.1.3 备份还原的条件 ······ 147
7.1.4 备份还原的手段 ······ 148
7.2 数据库备份还原 ······ 148
7.2.1 使用 DM 控制台工具进行脱机备份还原 ······ 148
7.2.2 使用 DMRMAN 工具进行脱机备份还原 ······ 152
7.2.3 使用 DM 管理工具进行联机备份还原 ······ 153
7.2.4 使用 SQL 语句进行联机备份还原 ······ 157
7.3 表空间备份还原 ······ 159
7.3.1 使用 DM 管理工具进行备份还原 ······ 159
7.3.2 使用 SQL 语句进行备份还原 ······ 162
7.4 表备份还原 ······ 163
7.4.1 使用 DM 管理工具进行备份还原 ······ 163
7.4.2 使用 SQL 语句进行备份还原 ······ 165
7.5 逻辑备份还原 ······ 167
7.5.1 逻辑备份 ······ 167
7.5.2 逻辑还原 ······ 169

第 8 章 达梦数据库作业管理 ······ 172

8.1 作业概述 ······ 172
8.2 通过系统过程管理作业 ······ 173
8.2.1 创建作业 ······ 173
8.2.2 启动作业配置 ······ 174
8.2.3 配置作业步骤 ······ 175
8.2.4 配置作业调度 ······ 177
8.2.5 提交作业配置 ······ 180
8.2.6 其他作业管理 ······ 180
8.3 通过 DM 管理工具管理作业 ······ 181

附录 A 样本数据库 ······ 184

附录 B 达梦系统函数 ······ 187

附录 C 角色和系统权限 ······ 193

附录 D DM8 常用数据字典 ······ 195

附录 E 达梦数据库技术支持 ······ 208

第1章 达梦数据库概述

实现核心信息技术和产品国产自主、构建安全可控的信息技术体系，是维护国家安全的重大战略举措。信息技术覆盖范围较广，但核心是芯片技术和基础软件技术，数据库就是基础软件的重要组成部分。达梦数据库（简称 DM）是武汉达梦数据库股份有限公司推出的具有完全自主知识产权的大型通用关系型数据库管理系统，是采用类 Java 的虚拟机技术设计的新一代数据库产品。达梦数据库是最早获得国家自主原创产品认证的数据库产品，是国产数据库中的佼佼者。

1.1 达梦数据库的发展及特点

达梦数据库经过不断的迭代与发展，在吸收主流数据库产品优点的同时，也逐步形成了自身的特点，受到业界和用户的广泛认同。

1.1.1 达梦数据库的发展

随着信息技术不断发展，达梦数据库也在不断演进，从最初的数据库管理系统原型 CRDS 发展到 2019 年的 DM8。1988 年，华中理工大学（华中科技大学前身）研制成功了我国第一个国产数据库管理系统原型 CRDS，这可以看作达梦数据库的起源。1991 年，该团队先后完成了军用地图数据库 MDB、知识数据库 KDB、图形数据库 GDB、And 语言数据库 ADB，为达梦数据库的诞生奠定了基础。1992 年，华中理工大学达梦数据库研究所成立；1993 年，该研究所研制的多用户数据库管理系统通过了鉴定，标志着达梦数据库 1.0 版本的诞生。1996 年，DM2 研制成功，打破了国外数据库的垄断；1997 年，中国电力财务公司华中分公司财务应用系统首次使用国产数据库 DM2；随后，DM2 在全国 76 家分公司上线使用。2000 年，我国第一个数据库公司——武汉达梦数据库股份有限公司成立，同年 DM3 诞生，并经专家评定达到国际先进水平，DM3 采用独特的三权分立的安全管理体制和改进的多级安全模型，安全级别达到了 B1 级，并具有 B2 级功能，高于当时同类进口产品。2004 年，武汉达梦数据库股份有限公司推出了 DM4，其性能远超基于开源技术的数据库，并在国家测试中保持第一名。2005 年，DM5 发布，其在安全可靠及产品化方面进行了完善，荣获了第十届软博会金奖。2009 年，DM6 发布，其与国际主流数据库产品的兼容性得到了大幅提升，在政府、军工等对安全性要求更高的重要行业领域得到广泛应用。2012 年，新一代达梦数据库管理系统 DM7 发布，该版本支持大规模并行计算、海量数据处理技术，是理想的企业级数据管理服务平台，也是最早获得自主原创证书的国产数据库。2019 年，达梦数据库管理系统 DM8 发布。

2016 年以来，达梦数据库在公安、政务、信用、司法、审计、住房和城乡建设、国土资源、应急管理等 30 多个领域得到了广泛应用。

1.1.2 达梦数据库的特点

达梦数据库在不断发展过程中，每个版本在适应时代需求的同时，具备了一定的特点，这里主要介绍 DM8 的主要特点。DM8 采用全新的体系架构，在保证大型通用的基础上，针对可靠性、高性能、海量数据处理和安全性做了大量研发和改进工作，在提升数据库产品性能的同时，提高了语言的丰富性和可扩展性，并能同时兼顾 OLTP（联机事务处理）和 OLAP（联机分析处理）请求，从根本上提升了数据库产品的品质。

1．通用性强

DM8 产品的通用性主要体现在以下几个方面。

1）硬件平台支持

DM8 兼容多种硬件体系，可运行于 x86、SPARC、Power 等硬件体系之上。DM8 在各种平台上的数据存储结构和消息通信结构完全一致，使得 DM8 各种组件在不同的硬件平台上具有一致的使用特性。

2）操作系统支持

DM8 实现了平台无关性，支持 Windows 系列、Linux（2.4 及以上内核）、UNIX、Kylin、AIX、Solaris 等主流操作系统。DM8 的服务器、接口程序和管理工具均可在 32 位/64 位操作系统上使用。

3）应用开发支持

（1）开发环境支持。

DM8 支持多种主流集成开发环境，包括 PowerBuilder、Delphi、Visual Studio、.NET、C++Builder、Qt、JBuilder、Eclipse、IntelliJ IDEA、Zend Studio 等。

（2）开发框架技术支持。

DM8 支持各种开发框架技术，主要有 Spring、Hibernate、iBATIS SQLMap、Entity Framework、Zend Framework 等。

（3）中间件支持。

DM8 支持各种主流系统中间件，包括 WebLogic、WebSphere、Tomcat、Jboss、东方通 TongWeb、金蝶 Apusic、中创 InfoWeb 等。

（4）标准接口支持。

DM8 提供对 SQL92 的特性支持，以及对 SQL99 的核心级别支持；支持多种数据库开发接口，包括 OLE DB、ADO、ODBC、OCI、JDBC、Hibernate、PHP、PDO、DB Express、.NET Data Provider 等。

（5）网络协议支持。

DM8 支持多种网络协议，包括 IPv4、IPv6 等。

（6）字符集支持。

DM8 完全支持 UTF-8、GB 18030 等常用字符集。

（7）国际化支持。

DM8 提供了国际化支持，服务器和客户端工具均支持用简体中文和英文来显示输出结果和错误信息提示。

2．高可用性

为了应对现实中出现的各种意外，如电源中断、系统故障、服务器宕机、网络故障等突发情况，DM8 实现了 REDO（重做）日志、逻辑日志、归档日志、跟踪日志、事件日志等。例如，REDO（重做）日志记录了数据库的物理文件变化信息，逻辑日志记录了数据库表上的所有插入、删除、更新等数据变化。通过记录日志信息，系统的容灾能力得到增强，系统的可用性大大提高。

1）快速的故障恢复

DM8 通过 REDO 日志记录数据库的物理文件变化信息。当发生系统故障的时候（如机器掉电），系统通过 REDO 日志进行重做处理，恢复用户的数据和回滚信息，从而使数据库系统从故障中恢复，避免数据丢失，确保事务的完整性。相对达梦数据库以前的版本，DM8 改进了 REDO 日志的管理策略，采用逻辑 LSN（日志序列号）替代了原来的物理文件地址映射到 LSN 的生成机制，极大地简化了 REDO 日志的处理逻辑。

REDO 日志支持压缩存储，可以减少存储空间开销。DM8 在故障恢复时采用了并行处理机制执行 REDO 日志，有效减少了重做所花费的时间。

2）可靠的备份与还原

DM8 可以提供数据库或整个服务器的冷备份/热备份，以及对应的还原功能，实现数据库中数据的保护和迁移。DM8 支持的备份类型包括物理备份、逻辑备份和 B 树备份，其中，B 树备份是介于物理备份和逻辑备份之间的一种形态。

DM8 支持增量备份，支持 LSN 和时间点还原；可备份不同级别的数据，包括数据库级、表空间级和表级；支持在联机、脱机的状态下进行备份、还原操作。

3）高效的数据复制

DM8 的复制功能基于逻辑日志实现。主机将逻辑日志发往从机，从机根据逻辑日志模拟事务与语句，重复主机的数据操作。相对语句级的复制，逻辑日志可以更准确地反映主机数据的时序变化，从而减少冲突，提高数据复制的一致性。

DM8 提供基于事务的同步复制和异步复制功能。同步复制指所有复制节点的数据是同步的，如果复制环境中的主表数据发生了变化，这种变化将以事务为单位同步传播和应用到其他所有复制节点。异步复制指在多个复制节点之间，主节点的数据更新需要经过一定的时间周期之后才能反映到从节点。如果在复制环境中主节点要被复制的数据发生了更新操作，这种改变将在不同的事务中被传播和应用到其他所有从节点。这些不同事务之间可以间隔几秒、几分钟、几小时，也可以间隔几天。复制节点之间的数据在一段时间内是不同步的，但传播最终将保证所有复制节点之间数据的一致性。数据复制功能支持一到多、多到一、级联复制、多主多从复制、环形复制、对称复制、大数据对象复制等。

4）实时的主备系统

主备系统是 DM8 提高容灾能力的重要手段。系统由一台主机与一台或多台备机构成，实现数据的守护。主机提供正常的数据处理服务；备机则时刻保持与主机的数据同步。一旦主机发生故障，其中一台备机立刻可以切换为新的主机，继续提供服务。主机与备机的切换是通过服务器、观察器与接口自动完成的，对客户端几乎完全透明。

DM8 的主备系统基于优化后的 REDO 日志系统开发，其功能更加稳定可靠。主机与备机间传递压缩的 REDO 日志数据，通信效率大大提升。DM8 主备系统提供了配置模式，可在不停机状态下实现单机系统与主备系统之间的平滑变换。

DM8 的主备系统可提供全功能的数据库支持，客户端访问主机系统没有任何功能限制，而备机同样可以作为主机的只读镜像支持客户端的只读查询请求。

3. 高性能

为了提高数据库在数据查询、存储、分析、处理等方面的性能，DM8 采用了多种性能优化技术与策略，主要如下。

1）查询优化

DM8 采用多趟扫描、代价估算的优化策略。系统基于数据字典信息、数据分布统计值、执行语句涉及的表、索引和分区的存储特点等统计信息实现了代价估算模型，在多个可行的执行计划中选择代价最小的执行计划作为最终执行计划。同时，DM8 还支持查询计划的 HINT（一种 SQL 语法）功能，可供经验丰富的 DBA 对特定查询进行优化改进，进一步提高查询的效率和灵活性。

DM8 查询优化器利用优化规则，将所有的相关子查询变换为等价的关系连接。相关子查询的平坦化，极大地降低了代价优化的算法复杂程度，使得优化器可以更容易地生成较优的查询计划。

2）查询计划重用

SQL 语句从分析、优化到实际执行，每一步都需要消耗系统资源。查询计划的重用，可以减少重复分析操作，有效提升语句的执行效率。DM8 采用参数化常量方法，使得常量值不同的查询语句同样可以重用查询计划。经此优化后的查询计划重用策略，在应用系统中的实用性得到了明显增强。

3）查询内并行处理

DM8 为具有多个处理器（CPU）的计算机提供了并行查询，以优化查询执行和索引操作。并行查询的优势就是可以通过多个线程来处理查询作业，从而提高查询效率。

在 DM8 中有一个查询优化器，在对 SQL 语句进行优化后数据库才会执行查询语句。如果查询优化器认为查询语句可以从并行查询中获得较高查询效率，就会将本地通信操作符插入查询计划执行过程中，为并行查询做准备。本地通信操作符是在查询计划执行过程中提供进程管理、数据重新分发和流控制的运算符。在查询计划执行过程中，数据库会确认当前的系统工作负荷和配置信息，判断是否有足够多的线程允许执行并行查询。确定最佳线程数后，在查询计划初始化确定的线程上执行并行查询。在多个线程上执行并行查询时，将一直使用相同的线程数，直到查询完成。每次从高速缓存中检索查询计划执行过程时，DM8 都重新检查最佳线程数。

4）查询结果集的缓存

DM8 提供查询结果集缓存策略。相同的查询语句，如果涉及的表数据没有变化，则可以直接重用缓存的结果集。查询结果缓存，在数据变化不频繁的 OLAP 应用模式下，或者在存在大量类似编目函数查询的应用环境下，有非常良好的性能提升效果。

在服务器端实现结果集缓存，可以在提升查询速度的同时，保证缓存结果的实时性和正确性。

5）虚拟机执行器

DM8 实现了基于堆栈的虚拟机执行器。这种运行机制可以有效提升数据计算及存储过程/函数的执行效率，具有以下特点：采用以字长为分配单位的标准堆栈，提高空间利用率，充分利用 CPU 的二级缓存，提升性能；增加栈帧概念，方便实现函数/方法的跳转，为 PL/SQL 脚本的调试提供了基础；采用内存运行堆的概念，实现对象、数组、动态的数据类型存储；采用面向栈的表达式计算模式，减少虚拟机代码的体积、数据的移动；定义了指令系统，增加了对对象、方法、参数、堆栈的访问，便于 PL/SQL 的执行。

6）批量数据处理

当数据读入内存后，按照传统策略，需要经过逐行过滤、连接、计算等操作处理后，才能生成最终结果集。在海量的数据处理场景下，必然会有大量重复的函数调用及数据的反复复制，需要耗费大量计算代价。

DM8 引入了数据的批量处理技术，即读取一批、计算一批、传递一批、生成一批。数据批量处理具有显而易见的好处：内存紧靠在一起的数据执行批量计算，可以显著提升 Cache（缓存）命中率，从而提升内存处理效率；数据成批而非单行地抽取与传递，可以显著减少在上下层操作符间流转数据的函数调用次数；采用优化的引用方式在操作符间传递数据，可以有效降低数据复制的代价；系统标量函数支持批量计算，可以进一步减少函数调用次数。DM8 采用批量数据处理策略，比一次一行的数据处理模式快 10～100 倍。

7）异步检查点技术

DM8 采用更加有效的异步检查点机制。新检查点机制采用类似“蜻蜓点水”的策略，每次仅从缓冲区的更新链中摘取少量的更新页刷新。反复多次刷新页达到设定的总数比例后，才相应调整检查点值。与原有检查点长时间占用缓冲区的策略相比，该策略逻辑更加简单，速度更快，对整体系统运行的影响更小。

8）多版本并发控制

DM8 采用“历史回溯”策略，如数据的多版本并发控制提供了原生性支持。DM8 改造了数据记录与回滚记录的结构。在数据记录中添加字段记录最近修改的事务 ID，以及与其相对应的回滚记录地址；而在回滚记录中记录了该行上一个更新操作的事务 ID，以及与其相对应的回滚记录地址。通过数据记录与回滚记录的链接关系，构造出一行数据的完整更新历史的各版本。

DM8 的多版本采用了并发控制技术，数据中仅存储最新的一条记录，各会话事务通过其对应的可见事务集，利用回滚记录组装出自己可见的版本数据。使用这种技术，不必保持冗余数据，也就避免了使用附加数据整理工具。多版本并发控制技术使得查询与更新操作互不干扰，有效提高了高并发应用场景下的执行效率。

9）海量数据分析

DM8 提供 OLAP 函数，用于支持复杂的分析操作，侧重于对决策人员和高层管理人员的决策支持，可根据分析人员的要求快速、灵活地进行大数据量的复杂查询处理，并且以直观易懂的形式将查询结果提供给决策人员，以便他们准确掌握单位的运转状况，了解被服务对象的需求，编制正确的方案。

10）数据字典缓存技术

DM8 中采用了数据字典缓存技术。DDL 语句被转换为基本的 DML 操作，执行期间不必封锁整个数据字典，可以有效降低 DDL 操作对整体系统并发执行的影响。在有较多 DDL 并发操作的系统中，数据字典缓存技术可有效提升系统性能。

11）可配置的工作线程模式

DM8 的工作线程同时支持内核线程和用户态线程两种模式，通过配置参数即可实现两种模式的切换。

内核线程的切换完全由操作系统决定，但操作系统并不了解、也不关心应用逻辑，只能采取简单、通用的策略来平衡各内核线程的 CPU 时间；在高并发情况下，这往往导致很多无效的上下文切换，浪费了宝贵的 CPU 资源。用户态线程由用户指定线程切换策略，结合应用的实际情况，用户决定何时让出 CPU 的执行，可以有效避免过多的无效切换，提升系统性能。

DM8 的工作线程在少量内核线程的基础上，模拟了大量的用户态线程（一般来说，工作线程数不超过 CPU 的核数，用户态线程数由数据库的连接数决定）。大量的用户态线程在内核线程内部自主调度，基本消除了由于操作系统调度产生的上下文切换；同时，内核线程数的减少，进一步减小了冲突产生的概率，有效提升了系统性能，特别是在高并发情况下的性能提升效果十分明显。

12）多缓冲区

DM8 采用了多缓冲区机制，将数据缓冲区划分成多个分片。数据页按照其页号，进入各自的缓冲区分片。用户访问不同的缓冲区分片，不会导致访问冲突。在高并发情况下，多缓冲区机制可以降低全局数据缓冲区的访问冲突。

DM8 支持动态缓冲区管理，根据不同的系统资源情况，管理员可以配置缓冲区伸缩策略。

13）分段式数据压缩

DM8 支持数据压缩，即将一个字段的所有数据分成多个小片压缩存储起来。系统采用智能压缩策略，根据采样值特征，自动选择最合适的压缩算法进行数据压缩。而多行相同类型的数据一起压缩，可以显著提升数据的压缩比，进一步减少系统的空间资源开销。

14）行列融合

DM8 同时支持行存储引擎和列存储引擎，可实现事务内对行存储表和列存储表的同时访问，可同时适用于联机事务处理和联机分析处理。在并发量、数据规模较小时，单机 DM8 利用其行列融合特性，可同时满足联机事务处理和联机分析处理的应用需求，并能够满足混合型的应用要求。

15）大规模并行处理架构

为了支持海量数据存储和处理、高并发处理、高性价比、高可用性等功能，提供高端数据仓库解决方案，DM8 支持大规模并行处理（Massively Parallel Processor，MPP）架构，以极低的成本代价为客户提供业界领先的计算性能。DM8 采用完全对等、无共享的 MPP 架构，支持 SQL 并行处理，可自动化进行数据分区和并行查询，无 I/O 冲突。

DM8 的 MPP 架构将负载分散到多个数据库服务器主机，实现了数据的分布式存储；采用了完全对等、无共享的架构，每个数据库服务器称为一个 EP。在这种架构中，节点没有主从之分，每个 EP 都能够对用户提供完整的数据库服务。在处理海量数据分析请求时，各个节点通过内部通信系统协同工作，通过并行运算技术大幅提高查询效率。

DM8 MPP 架构为新一代数据仓库所需的大规模数据和复杂查询提供了先进的软件级解决方案，具有业界先进的架构和高度的可靠性，能帮助企业管理好数据，使之更好地服务于企业，推动数据依赖型企业的发展。

4. 高安全性

DM8 是具有自主知识产权的高安全性数据库管理系统，已通过公安部安全四级评测，是目前安全等级最高的商业数据库之一。同时，DM8 通过了中国信息安全评测中心的 EAL3 级评测。DM8 在身份认证、访问控制、数据加密、资源限制、审计等方面采取以下安全措施。

1）双因子结合的身份鉴别

DM8 提供基于用户口令和用户数字证书相结合的用户身份鉴别功能。当接收的用户口令和用户数字证书均正确时，身份认证才能通过，若用户口令和用户数据证书有一个不正确或与相应的用户名不匹配，则身份认证不通过。这种增强的身份认证方式可以更好地防止口令被盗、冒充用户登录等情况，为数据库安全把好了第一道关。

另外，DM8 还支持基于操作系统的身份认证、基于 LDAP 集中式的第三方认证。

2）自主访问控制

DM8 提供了系统权限和对象权限管理功能，并支持基于角色的权限管理，方便数据库管理员对用户访问权限进行灵活配置。

在 DM8 中，可以对用户直接授权，也可以通过角色对用户授权。角色表示一组权限的集合，数据库管理员可以通过创建角色来简化权限管理过程；可以把一些权限授予一个角色，而这个角色又可以被授予多个用户，从而使基于这些角色的用户间接地获得权限。在实际的权限分配方案中，通常先由数据库管理员为数据库定义一系列的角色，然后将权限分配给基于这些角色的用户。

3）强制访问控制

DM8 提供强制访问控制功能，强制访问控制的范围涉及数据库内所有的主客体。强制访问控制功能达到了公安部安全四级的要求。强制访问控制是利用策略和标记实现数据库访问控制的一种机制。强制访问控制功能主要针对数据库用户、各种数据库对象、表及表内数据。控制粒度同时达到列级和记录级。

用户在操作数据库对象时，不仅要满足自主访问控制的权限要求，还要满足用户和数据之间标记的支配关系。这样就避免了管理权限全部由数据库管理员一人负责的局面，可以有效防止敏感信息的泄露与篡改，增强系统的安全性。

4）客体重用

DM8 内置的客体重用机制使数据库管理系统能够清扫被重新分配的系统资源，以保证数据信息不会因为资源的动态分配而泄露给未授权的用户。

5）加密引擎

DM8 提供加密引擎功能。当 DM8 内置的加密算法，如 AES 系列、DES 系列、DESEDE 系列、RC4 等加密算法，无法满足用户数据存储的加密要求时，用户可以使用自己特殊的加密算法，或者使用强度更高的加密算法。此时，用户可以采用 DM8 的加密引擎功能，将自己特殊的或强度更高的加密算法按照 DM8 提供的加密引擎标准接口要求进行封装，封装后的加密算法可以在 DM8 的存储加密中按常规方法进行使用，大大提高了数据的安全性。

6）存储加密

DM8 实现了对存储数据的透明存储加密、半透明存储加密和非透明存储加密。每种模式均可自由配置加密算法。用户可以根据自己的需要自主选择采用何种加密模式。

7）通信加密

DM8 支持基于 SSL 协议的通信加密。对在客户端和服务器端传输的数据进行非对称安全加密，可以保证数据在传输过程中的保密性、完整性、抗抵赖性。

8）资源限制

DM8 实现了多种资源限制功能，包括并发会话总数、单用户会话数、用户会话 CPU 时间、用户请求 CPU 时间、会话读取页、请求读取页、会话私有内存等。这些资源限制项足够丰富，并可以满足资源限制的要求，达到防止用户恶意抢占资源的目的，尽可能减少人为的安全隐患，保证所有数据库用户均能正常访问和操作数据库。DM8 还可配置表的存储空间配额。系统管理员可借此功能对每个数据库用户都单独配置最合适的管理策略，并能有效防止各种恶意抢占资源的攻击。

9）审计分析与实时侵害检测

DM8 提供数据库审计功能，审计类别包括系统级审计、语句级审计、对象级审计。

DM8 的审计记录存放在数据库外的专门审计文件中，可以保证审计数据的独立性。审计文件可以脱离数据库系统保存和复制，并借助专用工具进行阅读、检索、合并等维护操作。

DM8 提供审计分析功能，通过审计分析工具 Analyzer 实现对审计记录的分析。用户能够根据所制定的分析规则，对审计记录进行分析，判断系统中是否存在对系统安全构成威胁的活动。

DM8 提供强大的实时侵害检测功能，用于实时分析当前用户的操作，并查找与该操作相匹配的审计分析规则。根据审计分析规则判断用户行为是否为侵害行为，并确定侵害等级，进而根据侵害等级采取相应的响应措施。响应措施包括实时报警生成、违例进程终止、服务取消、账号锁定或失效。

5．易用性好

DM8 提供了一系列基于 Java 技术的、多平台风格统一的图形化客户端工具，通过这些工具用户可以与数据库进行交互，即操作数据库对象和从数据库中获取信息。这些工具包括系统管理工具 Manager、数据迁移工具 DTS、性能监视工具 Monitor 等。DM8 同时支持基于 Web 的管理工具，该工具可以进行本地和远程联机管理。DM8 提供的管理工具功能强大、界面友好、操作方便，能满足用户各种数据管理的需求。

6．兼容性强

为保护用户现有应用系统的投资、降低系统迁移的难度，DM8 提供了许多与其他数据库系统兼容的特性，尤其是针对 Oracle，DM8 提供了全方位的兼容，降低了用户学习成本和数据迁移成本。

1.2　达梦数据库体系结构

达梦数据库体系结构如图 1-1 所示，由物理存储结构和数据库实例组成。其中，物理存储结构包括存储在磁盘上的数据文件、配置文件、控制文件、日志文件、归档文件等，数据库实例包括内存结构与后台进程。

在达梦数据库中，数据的存储结构区分为物理存储结构和逻辑存储结构两种。物理存储结构主要用于描述数据库外部数据的存储，即在操作系统中如何组织和管理数据，与具体的操作系统有关；逻辑存储结构主要描述数据库内部数据的组织和管理方式，与操作系统没有关系。物理存储结构是逻辑存储结构在物理上的、可见的、可操作的、具体的体现形式。

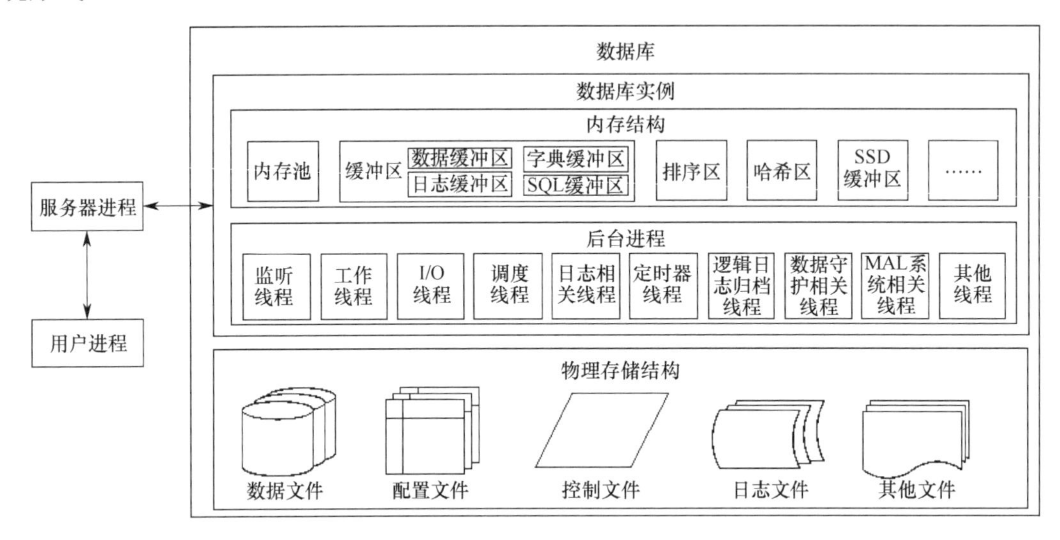

图 1-1　达梦数据库体系结构

1.2.1　物理存储结构

物理存储结构描述了达梦数据库中的数据在操作系统中的组织和管理。典型的物理存储结构包括：用于进行功能设置的配置文件；用于记录文件分布的控制文件；用于保存用户实际数据的数据文件、REDO 日志文件、归档日志文件、备份文件；用来进行问题跟踪的跟踪日志文件等，如图 1-2 所示。

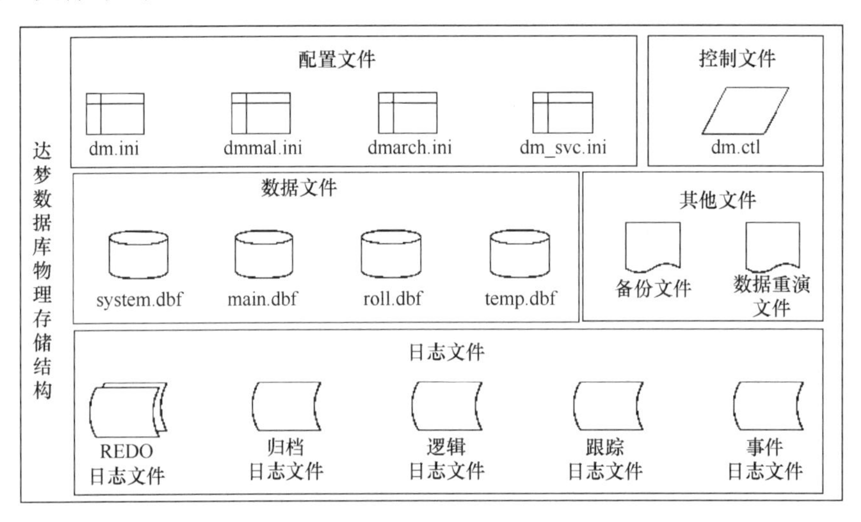

图 1-2　达梦数据库物理存储结构

1. 配置文件

配置文件是达梦数据库用来设置功能选项的一些文本文件的集合。配置文件以.ini 为后缀，具有固定的格式，用户可以通过修改其中的某些参数取值实现特定功能项的启用和禁用，并针对当前系统运行环境设置更优的参数值以提升系统性能。

2. 控制文件

每个达梦数据库都有一个名为 dm.ctl 的控制文件。控制文件是一个二进制文件，记录了数据库必要的初始信息，其中主要包括：

（1）数据库名称；

（2）数据库服务器模式；

（3）数据库服务器版本；

（4）数据文件版本；

（5）表空间信息，包括表空间名、表空间物理文件路径等，记录了所有数据库中使用的表空间，并以数组的方式保存起来；

（6）控制文件校验码，校验码由数据库服务器在每次修改控制文件后计算生成，保证控制文件的合法性，防止文件被损坏及被手动修改。

3. 数据文件

数据文件以.dbf 为后缀，是数据库中最重要的文件类型。一个 DM 数据文件对应磁盘上的一个物理文件，数据文件是真实数据存储的地方，每个数据库至少有一个与之相关的数据文件。在实际应用中，数据库中通常有多个数据文件。

当达梦数据库的数据文件空间用完时，它可以自动扩展，但可以在创建数据文件时通过 MAXSIZE 参数限制其扩展量，当然也可以不限制。但是，数据文件的大小最终会受物理磁盘大小的限制。在实际使用时，一般不建议使用单个巨大的数据文件，为一个表空间创建多个较小的数据文件是更好的选择。

数据文件中还有两类特殊的文件：ROLL 文件和 TEMP 文件。ROLL 文件用于保存系统的回滚记录，提供事务在回滚时的信息。每个事务的回滚页在回滚段中各自挂链，页内则顺序存放回滚记录。TEMP 文件是临时数据文件，主要用于存放临时结果集，用户创建的临时表也存储在 TEMP 文件中。

4. REDO 日志文件

REDO 日志文件以 .log 为后缀。无论何时，在达梦数据库中添加、删除、修改对象，或者改变数据，都会将 REDO 日志写入当前的 REDO 日志文件中。每个达梦数据库实例至少要有两个 REDO 日志文件，默认两个 REDO 日志文件为 DAMENG01.log、DAMENG02.log，这两个 REDO 日志文件循环使用。

在理想情况下，数据库系统不会用到 REDO 日志文件中的信息。然而现实世界总是充满了各种意外，例如，电源故障、系统故障、介质故障，或者数据库实例进程被强制终止等，当出现以上情况时，数据库缓冲区中的数据页会来不及写入数据文件。这样，在重启达梦数据库实例时，通过 REDO 日志文件中的信息，就可以将数据库的状态恢复到发生意外时的状态。REDO 日志文件对于数据库是至关重要的。它们用于存储数据库的事务日志，以便系统在出现系统故障和介质故障时能够进行故障恢复。在达梦数据库运行过程中，任何修改数据库的操作都会产生 REDO 日志。例如，当一条元组插入一个表的时候，插入的结果写入 REDO 日志；当删除一条元组时，删除该元组的事实也被写入 REDO 日志，这样，当系统发生故障时，通过分析日志就可以知道在故障发生前系统做了哪些动作，并可以重做这些动作使系统恢复到发生故障之前的状态。

日志文件分为联机日志文件和归档日志文件。以上所说的 REDO 日志文件都是联机日志文件。在归档模式下，REDO 日志文件会被连续复制到归档日志文件中，这就生成了归档日志文件。联机日志文件指的是系统当前正在使用的日志文件，在创建数据库时，联机日志文件通常被扩展至一定长度，其内容则被初始化为空；当系统运行时，联机日志文件逐渐被产生的日志所填充，对联机日志文件的写入是顺序连续的。然而，系统磁盘空间总是有限的，系统必须能够循环利用联机日志文件空间，为了做到这一点，当所有联机日志文件空间被占满时，系统需要清空一部分日志以便重用日志文件空间。为了保证被清空的日志所“保护”的数据在磁盘上是安全的，需要引入一个关键的数据库概念——检查点。当产生检查点时，系统将系统缓冲区中的日志和脏数据页都写入磁盘，以保证当前日志所“保护”的数据页都已安全写入磁盘，这样日志文件就可以被安全重用。

5. 归档日志文件

归档日志文件以归档时间命名，后缀也是 .log。达梦数据库可以在归档模式和非归档模式下运行。但是，只有当达梦数据库在归档模式下运行时，其在重做联机日志文件时才能生成归档日志文件。

采用归档模式会对系统的性能产生影响，然而系统在归档模式下运行会更安全。当系统发生故障时其丢失数据的可能性更小，这是因为系统一旦发生介质故障，如磁盘损坏，利用归档日志文件系统可以被恢复至发生故障前一刻，也可以还原到指定的时间点，而如果没有归档日志文件，则只能利用备份进行系统恢复。

归档日志文件还是数据守护功能的核心，数据守护中的备机就是通过 REDO 日志文件来完成与主机数据同步的。

6. 逻辑日志文件

如果在达梦数据库上配置了复制功能，复制源就会产生逻辑日志文件。逻辑日志文件是一个流式的文件，有自己的格式，并且不在页、簇和段的管理之下。

逻辑日志文件内部存储按照复制记录的格式，一条记录紧接着一条记录，存储复制源端的各种逻辑操作，用于发送给复制目的端。

7. 备份文件

备份文件以.bak 为后缀，当系统正常运行时，备份文件不会发挥任何作用。备份文件也不是数据库必须有的联机文件类型之一。然而，从来没有哪个数据库系统能够保证永远正确无误地运行，当数据库出现故障时，备份文件就显得尤为重要了。

当客户利用管理工具或直接发出备份的 SQL 命令时，DM Server 会自动进行备份，并产生一个或多个备份文件，备份文件自身包含了备份的名称、对应的数据库、备份类型和备份时间等信息。同时，系统还会自动记录备份信息及该备份文件所处的位置，但这种记录是松散的，用户可根据需要将其复制至任何地方，并不会影响系统的运行。

8. 跟踪日志文件

用户在 dm.ini 中配置 SVR_LOG 和 SVR_LOG_SWITCH_COUNT 参数后就会打开跟踪日志文件。跟踪日志文件是一个纯文本文件，以“dm_commit_日期_时间”命名，在 DM 安装目录的 log 子目录下生成，其内容包含系统各会话执行的 SQL 语句、参数信息、错误信息等。跟踪日志文件主要用于分析错误和性能问题，基于跟踪日志文件可以对系统运行状态进行分析，例如，可以挑出系统当前执行速度较慢的 SQL 语句，进而对其进行优化。

打开跟踪日志文件会对系统的性能有较大影响，一般在查错和调优的时候才会打开，在默认情况下系统是关闭跟踪日志文件的。

9. 事件日志文件

达梦数据库系统在运行过程中，会在 log 子目录下产生一个“dm_实例名_日期”命名的事件日志文件。事件日志文件对达梦数据库运行的关键事件进行记录，如系统启动、系统关闭、内存申请失败、I/O 错误等致命错误。事件日志文件主要用于系统在出现严重错误时查看并定位产生错误的问题。事件日志文件随着达梦数据库服务的运行一直存在。

10. 数据重演文件

调用系统存储过程 SP_START_CAPTURE 和 SP_STOP_CAPTURE，可以获得数据重演文件。数据重演文件用于数据重演，存储了从抓取开始到抓取结束时达梦数据库与客户端的通信消息。使用数据重演文件，可以多次重复抓取这段时间内的数据库系统操作，为系统调试和性能调优提供了一种分析手段。

1.2.2 逻辑存储结构

达梦数据库的逻辑存储结构描述了数据库内部数据的组织和管理方式。达梦数据库为数据库中的所有对象分配逻辑空间，并存放在数据文件中。在达梦数据库内部，所有的数据文件组合在一起被划分到一个或多个表空间中，所有的数据库内部对象都存放在这些表空间中。同时，表空间被进一步划分为段、簇和页（也称为块）。这种细分可以使达梦数据库更加高效地控制磁盘空间的利用率。图 1-3 显示了逻辑存储结构之间的关系。

可以看出，在 DM8 中存储的层次结构可以表述为：系统由一个或多个表空间组成；每个表空间都由一个或多个数据文件组成；每个数据文件都由一个或多个簇组成；段是簇的上级逻辑单元，一个段可以跨多个数据文件；簇由磁盘上连续的页组成，一个簇总是在一个数据文件中；页是数据库中最小的分配单元，也是数据库中使用的最小的 I/O 单元。

1. 表空间

在达梦数据库中，表空间由一个或多个数据文件组成。达梦数据库中的所有对象在逻辑上都存放在表空间中，而在物理上都存储在所属表空间的数据文件中。

在创建达梦数据库时，会自动创建 5 个表空间：SYSTEM 表空间、ROLL 表空间、MAIN 表空间、TEMP 表空间和 HMAIN 表空间。

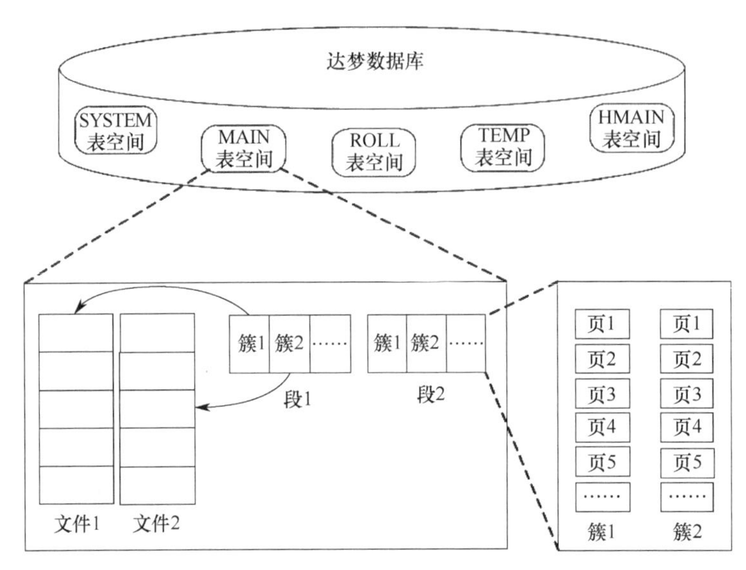

图 1-3 逻辑存储结构关系示意图

（1）SYSTEM 表空间存放了有关达梦数据库的字典信息。

（2）ROLL 表空间完全由达梦数据库自动维护，用户无须干预。该表空间用来存放事务运行过程中执行 DML 操作之前的值，从而为访问该表空间的其他用户提供表空间数据的读一致性视图。

（3）MAIN 表空间在初始化达梦数据库的时候，会自动创建一个大小为 128MB 的数据文件 MAIN.DBF。在创建用户时，如果没有指定默认表空间，则系统自动指定 MAIN 表空间为用户默认表空间。

（4）TEMP 表空间完全由达梦数据库自动维护。当用户的 SQL 语句需要利用磁盘空间来完成某个操作时，达梦数据库会从 TEMP 表空间中分配临时段，如创建索引、无法在内存中完成的排序操作、SQL 语句中间结果集及用户创建的临时表等都会用到 TEMP 表空间。

（5）HMAIN 表空间属于 HTS 表空间，完全由达梦数据库自动维护，用户无须干涉。用户在创建 HFS 表空间时，在未指定 HTS 表空间的情况下，HMAIN 表空间充当默认 HTS 表空间。

每个用户都有一个默认的表空间。SYSSSO、SYSAUDITOR 系统用户默认的表空间是 SYSTEM 表空间，SYSDBA 用户默认的表空间为 MAIN 表空间，新创建的用户如果没有指定默认的表空间，则系统自动指定 MAIN 表空间为用户默认的表空间。用户在创建表的时候，当指定了存储表空间 A，但和当前用户的默认表空间 B 不一致时，表存储在用户指定的表空间 A 中，并且在默认情况下，在这张表上建立的索引也将存储在表空间 A 中，但是用户默认的表空间是不变的，仍为表空间 B。在一般情况下，建议用户自己创建一个表空间来存放业务数据，或者将数据存放在用户默认的表空间 MAIN 表空间中，而不是将数据存放在 SYSTEM 表空间中。

2. 页

数据页（也称为数据块）是达梦数据库中最小的数据存储单元。页的大小对应物理存储空间上特定数量的存储字节，在达梦数据库中，页的大小可以为 4KB、8KB、16KB 或

32KB，用户在创建数据库时可以指定页的大小，默认大小为 8KB。一旦创建好了数据库，则在该数据库的整个生命周期内，页的大小都不能改变。图 1-4 显示了达梦数据库页的典型格式。

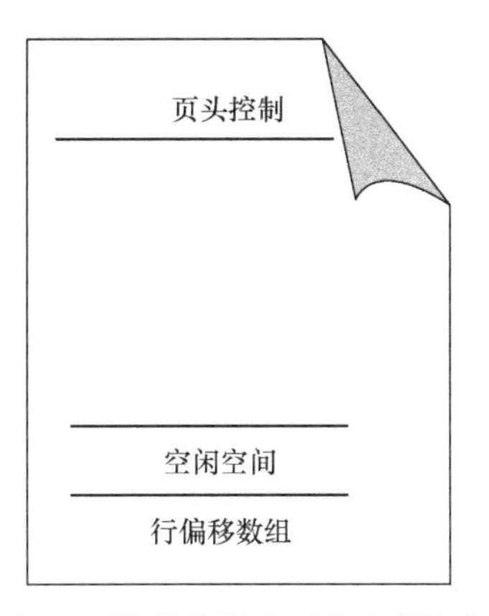

图 1-4　达梦数据库页的典型格式

页头控制信息包含页类型、页地址等信息。页的中部存放了数据，为了更好地利用数据页，在数据页的尾部专门留出一部分空间用于存放行偏移数组。行偏移数组用于标识页上的空间占用情况，以便管理数据页自身的空间。

在绝大多数情况下，用户无须干预达梦数据库对数据页的管理。但是，达梦数据库还是提供了选项供用户选择，可以在某些情况下为用户提供更佳的数据处理性能。

FILLFACTOR 是达梦数据库提供的一个与性能有关的数据页级存储参数，它指定一个数据页在初始化后插入数据时可以使用空间的最大百分比（100），该值在创建表/索引时可以指定。

设置 FILLFACTOR 参数的值，是为了指定数据页中可用空间百分比（FILLFACTOR）和可扩展空间百分比（100 − FILLFACTOR）。可用空间用来执行更多的 INSERT 操作；可扩展空间用来为数据页保留一定的空间，以避免在今后的更新操作中增加列或修改变长列的长度时，引起数据页的频繁分裂。当插入的数据占据的数据页空间百分比小于 FILLFACTOR 时，允许数据插入该页；否则，将当前数据页中的数据分为两部分，一部分保留在当前数据页中，另一部分存入一个新数据页中。

对于 DBA 来说，在使用 FILLFACTOR 时应该在空间和性能之间进行权衡。为了充分利用空间，用户可以设置一个很大的 FILLFACTOR 值，如 100，但是这可能会导致在后续更新数据时频繁引起数据页分裂，而导致需要大量的 I/O 操作。为了提高更新数据的性能，可以设置一个相对较小（但不是过小）的 FILLFACTOR 值，使得后续在执行更新操作时，可以尽量避免数据页分裂，提升 I/O 性能，但这是以牺牲空间利用率换取的性能提高。

3. 簇

簇是数据页的上级逻辑单元，由同一个数据文件中 16 个或 32 个连续的数据页组成。在达梦数据库中，簇的大小由用户在创建数据库时指定，默认大小为 16。假定某个数据文件大小为 32MB，页大小为 8KB，则共有 32MB/8KB/16=256 个簇，每个簇的大小均为 8KB×16=128KB。和数据页的大小一样，一旦创建好数据库，此后该数据库簇的大小就不能改变了。

（1）分配数据簇。

当创建一个表/索引的时候，达梦数据库为表/索引的数据段分配至少一个簇，同时数据库会自动生成对应数量的空闲数据页，供后续操作使用。如果初始分配的簇中所有数据页都已经用完，或者新插入/更新数据需要更多的空间，达梦数据库将自动分配新的簇。在默认情况下，达梦数据库在创建表/索引时，初始分配 1 个簇，当初始分配的空间用完后，达梦数据库会自动扩展。

达梦数据库的表空间在为新的簇分配空闲空间时，首先在表空间中按文件从小到大的顺序在各个数据文件中查找可用的空闲簇，找到后进行分配；如果各数据文件中都没有空闲簇，则在各数据文件中查找足够的空闲空间，将需要的空间先进行格式化，然后进行分配；如果各数据文件的空闲空间也不够，则选择一个数据文件进行扩展。

（2）释放数据簇。

对于用户数据表空间，用户在将一个数据段对应的表/索引对象 DROP 之前，该表对应的数据段会保留至少 1 个簇不被回收到表空间中。在删除表/索引对象中的记录时，达梦数据库通过修改数据文件中的位图来释放簇，释放后的簇被视为空闲簇，可以供其他对象使用。当用户删除了表中的所有记录时，达梦数据库仍然会为该表保留 1 个或 2 个簇供后续使用。若用户使用 DROP 语句来删除表/索引对象，则此表/索引对应的段及段中包含的簇全部收回，并供存储于此表空间中的其他模式对象使用。

对于 TEMP 表空间，达梦数据库会自动释放在执行 SQL 过程中产生的临时段，并将属于此临时段的簇空间还给 TEMP 表空间。需要注意的是，TEMP 表空间文件在磁盘中所占大小并不会因此而缩减，用户可以通过系统函数 SF_RESET_TEMP_TS 来进行磁盘空间的清理。

对于 ROLL 表空间，达梦数据库将定期检查回滚段，并确定是否需要从回滚段中释放 1 个或多个簇。

4. 段

段是簇的上级逻辑分区单元，段由一组簇组成。在同一个表空间中，段可以包含来自不同文件的簇，即一个段可以跨越不同的文件，而一个簇及该簇所包含的数据页则只能来自同一个文件，是连续的 16 个或 32 个数据页。由于簇的数量是按需分配的，因此数据段中的不同簇在磁盘上不一定连续。

（1）数据段。

段可以被定义成特定对象的数据结构，如表数据段或索引数据段。表中的数据以表数据段结构存储，索引中的数据以索引数据段结构存储。达梦数据库以簇为单位给每个数据段分配空间，在数据段的簇空间用完后，达梦数据库会给该段重新分配簇，段的分配和释放完全由达梦数据库自动完成，可以在创建表/索引时设置存储参数来决定数据段的簇如何分配。

当用户使用 CREATE 语句创建表/索引时，达梦数据库会创建相应的数据段。表/索引的存储参数用来决定对应数据段的簇如何分配，这些参数将影响与对象相关的数据段的存储与访问效率。对于分区表，每个分区使用单独的数据段来容纳所有数据；对于分区表上的非分区索引，使用一个索引数据段来容纳所有数据；而对于分区表上的分区索引，每个分区使用一个单独的索引数据段来容纳所有数据。表的数据段及与其相关的索引段不一定要存储在同一个表空间中，用户可以在创建表/索引时，指定不同的表空间存储参数。

（2）临时段。

在达梦数据库中，所有的临时段都创建在 TEMP 表空间中。这样可以分流磁盘设备的I/O，也可以减少由于在 SYSTEM 表空间或其他表空间中频繁创建临时数据段而造成的碎片。

在处理一个查询操作时，通常需要为 SQL 语句的解析与执行的中间结果准备临时空间。达梦数据库会自动地分配临时段的磁盘空间。例如，达梦数据库在进行排序操作时就可能需要使用临时段，当排序操作可以在内存中执行，或者设法利用索引就可以执行时，就不必创建临时段了。对于 TEMP 表空间及其索引，达梦数据库也会为它们分配临时段。临时段的分配和释放完全由系统自动控制，用户不能手动进行干预。

（3）回滚段。

达梦数据库在 ROLL 表空间的回滚段中保存了用于恢复数据库操作的信息。对于未提交事务，当执行回滚语句时，回滚记录被用来进行回滚变更。在数据库恢复阶段，回滚记录被用来进行任何未提交变更的回滚。在多个并发事务运行期间，回滚段还为用户提供数据读一致性，所有正在读取受影响行的用户将不会看到行中的任何变动，直到事务提交后发出新的查询。达梦数据库提供了全自动回滚管理机制来管理回滚信息和 ROLL 表空间，全自动回滚管理消除了管理回滚段的复杂性。此外，系统将尽可能保存回滚信息，以满足用户查询回滚信息的需要。事务被提交后，回滚数据不能再回滚或恢复，但是从数据读一致性的角度出发，长时间进行查询可能需要这些早期的回滚信息生成早期的数据页镜像，基于此，达梦数据库需要尽可能长时间地保存回滚信息。达梦数据库会收集回滚信息的使用情况，并根据统计结果对回滚信息的保存周期进行调整，数据库将回滚信息的保存周期设置为比系统中活动的最长查询时间稍长一些。

1.2.3　数据库实例

达梦数据库实例一般由一个正在运行的 DM 后台进程（包含多个线程）及一个大型的共享内存组成。简单来说，实例就是操作达梦数据库的一种手段，是用来访问数据库的内存结构及后台进程的集合。

达梦数据库存储在服务器的磁盘上，而达梦数据库实例存储在服务器的内存中。通过运行达梦数据库实例，可以操作达梦数据库中的内容。在任何时候，一个实例只能与一个数据库进行关联（装载、打开或挂起数据库）。在大多数情况下，一个数据库也只有一个实例对其进行操作。但是，在达梦数据库提供的高性能集群中，多个达梦数据库实例可以同时装载并打开一个数据库（位于一组由多台服务器共享的物理磁盘上），此时，可以同时从多台计算机上访问这个数据库。

1. DM 后台进程

DM 服务器使用“对称服务器构架”的单进程、多线程结构。这种“对称服务器构架”在有效地利用系统资源的同时，提供了较高的可伸缩性能，这里的线程即操作系统的线程。服务器在运行时由各种内存数据结构和一系列线程组成，线程分为多种类型，不同类型的线程完成不同的任务。线程通过一定的同步机制对数据结构进行并发访问和处理，以完成用户提交的各种任务。达梦数据库服务器是共享的服务器，允许多个用户连接到同一个服务器上，服务器进程称为共享服务器进程。DM 后台进程中主要包括监听线程、工作线程、输入输出（I/O）线程、调度线程、日志线程等。

1）监听线程

监听线程的主要任务是在服务器端口上进行循环监听，一旦有来自客户的连接请求，监听线程被唤醒并生成一个会话申请任务，加入工作线程的任务队列，等待工作线程进行处理。监听线程在系统启动完成后才启动，在系统关闭时首先被关闭。为了保证在处理大量客户连接时系统具有较短的响应时间，监听线程比普通线程优先级更高。

2）工作线程

工作线程是 DM 服务器的核心线程，它从任务队列中取出任务，并根据任务的类型进行相应的处理，负责所有实际数据的相关操作。DM8 的初始工作线程个数由配置文件指定，随着会话连接的增加，工作线程也会同步增加，以保持每个会话都有专门的工作线程处理请求。为了保证用户的所有请求及时响应，一个会话上的任务全部由同一个工作线程完成，这样减少了线程切换的代价，提高了系统效率。当会话连接超过预设的阈值时，工作线程数量不再增加，转而由会话轮询线程接收所有用户请求，并加入任务队列，等工作线程空闲时，从任务队列中依次摘取请求任务处理。

3）输入输出（I/O）线程

在数据库活动中，I/O 操作历来都是最耗时的操作之一。当事务需要的数据页不在缓冲区中时，如果在工作线程中直接对那些数据页进行读写，会使系统性能变得非常糟糕，而把 I/O 操作从工作线程中分离出来是非常明智的做法。I/O 线程的职责就是处理这些 I/O 操作。在通常情况下，DM Server 需要进行 I/O 操作的时机主要有以下 3 种。

（1）需要处理的数据页不在缓冲区中，此时需要将相关数据页读入缓冲区。

（2）当缓冲区满或系统关闭时，需要将部分脏数据页写入磁盘。

（3）当检查点到来时，需要将所有脏数据页写入磁盘。

I/O 线程在启动后，通常处于睡眠状态，当系统需要进行 I/O 操作时，只需要发出一个 I/O 请求，I/O 线程就会被唤醒以处理该请求，并在完成该 I/O 操作后继续进入睡眠状态。

I/O 线程的个数是可配置的，可以通过设置 dm.ini 文件中的 IO_THR_GROUPS 参数来设置，在默认情况下，I/O 线程的个数是两个。同时，I/O 线程处理 I/O 请求的策略根据操作系统平台的不同会有很大差别，在一般情况下，I/O 线程使用异步的 I/O 操作将数据页写入磁盘，此时，系统将所有的 I/O 请求直接递交给操作系统，操作系统在完成这些请求后才通知 I/O 线程，这种异步 I/O 的方式使得 I/O 线程需要直接处理的任务很简单，即完成 I/O 操作后的一些收尾处理并发出 I/O 操作完成通知；如果操作系统不支持异步 I/O 操作，此时 I/O 线程需要完成实际的 I/O 操作。

4）调度线程

调度线程用于接管系统中所有需要定时调度的任务。调度线程每秒轮询一次，负责的任务如下。

（1）检查系统级的时间触发器，若满足触发条件则生成任务加到工作线程的任务队列中由工作线程执行。

（2）清理 SQL 缓存、计划缓存中失效的缓存项，或者超出缓存限制后淘汰不常用的缓存项。

（3）检查数据重演捕获持续时间是否到期，若到期则自动停止捕获。

（4）执行动态缓冲区检查，根据需要动态扩展或动态收缩系统缓冲池。

（5）自动执行检查点。为了保证日志的及时刷盘，缩短系统发生故障时需要的恢复时间，根据 INI 参数设置的自动检查点执行间隔定期执行检查点操作。

（6）会话超时检测。若用户连接设置了连接超时，则定期检测连接是否超时，如果超时则自动断开连接。

（7）在必要时执行数据更新页刷盘。

（8）唤醒等待的工作线程。

5）日志刷新（FLUSH）线程

任何数据库的修改，都会产生重做（REDO）日志，为了保证数据故障恢复的一致性，REDO 日志的刷盘必须在数据更新页刷盘之前进行。事务在运行时，会把生成的 REDO 日志保留在日志缓冲区中，当事务提交或执行检查点时，会通知日志 FLUSH 线程进行日志刷盘。由于日志具备顺序写入的特点，比数据页分散 I/O 写入效率更高，因此，日志 FLUSH 线程和 I/O 线程分开，能获得更快的响应速度，保证整体的性能。DM8 的日志 FLUSH 线程进行了优化，在刷盘之前，对不同缓冲区内的日志进行合并，减少了 I/O 次数，进一步提高了系统性能。如果系统配置了实时归档，则在日志 FLUSH 线程刷盘前，会直接将日志通过网络发送到实时备机。如果系统配置了本地归档或远程同步归档，则生成归档任务，通过日志归档线程完成。

6）日志归档线程

日志归档线程包含同步归档线程和异步归档线程，前者负责本地归档和远程同步归档任务，后者负责远程异步归档任务。如果系统配置了非实时归档，则由日志 FLUSH 线程产生的任务会分别加入日志归档线程，日志归档线程负责从任务队列中取出任务，按照归档类型进行相应归档处理。将日志 FLUSH 线程和日志归档线程分开的目的是减少不必要的效率损失，除远程实时归档外，本地归档、远程同步归档、远程异步归档都可以脱离日志 FLUSH 线程进行，如果放在日志 FLUSH 线程中一起进行，则会严重影响系统性能。

7）日志重做线程

为了提高故障恢复效率，达梦数据库在故障恢复时采用了并行机制重做日志，日志重做线程就用于日志的并行恢复。通过 INI 参数 LOG_REDO_THREAD _NUM 可配置日志重做线程数，默认是 2 个线程。

8）日志应用（APPLY）线程

在配置了数据守护的系统中，创建了一个日志 APPLY 线程。当服务器作为备机时，每次接收到主机的物理 REDO 日志都生成一个日志 APPLY 任务加入任务队列中，日志 APPLY 线程从任务队列中取出一个任务在备机上重做日志，并生成自己的日志，以保持和主机数据的同步或一致，作为主机的一个镜像。备机数据对用户只读，可承担报表、查询等任务，以均衡主机的负载。

9）定时器线程

在数据库的各种活动中，用户常常需要数据库在某个时间点开始进行某种操作，如备份，或者在某个时间段内反复进行某种操作等。定时器线程就是为这种需求设计的。在通常情况下，DM 服务器需要进行定时操作的事件主要有以下几种。

（1）逻辑日志异步归档。

（2）异步归档日志发送（只在 PRIMARY 模式下，且在 OPEN 状态下发送）。

（3）作业调度。

定时器线程启动之后，每秒检测一次定时器链表，查看当前的定时器是否满足触发条件，如果满足，则把执行权交给设置好的任务，如逻辑日志异步归档等。在默认情况下，DM 服务器启动的时候，定时器线程是不启动的。用户可以将 dm.ini 中的 TIMER_INI 参数设置为 1 来设置定时器线程在系统启动时启动。

10）逻辑日志归档线程

逻辑日志归档用于 DM8 的数据复制，目的是加快异地访问的响应速度。逻辑日志归档线程包含本地逻辑日志归档线程和远程逻辑日志归档线程。在系统配置了数据复制后，系统才会创建这两个线程。

（1）本地逻辑日志归档线程：本地逻辑日志归档线程从本地归档任务队列中取出一个归档任务，生成到逻辑日志，并将逻辑日志写入逻辑日志文件中。如果当前逻辑日志的远程归档类型是同步异地归档，并且当前的刷盘机制是强制刷盘，那么就生成一个异地归档任务加入临时任务队列中。

（2）远程逻辑日志归档线程：远程逻辑日志归档线程从远程归档任务队列中取出一个归档任务，并根据任务的类型进行相应的处理。任务的类型包括同步发送任务和异步发送任务。

11）数据守护相关线程

在配置了数据守护的观察器上，会创建观察器的实时检测线程、同步检测线程，实现主机和备机之间的故障检测、故障切换及故障恢复。在配置了数据守护进程的数据守护方案中，数据库实例还会创建 UDP 消息的广播和接收线程，负责数据库实例和守护进程之间的通信，实现数据守护功能。

12）MAL 系统相关线程

MAL（Mail）系统是达梦数据库内部的高速通信系统，基于 TCP/IP 协议实现。DM 服务器的很多重要功能都是通过 MAL 系统实现通信的，如数据守护、数据复制、大规模并行处理（MPP）、远程日志归档等。MAL 系统内部包含一系列线程，有 MAL 监听线程、MAL 发送工作线程、MAL 接收工作线程等。

13）其他线程

达梦数据库系统中不止包括以上线程，在一些特定的功能中会有不同的线程，如回滚段清理线程、审计写文件线程、重演捕获写文件线程等，这里不再一一列出。

2. 内存结构

数据库管理系统是一种对内存申请和释放操作频率很高的软件，如果每次对内存的使用都通过操作系统函数来申请和释放，则系统效率会比较低，因此加入自己的内存管理系统是达梦数据库系统管理必需的。通常，内存管理系统会带来以下好处：

（1）申请、释放内存效率更高；

（2）能够有效地了解内存的使用情况；

（3）易于发现内存泄露和内存写越界的问题。

达梦数据库管理系统的内存结构主要包括内存池、缓冲区、排序缓冲区、哈希缓冲区等。根据系统中子模块的不同功能，达梦数据库管理系统对内存进行了上述划分，并采用了不同的管理模式。

1）内存池

DM 服务器的内存池指的是共享内存池，根据内存使用情况的不同，共享内存池的使用有两种工作方式：HEAP 和 VPOOL。共享内存池用于解决 DM 服务器对于小片内存的申请与释放问题。系统在运行过程中，经常会申请与释放小片内存，而向操作系统申请和释放内存时需要发出系统调用，此时可能会引起线程切换，降低系统运行效率。采用共享内存池可一次向操作系统申请一片较大内存，即内存池。当系统在运行过程中需要申请内存时，在共享内存池内进行申请；当用完该内存后，再释放，即归还给共享内存池。当系统采用较好的策略管理共享内存池时，小片内存的申请与释放不会对系统造成太大影响。这种方式还有一个优点，可以比较容易地检测系统是否存在内存泄露。达梦数据库系统管理员可以通过 DM 服务器的配置文件（dm.ini）来对共享内存池的大小进行设置，共享内存池的参数为 MEMORY_POOL，该配置默认为 40MB。而 HEAP 和 VPOOL 使用的是共享内存池中的内存，所以在一般情况下，HEAP 和 VPOOL 两种工作方式申请的内存大小不会超过 MEMORY_POOL 的值。

（1）HEAP：HEAP 的工作方式采用了堆的思想，即每次在申请内存时，都是从堆顶上申请的，如果内存不够，则继续向共享内存池申请内存页，然后加入 HEAP 中，继续供系统申请使用，这样 HEAP 的长度可以无限增长下去；在释放 HEAP 时，可以释放堆顶上的内存页，也可以释放整个 HEAP。使用内存堆来管理小片内存的申请有一个特点，每次在申请小片内存后，不能单独对这片内存进行释放，也就是不用关心这片内存何时释放，而是在堆释放时统一释放，这样就能有效防止内存泄露的发生。

（2）VPOOL：VPOOL 工作方式主要采用了“伙伴系统”的思想进行管理。申请的 VPOOL 内存分为私有 VPOOL 和公有 VPOOL 两种。私有 VPOOL 只提供给某个单独功能模块使用，公有 VPOOL 则提供给那些需要共享同一资源而申请的模块，所以需要对公有 VPOOL 进行保护，而私有 VPOOL 则不需要保护。

VPOOL 和 HEAP 的区别在于，VPOOL 申请的每片内存都可以单独进行释放。

2）缓冲区

（1）数据缓冲区。

数据缓冲区是DM服务器在将数据页写入磁盘之前，以及从磁盘上读取数据页之后，数据页存储的地方。数据缓冲区是DM服务器至关重要的内存区域之一，将其设定得太小，会导致缓冲页命中率低，磁盘I/O操作频繁；将其设定得太大，又会导致操作系统内存本身不够用。系统在启动时，首先根据配置的数据缓冲区大小向操作系统申请一片连续内存，并将其按数据页大小进行格式化，置入自由链中。数据缓冲区存在3条链来管理被缓冲的数据页：一条是自由链，用于存放目前尚未使用的内存数据页；一条是LRU链，用于存放已被使用的内存数据页（包括未修改的和已修改的）；还有一条是脏链，用于存放已被修改的内存数据页。LRU链对系统当前使用的数据页按最近是否被使用的顺序进行排序。这样，当数据缓冲区中的自由链被用完时，从LRU链中淘汰部分最近未使用的数据页，能够最大限度地保证被淘汰的数据页最近不会被用到，以减少I/O操作。在系统运行过程中，通常存在一部分“非常热”（反复被访问）的数据页，将它们一直留在缓冲区中，对系统性能会有好处。数据缓冲区开辟了一个特定的区域用于存放这部分数据页，以保证这部分数据页不参与一般的淘汰机制，可以一直留在数据缓冲区中。

① 类别：DM服务器中有4种类型的数据缓冲区，分别是NORMAL缓冲区、KEEP缓冲区、FAST缓冲区和RECYCLE缓冲区。其中，用户在创建表空间或修改表空间时，可以指定表空间属于NORMAL缓冲区，还是属于KEEP缓冲区。RECYCLE缓冲区供TEMP表空间使用，FAST缓冲区根据用户指定的FAST_POOL_PAGES和FAST_ROLL_PAGES大小由系统自动进行管理，用户不能指定使用RECYCLE缓冲区和FAST缓冲区中的表或表空间。NORMAL缓冲区主要提供给系统处理的一些数据页，在没有特定的指定缓冲区的情况下，默认缓冲区为NORMAL缓冲区；KEEP缓冲区的特性是很少或几乎不怎么对缓冲区中的数据页进行淘汰，主要针对用户的应用是否需要经常处在内存当中，如果是，则可以指定缓冲区为KEEP缓冲区。DM服务器提供了可以更改这些缓冲区大小的参数，用户可以根据自己的应用需求情况，指定dm.ini文件中BUFFER（80MB）、KEEP（8MB）、RECYCLE（64MB）、FAST_POOL_PAGES（0）和FAST_ROLL_PAGES（0）的值（括号中为默认值），这些值分别对应NORMAL缓冲区的大小、KEEP缓冲区的大小、RECYCLE缓冲区的大小、FAST缓冲区的页面数和FAST缓冲区的回滚页面数。

② 读多页：在需要进行大量I/O操作的应用中，达梦数据库之前版本的策略是每次只读取1个数据页。如果知道用户需要读取表的大量数据，当读取到第一页时，可以猜测用户可能需要读取这一页的下一页，在这种情况下，一次性读取多个数据页就可以减少I/O操作次数，从而提高数据的查询、修改效率。DM服务器提供了可以读取多个数据页的参数，用户可以指定这些参数来调整数据库运行效率的最佳状态。在DM服务器的配置文件dm.ini中，可以指定参数MULTI_PAGE_GET_NUM的大小（默认值为16页），以控制每次读取的数据页数。如果用户没有设置较适合的参数MULTI_PAGE_GET_NUM的大小，有时可能会给用户带来更差的运行效果。如果MULTI_PAGE_GET_NUM的值太大，每次读取的数据页可能大多不是以后所用到的数据页，这样不仅会增加I/O的操

作次数，而且每次都会做一些无用的 I/O 操作，所以系统管理员需要衡量好自己的应用需求，给出最佳方案。

（2）日志缓冲区。

日志缓冲区是用于存放重做日志的内存缓冲区。为了避免由于直接的磁盘 I/O 操作而使系统性能受到影响，系统在运行过程中产生的日志并不会立即被写入磁盘，而是和数据页一样，先被存放到日志缓冲区中。那么，为何不在数据缓冲区中存放重做日志，而要单独设立日志缓冲区呢？其主要原因如下。

① 重做日志的格式同数据页完全不一样，无法进行统一管理。

② 重做日志具备连续写的特点。

③ 在逻辑上，写重做日志比数据页 I/O 操作优先级更高。

DM 服务器提供了参数 LOG_BUF_SIZE，以对日志缓冲区大小进行控制，日志缓冲区所占用的内存是从共享内存池中申请的，单位为页，并且大小必须为 2^N 页，否则采用系统默认大小 256 页。

（3）字典缓冲区。

字典缓冲区主要存储一些数据字典信息，如模式信息、表信息、列信息、触发器信息等。每次对数据库的操作都会涉及数据字典信息，访问数据字典信息的效率直接影响到相应的操作效率。例如，进行查询操作，就需要相应的表信息、列信息等，这些数据字典信息如果都在缓冲区中，则直接从缓冲区中获取即可，否则，需要 I/O 操作才能读取这些信息。DM8 采用将部分数据字典信息加载到缓冲区中，并基于 LRU 算法进行数据字典信息的控制。缓冲区如果设置得太大，会浪费宝贵的内存空间；如果设置得太小，可能会频繁地进行数据页淘汰，该缓冲区配置的参数为 DICT_BUF_SIZE，默认的配置大小为 5MB。DM8 采用缓冲部分数据字典对象的方式，这会影响系统效率吗？数据字典信息访问存在热点现象，并不是所有的数据字典信息都会被频繁访问，所以按需加载数据字典信息并不会影响系统实际的运行效率。但是，如果在实际应用中涉及对分区数量较多的水平分区表的访问，如上千个分区，就需要适当调大 DICT_BUF_SIZE 参数的值。

（4）SQL 缓冲区。

SQL 缓冲区提供在执行 SQL 语句过程中所需要的内存，包括执行计划、SQL 语句和结果集存放。在很多应用中都存在反复执行相同 SQL 语句的情况，此时可以使用缓冲区保存这些 SQL 语句和它们的执行计划，这就是计划重用。这样做带来的好处是加快了 SQL 语句的执行效率，但同时给内存增加了压力。DM 服务器的配置文件 dm.ini 中提供了参数来支持是否需要计划重用，参数为 USE_PLN_POOL，当该参数指定为 1 时，启动计划重用；否则，禁止计划重用。达梦数据库还提供了参数 CACHE_POOL_SIZE（单位为 MB）来改变 SQL 缓冲区的大小，系统管理员可以设置该参数值以满足应用需求，默认值为 10MB。

3）排序缓冲区

排序缓冲区提供数据排序所需要的内存空间。用户在执行 SQL 语句时，通常需要进行排序，所使用的内存就是排序缓冲区提供的。在每次排序过程中，系统都先申请内存，在排序结束后再释放内存。DM 服务器提供了参数来指定排序缓冲区的大小，参数 SORT_BUF_SIZE 在 DM 服务器的配置文件 dm.ini 中，系统管理员可以设置其大小以满足需求。由于该参数值是由系统内部的排序算法和排序数据结构决定的，因此建议使用默认值 2MB。

4）哈希缓冲区

DM8 提供了为哈希连接而设定的缓冲区，不过该缓冲区是虚拟缓冲区。之所以说是虚拟缓冲区，是因为系统没有真正创建特定的属于哈希缓冲区的内存，而是在进行哈希连接时，对排序的数据量进行了计算。如果计算得出的数据量超过了哈希缓冲区的大小，则使用 DM8 创新外存哈希方式；如果计算得出的数据量没有超过哈希缓冲区的大小，实际上使用的还是 VPOOL 内存池进行的哈希操作。DM 服务器在配置文件 dm.ini 中提供了参数 HJ_BUF_SIZE 来进行控制，由于该参数值的大小可能会限制哈希连接的效率，所以建议保持默认值，或者设置为更大的值。

除提供 HJ_BUF_SIZE 参数外，DM 服务器还提供了创建哈希表个数的初始化参数，其中，HAGR_HASH_SIZE 表示在处理聚集函数时创建哈希表的个数，建议保持默认值 100000 个。

5）SSD 缓冲区

固态硬盘（SSD）采用闪存作为存储介质，因没有机械磁头的寻道时间，其读写效率比机械磁盘更有优势。内存、SSD、机械磁盘均符合存储分级的条件。为提高系统执行效率，DM 服务器将 SSD 文件作为内存缓存与普通磁盘缓存之间的缓冲层，称为 SSD 缓冲。DM 服务器在 dm.ini 中提供参数 SSD_BUF_SIZE 和 SSD_FILE_PATH 来配置 SSD 缓冲区，SSD_BUF_SIZE 用于指定 SSD 缓冲区的大小，单位是 MB，DM 服务器根据该参数创建相应大小的文件作为缓冲区使用；SSD_FILE_PATH 指定 SSD 文件所在的文件夹路径，管理员需要保证设置的路径位于固态磁盘上。

默认 SSD 缓冲区是关闭的，即 SSD_BUF_SIZE 为 0。若要配置 SSD 缓冲区，则将其设置为大于 0 的数，并指定 SSD_FILE_PATH 即可。根据存储分级的概念，建议将 SSD_BUF_SIZE 的值配置为 BUFFER_SIZE 值的 2 倍左右。

1.3 达梦数据库常用工具

DM8 提供了功能丰富的系列工具，方便数据库管理员进行数据库的维护管理。这些工具主要包括 DM 控制台工具、DM 管理工具、DM 性能监视工具、DM 数据迁移工具、达梦数据库配置助手、DM 审计分析工具等。

1.3.1 DM 控制台工具

DM 控制台工具是管理和维护数据库的基本工具。通过使用 DM 控制台工具，数据库管理员可以完成以下功能：服务器参数配置、管理 DM 服务、脱机备份与还原、查看系统信息、查看许可证信息、数据守护配置与状态监视。其界面如图 1-5 所示。

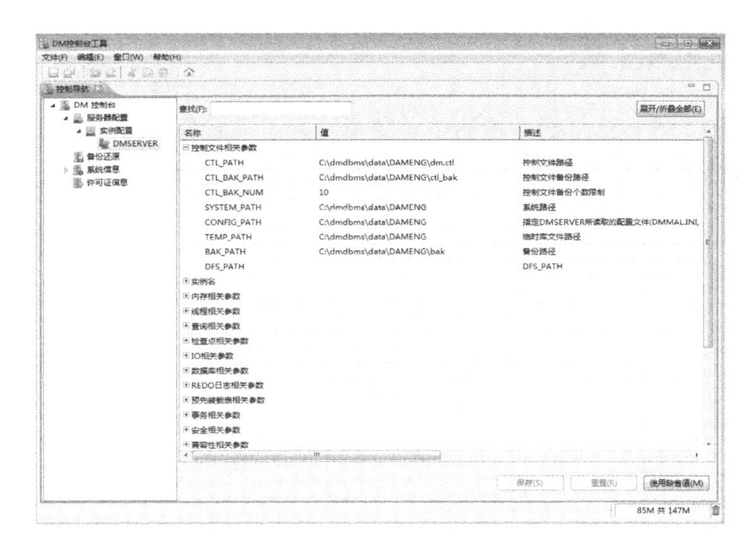

图 1-5　DM 控制台工具界面

1.3.2　DM 管理工具

DM 管理工具是达梦数据库系统最主要的图形界面工具，用户通过它可以与达梦数据库进行交互——操作数据库对象和从数据库中获取信息。DM 管理工具的主要功能包括服务器管理、数据库实例管理、模式对象管理、表对象管理、外部表对象管理、索引对象管理、视图对象管理、物化视图对象管理、存储过程对象管理、函数对象管理、序列对象管理、触发器对象管理、包对象管理、类对象管理、同义词对象管理、全文索引对象管理、外部链接对象管理、角色权限管理、用户权限管理、安全信息管理、表空间对象管理、备份恢复管理、工具包管理、数据复制管理、数据守护管理、作业调度管理等。DM 管理工具的界面如图 1-6 所示。

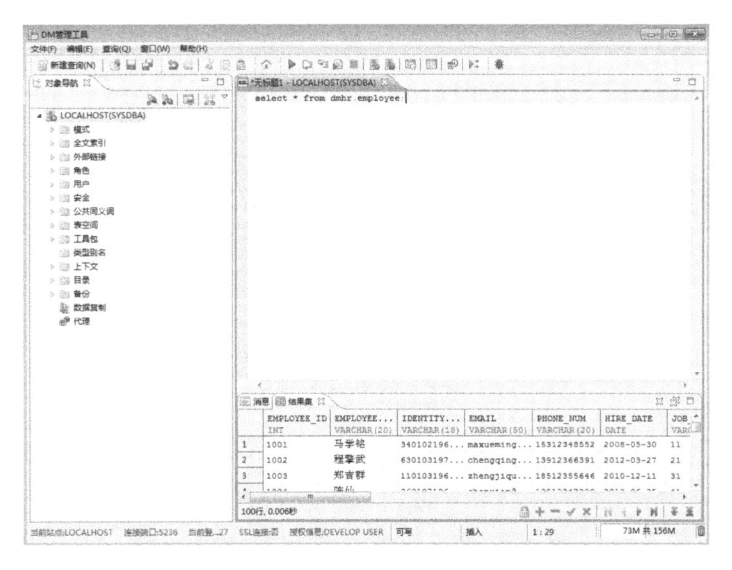

图 1-6　DM 管理工具界面

1.3.3 DM 性能监视工具

DM 性能监视工具是达梦数据库系统管理员用来监视服务器的活动和性能情况，并对系统参数进行调整的客户端工具，它允许系统管理员在本机或远程监视服务器的运行状态。其界面如图 1-7 所示。

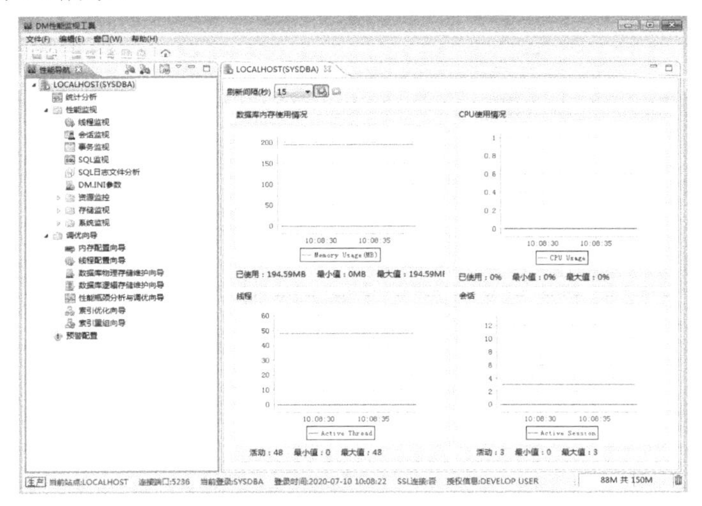

图 1-7 DM 性能监视工具界面

1.3.4 DM 数据迁移工具

DM 数据迁移工具提供了主流大型数据库迁移到达梦数据库、达梦数据库迁移到主流大型数据库、达梦数据库迁移到达梦数据库、文件迁移到达梦数据库、达梦数据库迁移到文件的功能。DM 数据迁移工具采用向导方式引导用户通过简单的步骤完成需要的操作。其界面如图 1-8 所示。

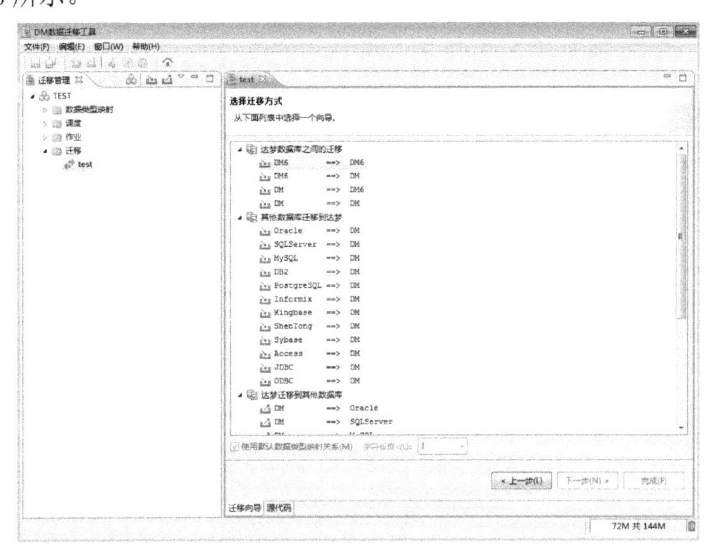

图 1-8 DM 数据迁移工具界面

1.3.5　达梦数据库配置助手

达梦数据库配置助手是达梦数据库提供的数据库配置工具，以便用户在创建数据库的时候，能够通过图形界面设置初始化数据库的参数。其界面如图 1-9 所示。

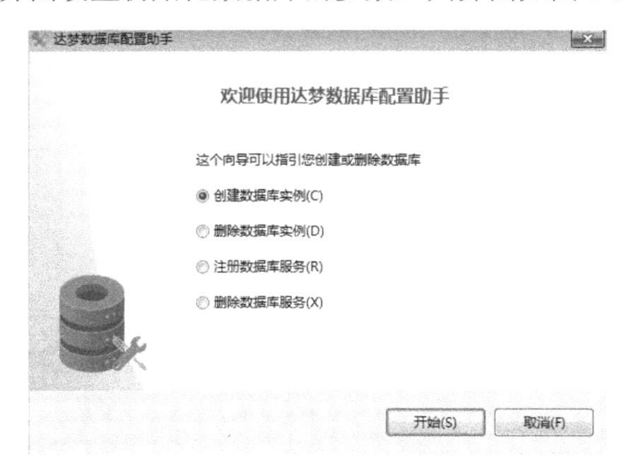

图 1-9　达梦数据库配置助手界面

1.3.6　DM 审计分析工具

DM 审计分析工具是达梦数据库审计日志查看的基本工具。通过使用 DM 审计分析工具，达梦数据库审计员可以实现审计规则的创建与修改，以及审计记录的查看与导出等功能。DM 审计分析工具界面如图 1-10 所示。

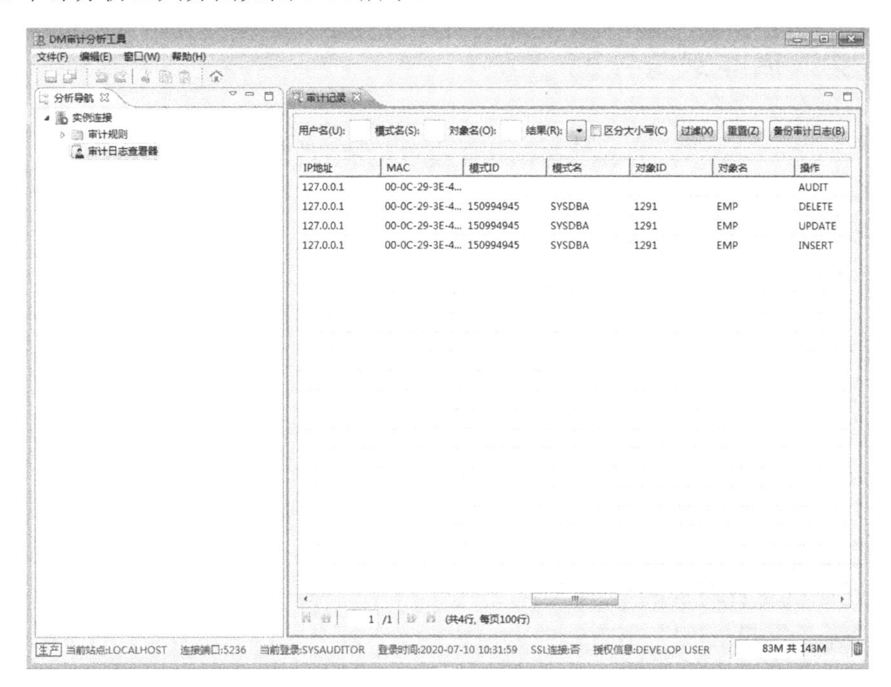

图 1-10　DM 审计分析工具界面

2

第 2 章 达梦数据库安装与卸载

达梦数据库管理系统（简称 DM）是基于客户机/服务器方式的数据库管理系统，支持在多种计算机操作系统上安装部署，典型的操作系统有 Windows、Linux、Solaris 和 AIX 等。针对不同的操作系统，DM 的安装与卸载存在一定的差异性，本章主要以 Windows 和 Linux 操作系统为例进行介绍。达梦数据库管理系统安装完毕后，还需要创建达梦数据库实例、启动达梦数据库服务等基础工作。

2.1 达梦数据库安装环境

达梦数据库管理系统主要采用 Java 程序语言开发，具有良好的跨平台特性，支持在多种操作系统上的安装部署，在 32 位操作系统和 64 位操作系统上均可运行。达梦数据库部署的硬件环境配置越高，其性能发挥得越好。本节将针对达梦数据库安装环境的基本配置要求进行介绍。

2.1.1 硬件环境

在通常情况下，用户根据达梦数据库及应用系统需求，选择硬件环境配置，配置项包括 CPU 指标、内存容量、磁盘容量等。达梦数据库服务器端访问量大，在运行时内存消耗比较高，硬件配置通常选择较高为宜。若达梦数据库系统需要部署具有服务不间断、稳定性强等要求的重要应用，则建议额外配置 UPS 设备。安装达梦数据库系统所需的最低硬件配置如表 2-1 所示。

DM 是基于客户机/服务器方式的大型数据库管理系统，当达梦数据库软件和客户端软件分别部署在数据库服务器和客户端计算机时，硬件环境需要有网络（如局域网）的支撑；当 DM 单机部署时，即达梦数据库软件和客户端软件部署在同一台计算机上时，则不需要组网。

表 2-1　安装 DM 所需的硬件基本配置要求

名　　称	基 本 配 置 要 求
CPU	Intel Pentium 4（建议 Pentium 4 1.6GB 以上）处理器
内存	1GB（建议 2GB 以上）
硬盘	5GB 以上可用空间
网卡	10MB 以上支持 TCP/IP 协议的网卡
光驱	32 倍速以上光驱
显卡	支持 1024×768×256 以上彩色显示
显示器	SVGA 显示器
键盘/鼠标	普通键盘/鼠标

2.1.2　软件环境

DM 运行在操作系统之上，需要占用一定的存储资源、网络资源及计算资源，并支持 TCP/IP 网络协议。在通常情况下，安装 DM 所需的软件环境配置要求如表 2-2 所示。

表 2-2　安装 DM 所需的软件环境基本配置要求

名　　称	基 本 配 置 要 求
操作系统	Windows（简体中文服务器版 SP2 以上）、Linux（glibc2.3 以上，内核 2.6，已安装 KDE/GNOME 桌面环境，建议预先安装 UNIX ODBC 组件）
网络协议	TCP/IP 协议
系统硬盘	至少 1GB 以上的剩余空间

如果需要进行数据库应用开发，需要在操作系统中安装 ODBC 数据源管理器、DM ODBC 驱动程序等，并且在客户端要配备 VC、VB、DELPHI、C++Builder、PowerBuilder、JBuilder、Eclipse、DreamWeaver、Visual Studio、.NET 等应用开发工具。

2.1.3　准备工作

在安装 DM 之前，应完成安装前的准备工作，主要包括基本准备工作和 DM 部署注意事项两个方面。

基本准备工作主要有：

（1）正确地安装操作系统、合理地分配磁盘空间、检查机器配置是否满足要求；

（2）关闭正在运行的杀毒、安全防护等软件；

（3）确保网络正常运行；

（4）在安装 32 位操作系统之前，必须保证系统时间在 1970 年 1 月 1 日 00:00:00 至 2038 年 1 月 19 日 03:14:07 之间。

在安装过程中，DM 部署注意事项主要有以下几点：

（1）若系统中已安装 DM，在重新安装前，应完全卸载原来的 DM；并且在重新安装前，务必进行数据备份。

（2）服务器端计算机必须安装 DM 服务器端组件，只作为客户机的计算机不必安装服务器端组件。

（3）客户端计算机在客户端组件中选择安装所需组件。

2.2 达梦数据库安装

DM 是基于客户机/服务器方式的大型数据库管理系统，支持多种操作系统部署。本节将以 Windows 系统和 Linux 系统为例，分别介绍 DM 在服务器端与客户端的安装步骤。

2.2.1 服务器端安装

1．Windows 下 DM8 服务器端安装

达梦数据库几乎支持所有版本的 Windows 操作系统，如 Windows 2000、Windows 2003、Windows XP、Windows Vista、Windows 7、Windows 8 和 Windows 10 等。在 Windows 系统下安装达梦数据库，应使用 Administrator 账户或其他拥有管理员权限的账户进行安装。在运行达梦数据库安装程序前，应使用 Administrator 账户或者其他拥有管理员权限的账户登录。

在 Windows 系列操作系统下 DM8 的安装步骤是一致的，与常规软件安装相似。下面以 Windows 7 为例描述整个安装过程，其他的 Windows 操作系统下的安装可以参考此安装过程。用户可根据安装向导完成 DM 服务器端软件的安装，DM 服务器端软件的具体安装步骤如下。

步骤 1：用户在确认 Windows 操作系统已正确安装，并且网络系统能正常运行的情况下，将 DM8 安装光盘放入光驱后，会自动进入安装界面；也可以通过达梦数据库官方网站下载安装文件。如已将安装程序复制至本地硬盘中，则双击“setup.exe”运行安装文件。程序将检测当前计算机操作系统是否已经安装了其他版本的达梦数据库，如果存在其他版本的达梦数据库，将弹出提示对话框，如图 2-1 所示。建议卸载其他版本的达梦数据库后再安装，如果继续安装，将弹出语言与时区选择对话框，如图 2-2 所示，请根据系统配置选择相应的语言与时区，默认为“简体中文”与“（GTM+08:00）中国标准时间”，单击“确定”按钮继续安装。

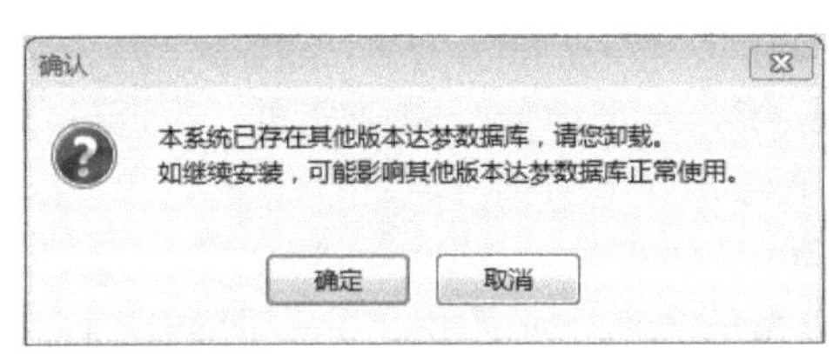

图 2-1　版本检测提示信息

之后会进入达梦数据库安装欢迎界面，如图 2-3 所示，单击“下一步”按钮继续安装。

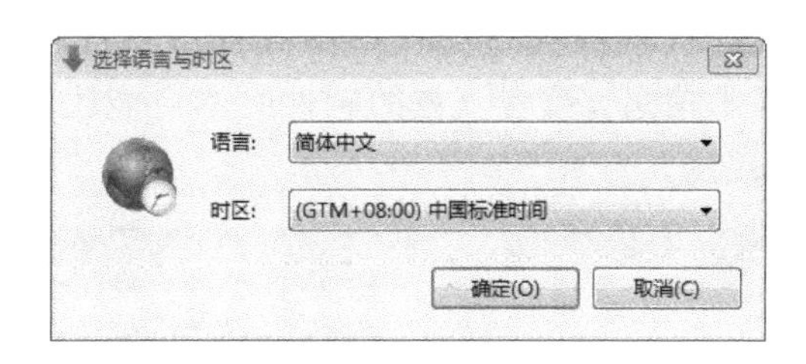

图 2-2　语言与时区选择界面

图 2-3　达梦数据库安装欢迎界面

步骤 2：接受许可证协议，如图 2-4 所示。在安装和使用 DM 之前，该安装程序需要用户阅读许可证协议相关条款，用户如果接受该协议，则选中“接受”单选按钮，并单击“下一步”按钮继续安装；用户若选中“不接受”单选按钮，则无法进行安装。

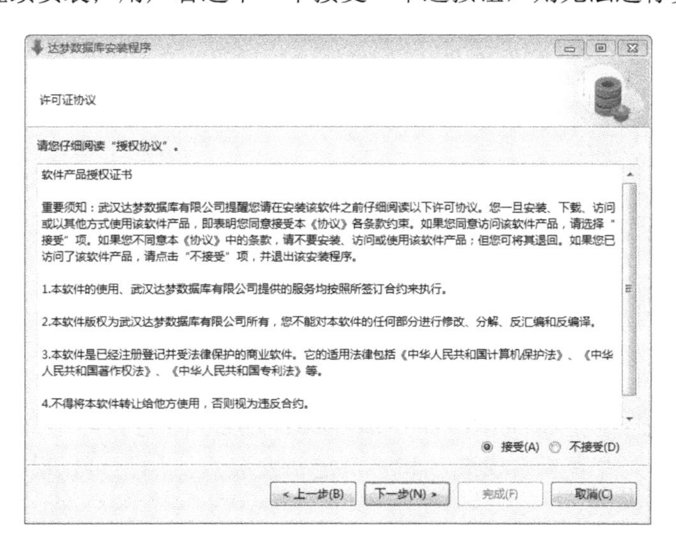

图 2-4　许可证协议界面

步骤 3：查看版本信息。用户可通过如图 2-5 所示版本信息界面查看 DM 服务器、客户端等各组件相应的版本信息，读者获得的软件版本可能比图 2-5 中所示的更新。单击“下一步”按钮继续安装。

图 2-5　版本信息界面

步骤 4：验证 Key 文件。如图 2-6 所示为 Key 文件验证界面，用户单击“浏览”按钮，选取 Key 文件，安装程序将自动验证 Key 文件信息。如果是合法的 Key 文件，并且在有效期内，用户可以单击“下一步”按钮继续安装。

图 2-6　Key 文件验证界面

步骤 5：选择安装方式。如图 2-7 所示，DM 安装程序提供 4 种安装方式：“典型安装”“服务器安装”“客户端安装”和“自定义安装”，用户可以根据实际情况灵活地选择。

图 2-7　安装方式选择界面

用户若想安装服务器端、客户端等所有组件，则选择“典型安装”，单击“下一步”按钮继续；用户若只想安装 DM 服务器端组件，则选择“服务器安装”，单击“下一步”按钮继续；用户若只想安装所有的客户端组件，则选择“客户端安装”，单击“下一步”按钮继续；用户若想自定义安装，则选择“自定义安装”，选中自己需要安装的组件，在本安装过程中，要安装服务器端组件，请确认选中“服务器”组件选项，并单击“下一步”按钮继续。一般来说，作为服务器端的计算机只需要选择“服务器安装”选项，在特殊情况下，服务器端的计算机也可以作为客户机使用，此时计算机必须安装相应的客户端软件。

步骤 6：设置安装目录。如图 2-8 所示，设置达梦数据库安装目录。达梦数据库默认安装在 D:\dmdbms 目录下，用户可以通过单击“浏览”按钮自定义安装目录。

图 2-8　设置安装目录界面

说明：安装路径里的目录名由英文字母、数字和下画线等组成，不支持包含空格的目录名，建议不要使用中文字符。

步骤 7：设置达梦数据库“开始菜单”文件夹。选择达梦数据库快捷方式在“开始菜单”中的文件夹名称，默认为“达梦数据库”，如图 2-9 所示。

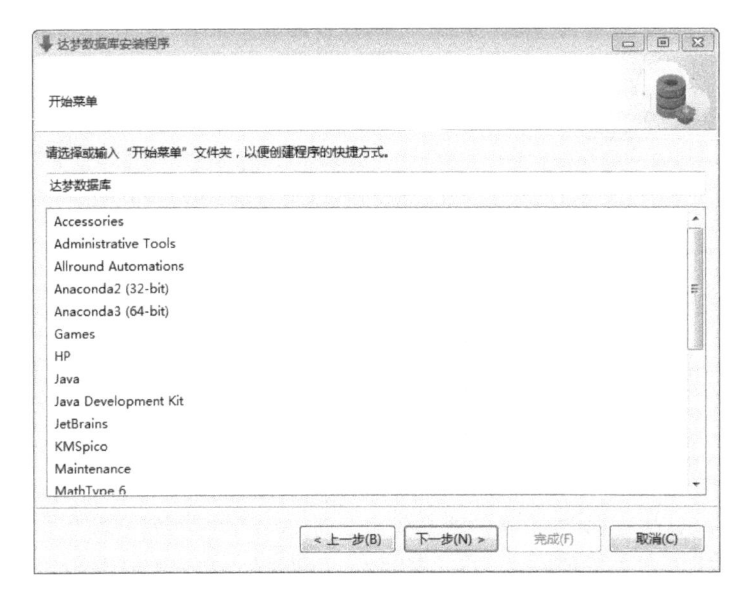

图 2-9　设置达梦数据库“开始菜单”文件夹

步骤 8：安装前小结。图 2-10 显示了用户即将进行安装的有关信息，如产品名称、版本信息、安装类型、安装目录、所需空间、可用空间、可用内存等信息，用户检查无误后单击“安装”按钮，开始安装软件。

达梦数据库安装程序

安装前小结

请阅读安装前小结信息：

产品名称	达梦数据库 V8.1.0.147
安装类型	典型安装
安装目录	D:\dmdbms
所需空间	
可用空间	8GB
可用内存	2930MB

< 上一步(B)　安装(I)　完成(F)　取消(C)

图 2-10　安装前小结界面

步骤 9：正式安装。如图 2-11 所示为正在安装的界面。

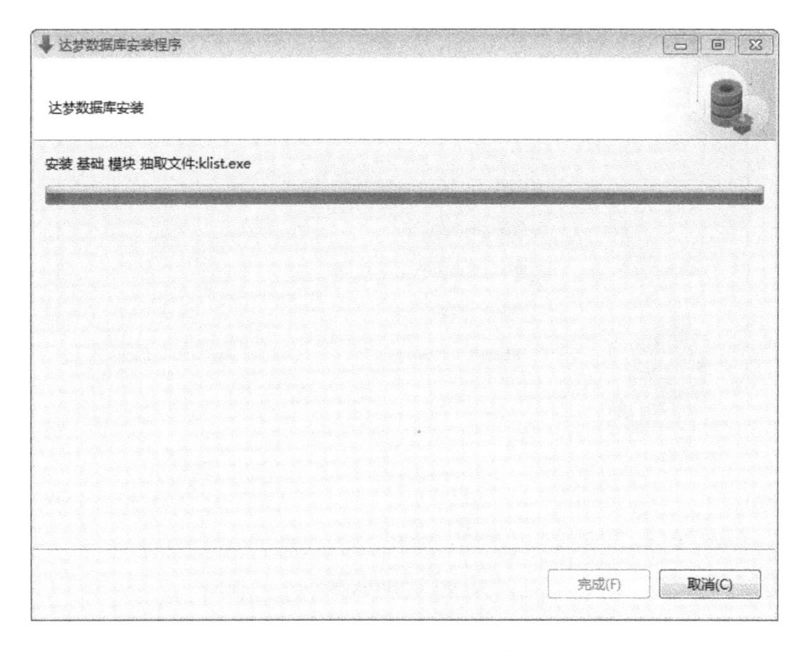

图 2-11　正在安装的界面

步骤 10：初始化数据库。若用户在选择安装组件时选中了服务器组件，数据库在自身安装过程结束时，会提示是否初始化数据库，如图 2-12 所示。单击“取消”按钮将直接退出安装；通常来说，初次安装数据库需要初始化数据库，单击“初始化”按钮则将弹出“达梦数据库配置助手”界面，如图 2-13 所示。

图 2-12　达梦数据库安装完成界面

在“达梦数据库配置助手”界面，也可以根据实际情况，在需要时进行数据库实例创建，即选中“创建数据库实例”选项，单击“开始”按钮。

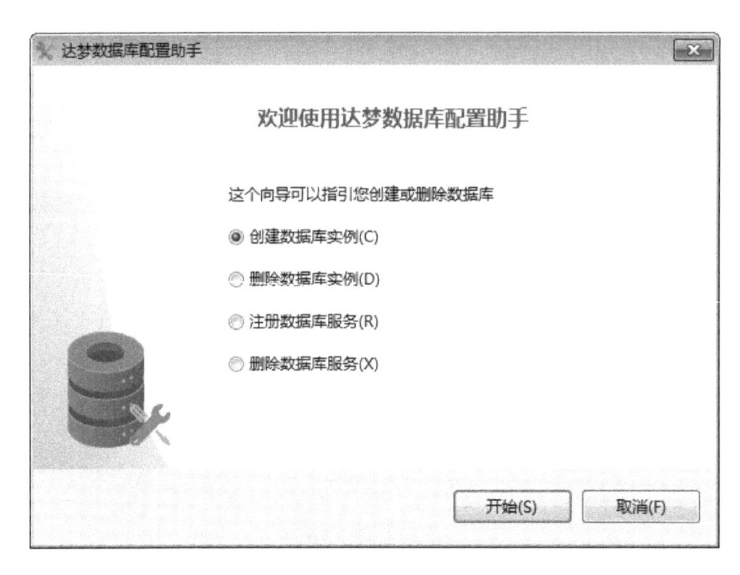

图 2-13 “达梦数据库配置助手”界面

2. Linux 下 DM8 服务器端安装

Linux 系统是一个多用户、多任务的分时操作系统，任何一个要使用系统资源的用户，都必须首先向系统管理员申请一个账号。其中，root 用户是 Linux 系统默认创建的，也是唯一的超级用户，具有系统中所有的权限。普通用户安装软件相对比较复杂，对于初级读者来说，掌握 root 用户安装方法即可。

根据 Linux 系统是否支持图形界面操作的应用实际，达梦数据库的安装分为图形化安装和命令行安装两种方式。下面将分别进行介绍。

（1）图形化安装。

步骤 1：创建安装目录。Linux 系统需要用户创建安装目录，例如，创建安装目录/DM8。

```
#mkdir /DM8
```

步骤 2：检查修改系统资源限制。

```
#ulimit –a
```

须确保 open files 的参数设置为 1048576（1GB）以上或 unlimited（无限制）。如果不是该参数，其修改步骤为

```
$ vi /etc/profile
```

在 profile 文件内增加一行参数设置：

```
ulimit –n 1048576
```

输入完毕后，保存退出，并重启服务器使参数生效。

步骤 3：加载光驱安装文件。

将达梦数据库安装光盘放入光驱中，一般可以通过执行下面的命令来加载光驱。

```
#mount –t iso9660 /dev/sr0/mnt
```

注意：如果是通过达梦数据库官方网站下载的安装文件，则跳过步骤 3 和步骤 4。

步骤 4：复制安装文件到磁盘目录。

```
# cd /mnt
```

```
# cp DMInstall.bin /DM8
```

步骤 5：修改文件权限，使当前用户对 DMInstall.bin 具有执行权限。

```
#chmod   +x   DMInstall.bin
```

步骤 6：运行安装文件。

```
# ./DMInstall.bin
```

启动后进入图形化安装界面，如图 2-14 所示。

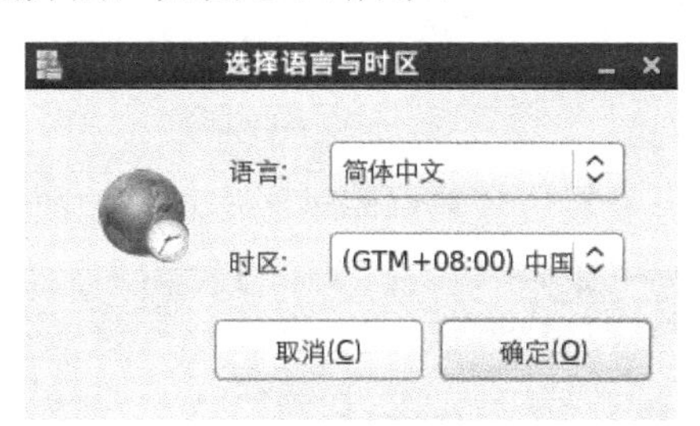

图 2-14　在 Linux 系统下的达梦数据库图形化安装界面

步骤 7：参照 2.2.1 节 Windows 系统下达梦数据库服务器端软件的安装步骤进行安装。

步骤 8：卸载光驱。

安装完后一般要卸载光驱才能取出光盘。与前面的 mount 加载光驱命令相对应，可以使用下面的命令来卸载光驱：

```
umount   /mnt
```

注意：如果是通过达梦数据库官方网站下载的安装文件，则无须执行卸载光驱操作。

（2）命令行安装。

步骤 1～步骤 5 与 Linux 系统下达梦数据库图形化安装步骤一致。

步骤 6：运行安装文件。

```
# ./DMInstall.bin –i
```

步骤 7：选择安装语言。

根据系统配置选择相应安装语言，输入选项并回车进行下一步，如图 2-15 所示。

```
[root@localhost DM8]# ./DMInstall.bin -i
请选择安装语言(C/c:中文 E/e:英文) [C/c]:c
```

图 2-15　选择安装语言

如果在当前操作系统中已安装达梦数据库，将在终端显示安装提示，如图 2-16 所示。重新安装前，应完全卸载已存在的达梦数据库；并且在重新安装前，务必备份好数据。

```
本系统已存在其他版本达梦数据库，请您卸载。如继续安装，可能影响其他版本达梦数据库正常使用。
是否继续?(Y/y:是 N/n:否) [Y/y]:
```

图 2-16　安装提示

步骤 8：验证 Key 文件。用户可以选择是否输入 Key 文件路径。不输入，则进入下一步安装；输入 Key 文件路径，安装程序将显示 Key 文件的详细信息。如果是合法的 Key 文件，并且在有效期内，用户可以继续安装，如图 2-17 所示。

```
欢迎使用达梦数据库安装程序

是否输入Key文件路径? (Y/y:是 N/n:否) [Y/y]:y
请输入Key文件的路径地址 [dm.key]:/home/dmdba/dm.key

有效日期: 无限制
服务器颁布类型: 企业版
发布类型: 测试版
用户名称: 测试用户
授权用户数: 无限制
并发连接数: 无限制
```

图 2-17　验证 Key 文件

步骤 9：设置时区。选择设置达梦数据库时区信息，如图 2-18 所示。

```
是否设置时区? (Y/y:是 N/n:否) [Y/y]:y
设置时区:
[ 1]: GTM-12=日界线西
[ 2]: GTM-11=萨摩亚群岛
[ 3]: GTM-10=夏威夷
[ 4]: GTM-09=阿拉斯加
[ 5]: GTM-08=太平洋时间（美国和加拿大）
[ 6]: GTM-07=亚利桑那
[ 7]: GTM-06=中部时间（美国和加拿大）
[ 8]: GTM-05=东部部时间（美国和加拿大）
[ 9]: GTM-04=大西洋时间（美国和加拿大）
[10]: GTM-03=巴西利亚
[11]: GTM-02=中大西洋
[12]: GTM-01=亚速尔群岛
[13]: GTM=格林威治标准时间
[14]: GTM+01=萨拉热窝
[15]: GTM+02=开罗
[16]: GTM+03=莫斯科
[17]: GTM+04=阿布扎比
[18]: GTM+05=伊斯兰堡
[19]: GTM+06=达卡
[20]: GTM+07=曼谷，河内
[21]: GTM+08=中国标准时间
[22]: GTM+09=汉城
[23]: GTM+10=关岛
[24]: GTM+11=所罗门群岛
[25]: GTM+12=斐济
[26]: GTM+13=努库阿勒法
[27]: GTM+14=基里巴斯
请选择设置时区 [21]:21
```

图 2-18　设置时区

步骤 10：选择安装类型。命令行安装与图形化安装可选择的安装类型是一样的，如图 2-19 所示。

用户选择安装类型需要手动输入，默认是“典型安装”。如果用户选择“自定义安装”，将打印全部安装组件信息。用户通过命令行窗口输入要安装的组件序号，在选择多个安装组件时需要使用空格进行间隔。在输入完需要安装的组件序号后，单击回车，将打印安装选择组件所需要的存储空间大小。

步骤 11：选择安装目录。用户可以输入达梦数据库的安装路径，不输入则使用默认安装目录，默认安装目录为$HOME/dmdbms（如果安装用户为 root，则默认安装目录为/opt/dmdbms），如 2-20 所示。

```
安装类型:
1 典型安装
2 服务器
3 客户端
4 自定义
请选择安装类型的数字序号 [1 典型安装]:4
1 服务器组件
2 客户端组件
  2.1 DM管理工具
  2.2 DM性能监视工具
  2.3 DM数据迁移工具
  2.4 DM控制台工具
  2.5 DM审计分析工具
  2.6 SQL交互式查询工具
3 驱动
  3.1 ODBC驱动
  3.2 JDBC驱动
4 用户手册
5 数据库服务
  5.1 实时审计服务
  5.2 作业服务
  5.3 实例监控服务
  5.4 辅助插件服务
请选择安装组件的序号 (使用空格间隔) [1 2 3 4 5]:1 2 3 4 5
所需空间: 733M
```

图 2-19　选择安装类型

```
请选择安装目录 [/home/dmdba/dmdbms]:/home/dmdba/dmdbms
可用空间: 7963M
是否确认安装路径? (Y/y:是 N/n:否)  [Y/y]:y
```

图 2-20　选择安装目录

安装程序将打印当前安装目录的可用空间，如果空间不足，用户需要重新选择安装目录。如果当前安装目录可用空间足够，用户需要进行确认。若用户不确认，则重新选择安装目录；若用户确认，则进入下一步骤。

步骤 12：安装前小结。安装程序将打印用户之前输入的部分安装信息，用户对安装信息进行确认。若用户不确认，则退出安装程序；若用户确认，则进行达梦数据库的安装，如图 2-21 所示。

```
安装前小结
安装位置: /home/dmdba/dmdbms
所需空间: 733M
可用空间: 7963M
版本信息: 企业版
有效日期: 无限制
安装类型: 典型安装
是否确认安装 (Y/y,N/n) [Y/y]:y
```

图 2-21　安装前小结

步骤 13：安装。安装过程如图 2-22 所示。

注意：安装完成后，终端提示“请以 root 系统用户执行命令”。若使用非 root 系统用户进行安装，则部分安装步骤没有相应的系统权限，需要用户手动执行相关命令，用户可以根据提示完成相关操作。

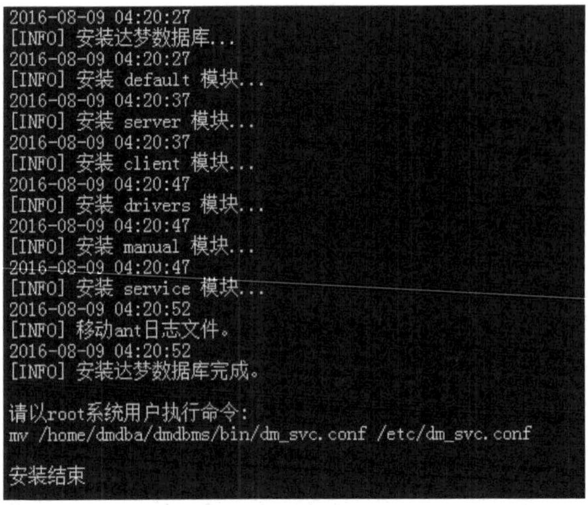

```
2016-08-09 04:20:27
[INFO] 安装达梦数据库...
2016-08-09 04:20:27
[INFO] 安装 default 模块...
2016-08-09 04:20:37
[INFO] 安装 server 模块...
2016-08-09 04:20:37
[INFO] 安装 client 模块...
2016-08-09 04:20:47
[INFO] 安装 drivers 模块...
2016-08-09 04:20:47
[INFO] 安装 manual 模块...
2016-08-09 04:20:47
[INFO] 安装 service 模块...
2016-08-09 04:20:52
[INFO] 移动ant日志文件。
2016-08-09 04:20:52
[INFO] 安装达梦数据库完成。

请以root系统用户执行命令:
mv /home/dmdba/dmdbms/bin/dm_svc.conf /etc/dm_svc.conf

安装结束
```

图 2-22　安装过程

步骤 14：卸载光驱。

安装完成后一般要卸载光驱才能取出光盘。与前面的 mount 加载光驱命令相对应，可以使用下面的命令卸载光驱：

```
umount  /mnt
```

注意：如果是通过达梦数据库官方网站下载的安装文件，则无须执行卸载光驱操作。

2.2.2　客户端安装

客户端安装过程与服务器端安装过程相似，区别在于系统在选择客户端安装时，仅安装支持客户端使用的工具组件。DM8 客户端使用的工具主要有管理工具（Manager）、数据迁移工具（Dts）、控制台工具（Console）、性能监控工具（Monitor）、审计分析工具（Analyzer）、ODBC 3.0 驱动程序（dodbc.dll）、JDBC 3.0 驱动程序（DM8 JdbcDriver.jar）、OLEDB 2.7 驱动程序（doledb.dll）等。此外，命令行工具主要包括 disql、dminit、DM 服务器等。

1. Windows 下 DM8 客户端安装

DM8 客户端软件的安装和 DM8 服务器端软件的安装步骤基本一致，先把达梦数据库安装光盘放入光驱中，达梦数据库安装光盘上的安装程序将自动执行；或者将从达梦数据库官方网站下载的安装程序复制至硬盘中，运行“setup.exe”文件。

步骤 1～步骤 4：参考 2.2.1 节，客户端软件的安装与服务器端软件的安装步骤类似。

步骤 5：选择安装方式，如图 2-7 所示。用户若想安装所有的客户端组件，则选择“客户端安装”，单击“下一步”按钮继续；用户也可以选择“自定义安装”，根据需要选择要安装的客户端组件，单击“下一步”按钮继续。

说明：达梦数据库的编程接口 DPI 的动态库文件（dmdpi.dll）在安装过程中是自动安装的。

其余步骤参考 2.2.1 节，客户端软件的安装与服务器端软件的安装步骤类似。

此外，需要特别注意的是，客户端安装不需要初始化数据库。

安装完毕，安装程序自动在“开始”菜单下添加“达梦数据库”选项。用户可以单击相应的快捷方式启动已经安装的客户端软件。安装程序将客户端工具安装在目标路径的 tool 目录下，用户也可以直接找到目标路径启动相应的客户端软件。

2. Linux 下 DM8 客户端安装

步骤 1～步骤 6：参考 2.2.1 节，客户端软件的安装与服务器端软件的安装步骤类似。

启动安装后，在“选择安装方式”步骤时，选择“客户端安装”。后续步骤与 2.2.1 节一致。

说明：达梦数据库客户端软件所用的操作系统与服务器端软件所用的操作系统无关，例如，Windows 下的客户端软件也可以访问 Linux 下的 DM 服务器。

2.2.3 许可证安装

许可证（License）是武汉达梦数据库股份有限公司对达梦数据库使用的授权许可，其载体是一个加密文件（dm.key）。License 可以在安装达梦数据库时导入，也可以在达梦数据库安装后加载。如果需要得到更多的授权，则需要联系武汉达梦数据库股份有限公司获取相应的 License。License 安装，可以按照下面的步骤进行。

1. Windows 下许可证的安装

用户获得 License 的加密文件 dm.key 后，将 DM 服务器关闭，然后将 dm.key 复制到 DM 服务器所在目录中即可，操作方法如下。

步骤 1：打开 DM 服务器所在的目录。例如，当达梦数据库安装目录为 D:\dmdbms 时，DM 服务器所在目录为 D:\dmdbms\bin。

步骤 2：关闭 DM 服务器。

步骤 3：将 dm.key 复制到 DM 服务器所在目录下，替换原始 dm.key 文件。需要注意的是，建议将该目录下原来的 dm.key 文件预先备份，避免新 dm.key 文件不匹配影响达梦数据库的正常使用。

2. Linux 下许可证的安装

与 Windows 下 License 的安装类似，操作方法如下。

步骤 1：找到 DM 服务器所在目录，方法是以 root 用户或安装用户登录 Linux 系统，启动终端，执行以下命令即可进入 DM 服务器程序安装的目录。

```
#注：假设安装目录为/opt/dmdbms
cd /opt/dmdbms/bin
```

步骤 2：将 DM 服务器关闭，再将 dm.key 文件复制到 DM 服务器所在目录，替换原有的 dm.key 文件即可。同样，该目录下原来的 dm.key 文件需要预先做好备份。

2.3 数据库实例创建

数据库实例是用户访问数据库的中间层，是使用数据库的手段。首先，在创建数据库实例时需要初始化相关参数，需要根据实际需求进行数据库参数规划。其次，创建数据库实例既可以在达梦数据库安装时使用向导完成，也可以在安装达梦数据库之后，通过数据库配置工具或 dminit 来手动创建。根据应用场景，创建数据库实例通常分为界面方式和命令行方式两种。

2.3.1 数据库实例规划

用户在创建数据库之前，需要规划数据库，如数据库名、实例名、端口、文件路径、簇大小、页大小、日志文件大小、SYSDBA 和 SYSAUDITOR，以及其他系统用户密码等。具体来说，在创建数据库之前需要做如下准备工作。

（1）规划数据库表和索引，并估算所需空间大小。

（2）确定字符集。所有字符集数据，包括数据字典中的数据，都被存储在数据库字符集中，用户在创建数据库时可以指定数据库字符集，默认数据库字符集是 GB 18030。

（3）规划数据库文件的存储路径，可以指定数据库存储路径、控制文件存储路径、日志文件存储路径等。应注意，指定的路径或文件名中尽量不要包含中文字符，否则可能由于数据库与操作系统编码方式不一致导致不可预期的问题。

（4）配置数据库时区，例如，中国是 GTM+8:00 时区。

（5）设置数据库簇大小、页大小、日志文件大小，在数据库创建时分别由 EXTENT_SIZE、PAGE_SIZE、LOG_SIZE 初始化参数来指定，在数据库创建完成之后，这些参数不能修改。

创建数据库之前，必须满足以下必要条件：

（1）安装必需的达梦数据库，包括为操作系统设置各种环境变量，并为软件和数据库文件建立目录结构；

（2）必须有足够的内存来启动达梦数据库实例；

（3）在执行达梦数据库的计算机上要有足够的磁盘存储空间来容纳规划的数据库。

2.3.2 界面方式创建数据库

数据库配置工具提供了一个图形化界面来引导用户创建和配置数据库，可执行创建数据库、改变数据库的配置、删除数据库、管理模板、自动存储管理、注册数据库服务等任务。数据库配置工具可以通过达梦数据库支持的模板或用户自定义的模板来创建数据库，以 Windows 操作系统为例，创建数据库实例步骤如下。

步骤 1：启动达梦数据库配置助手。通过下列步骤来启动达梦数据库配置助手：选择“开始”→“程序”→“达梦数据库”→“客户端”→“达梦数据库配置助手”，启动达梦数据库配置助手后，将出现达梦数据库配置助手界面，如图 2-23 所示。

步骤 2：选择操作方式。在图 2-23 所示界面中，用户可选择创建数据库实例、删除数据库实例、注册数据库服务和删除数据库服务等操作方式，但初次安装达梦数据库应选择“创建数据库实例”按钮，单击“开始”按钮。

图 2-23　达梦数据库配置助手界面

步骤 3：创建数据库模板。达梦数据库系统提供 3 套数据库模板供用户选择：一般用途、联机分析处理、联机事务处理，用户可根据自身的用途选择相应的模板，如图 2-24 所示。

图 2-24　创建数据库模板界面

步骤 4：指定数据库所在目录。用户可通过浏览或输入的方式指定数据库所在目录，如图 2-25 所示。

步骤 5：设置数据库标识。用户可输入数据库名、实例名、端口号等参数，如图 2-26 所示。

步骤 6：设置数据库文件所在位置。用户可通过选择或输入确定的数据库控制文件、数据文件、日志文件等所在位置，并可通过右侧功能按钮，对文件进行添加或删除，如图 2-27 所示。

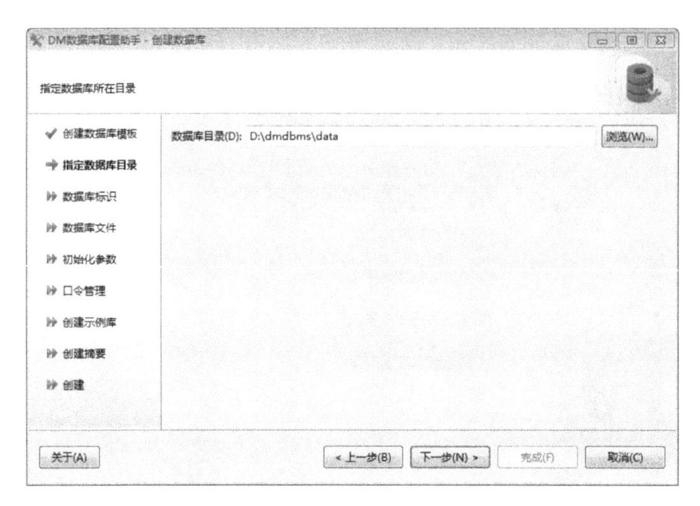

图 2-25　指定数据库所在目录界面

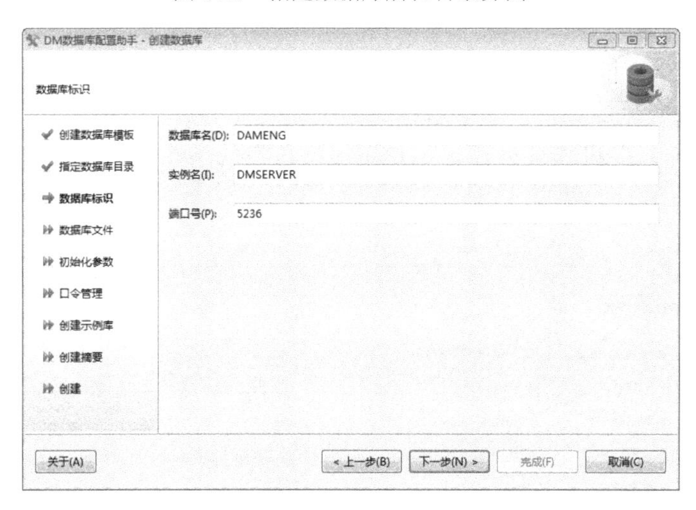

图 2-26　设置数据库标识

图 2-27　设置数据库文件所在位置

步骤 7：设置数据库初始化参数。用户可以设置数据库相关参数，如簇大小、页大小、日志文件大小、字符串比较大小写是否敏感等，如图 2-28 所示。

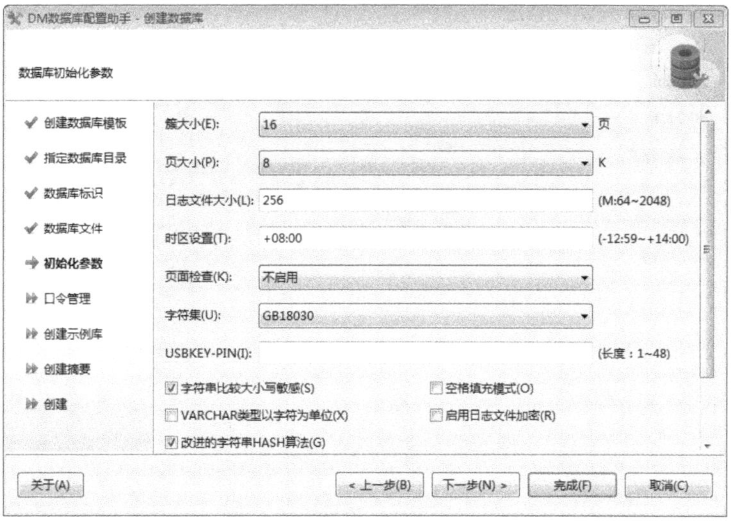

图 2-28　设置数据库初始化参数

步骤 8：设置数据库口令。用户可以输入 SYSDBA、SYSAUDITOR 的口令，对默认口令进行更改，如果安装版本为安全版，则还会增加 SYSSSO 用户的口令修改栏，如图 2-29 所示。

图 2-29　设置数据库口令

步骤 9：选择是否创建示例库。请读者选中创建示例库复选框，如图 2-30 所示。

步骤 10：查看创建数据库概要，在安装数据库之前，将显示用户通过达梦数据库配置助手设置的相关参数，如图 2-31 所示。

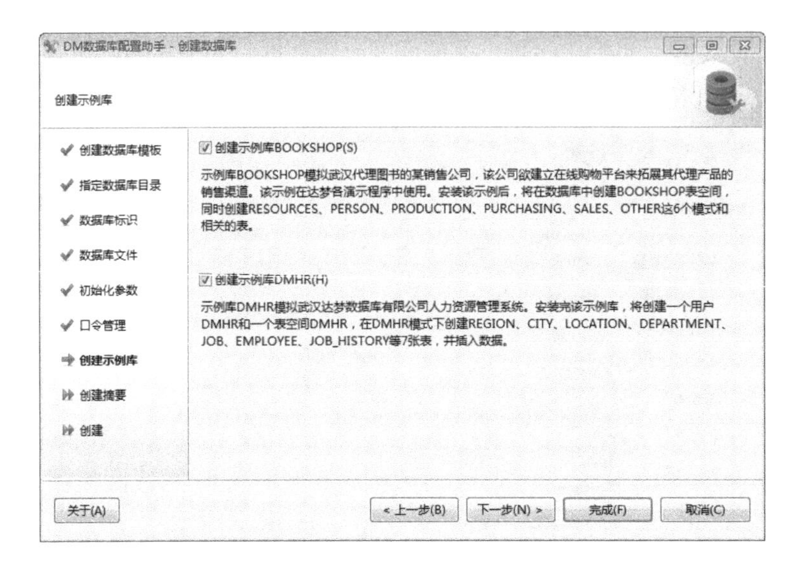

图 2-30　选择是否创建示例库

图 2-31　查看创建数据库概要

步骤 11：创建数据库实例，如图 2-32 所示。

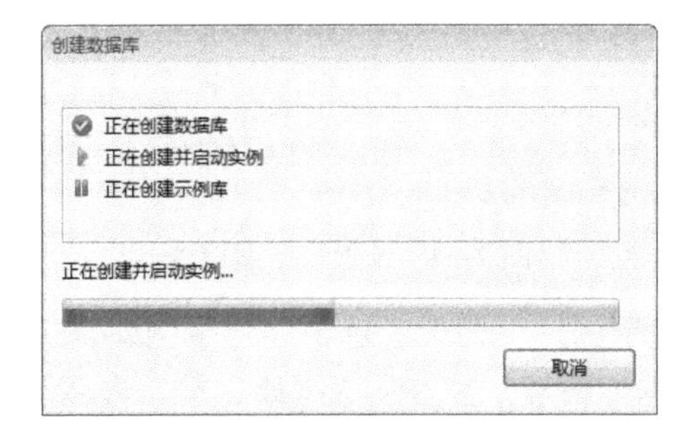

图 2-32　正在创建数据库实例界面

步骤 12：创建数据库完成。数据库创建完成后，将进入如图 2-33 所示的创建数据库完成界面，并可通过“DM 服务查看器”查看达梦系统服务，如图 2-34 所示。

图 2-33　创建数据库完成界面

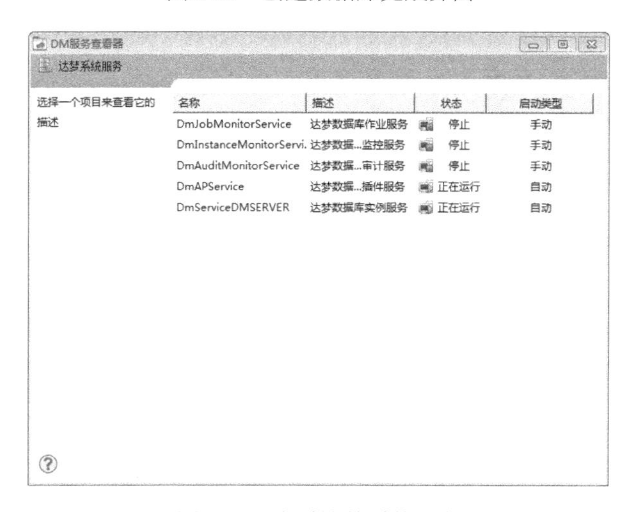

图 2-34　查看达梦系统服务

2.3.3　命令行方式创建数据库

命令行方式创建数据库的主要工具是 dminit 命令，位于安装目录的 bin\目录下。利用该工具提供的各种参数，设置数据库存放路径、页大小、字符串比较对大小写是否敏感，以及是否使用 unicode 等，创建满足用户需要的初始数据库。

在 Windows 操作系统“命令提示符”窗口中输入带参数的 dminit 命令，启动 dminit 工具，参数说明如下。

语法：dminit [KEYWORD=value][KEYWORD=value]……

KEYWORD：dminit 参数关键字。多个参数之间排列顺序无影响，参数之间使用空格间隔。

value：参数取值。dminit 如果没有带参数，系统会引导用户进行设置。

说明：①参数、等号和值之间不能有空格，如 PAGE_SIZE=16；②HELP 参数的后面不用添加“=”。

例如，初始化一个数据库，放在 D:\dmdata 目录下，数据页参数 PAGE_SIZE 的大小为 16KB。

```
dminit PATH=D:\dmdata  PAGE_SIZE=16
```

如果创建数据库成功，则屏幕显示如下：

```
initdb V7.1.5.22-Build(2015.11.17-62910trunc)
db version: 0x70009
create dm database success. 2015-12-21 15:46:27
```

如果创建数据库成功，则在 D 盘根目录下出现 dmdata 文件夹，内容包含初始数据库 DAMENG 的相关文件和达梦数据库启动必需的配置文件 dm.ini。将 dm.ini 配置文件复制到达梦数据库安装目录的 bin\目录下，DM 服务器就可以启动该初始数据库了。

2.4 启动和停止数据库服务

数据库以服务的方式提供数据访问、操作、管理等。达梦数据库有多种方式来启动和停止数据库服务，一是为了满足不同用户的操作习惯，二是将不同服务统一在一定的内容主题下便于用户使用。

2.4.1 DM 服务查看器方式

用户可以在“DM 服务查看器”中对“状态”和“启动类型”进行设置，如图 2-35 所示。单击右键选中内容，即可弹出服务操作菜单，具体包括启动、停止、重新启动、刷新、删除服务、注册服务、属性等。

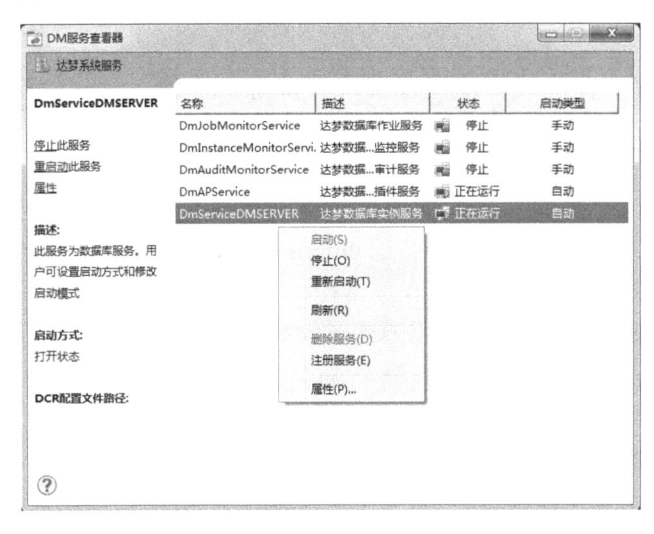

图 2-35 DM 服务查看器

其中，单击“属性”选项后，进入服务属性界面，如图 2-36 所示。在该界面中，用户可以编辑相应的属性值，如设置启动模式、修改可执行文件的路径等。

图 2-36　DM 服务查看器服务属性界面

2.4.2　dmserver 方式

dmserver 是用来启动达梦系统服务的命令行工具。在 Windows 操作系统下，进入达梦数据库安装目录即可获取 dmserver，文件路径为 D:\dmdbms\bin。命令语法与参数说明如下。

语法：dmserver.exe [ini_file_path] [-noconsole] [mount] [path=ini_file_path]
　　[dcr_ini=dcr_path]

参数说明：path 为配置文件 dm.ini 的绝对路径或 dmserver 当前目录下的配置文件 dm.ini；
　　dcr_ini 为如果使用 css 集群环境，确定 dmdcr.ini 的文件路径；
　　-noconsole 为以服务方式启动；
　　mount 为以配置方式启动。

例如，以配置方式启动服务，启动成功界面如图 2-37 所示。

```
D:\dmdbms\bin>dmserver.exe d:\dmdbms\data\DAMENG\dm.ini
file dm.key not found, use default license!
version info: develop
DM Database Server x64 V8 1-1-45-19.11.21-116030-ENT  startup...
Database mode = 0, oguid = 0
License will expire on 2020-11-21
file lsn: 47759
ndct db load finished
ndct fill fast pool finished
iid page's trxid[6010]
NEXT TRX ID = 6011
pseg_collect_items, collect 0 active_trxs, 0 cmt_trxs, 0 pre_cmt_trxs, 0 active_pages, 0 cmt_pages, 0 pre_cmt_pages
pseg_process_collect_items end, 0 active trx, 0 active pages, 0 committed trx, 0 committed pages
total 0 active crash trx, pseg_crash_trx_rollback begin ...
pseg_crash_trx_rollback end
purg2_crash_cmt_trx end, total 0 page purged
set EP[0]'s pseg state to inactive
pseg recv finished
nsvr_startup end.
aud sys init success.
aud rt sys init success.
systables desc init success.
ndct_db_load_info success.
nsvr_process_before_open begin.
checkpoint requested, rlog free space, used space is (134208000, 1536)
ckpt_lsn, ckpt_fil, ckpt_off are set as (47778, 0, 11163648)
checkpoint: 0 pages flushed.
checkpoint finished, rlog free space, used space is (133828096, 381440)
nsvr_process_before_open success.
total 0 active crash trx, pseg_crash_trx_rollback begin ...
pseg_crash_trx_rollback end
checkpoint requested, rlog free space, used space is (133828096, 381440)
SYSTEM IS READY.
```

图 2-37　dmserver 启动服务

2.5 达梦数据库卸载

达梦数据库卸载通常应用在两种场景下：一种是不需要使用某个数据库实例，但其他数据库实例仍在使用，或者后续仍有可能创建数据库，在这种场景下需要删除达梦数据库实例；另一种是不再使用达梦数据库软件，在这种场景下需要卸载达梦数据库软件，卸载达梦数据库软件后，达梦数据库实例也将同时被全部删除。

2.5.1 删除达梦数据库实例

删除数据库，包括删除数据库的数据文件、日志文件、控制文件和初始化参数文件。为了保证删除数据库成功，必须保证 dmserver 已关闭。可以使用达梦数据库配置助手来删除达梦数据库实例，如图 2-38 所示。

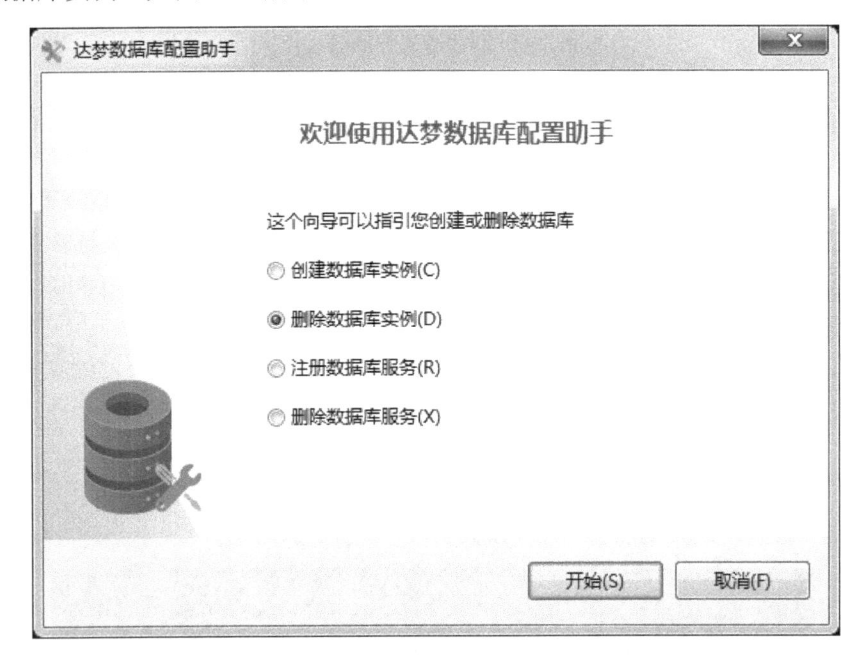

图 2-38　达梦数据库配置助手

根据数据库名称，选择要删除的数据库，如图 2-39 所示，也可以通过指定数据库配置文件删除数据库。

确认将要删除的数据库名、实例名、服务名、端口号、数据库目录，如图 2-40 所示。

首先检查数据库服务，然后删除数据库服务，最后删除数据库实例，如图 2-41 所示。

删除数据库完成之后将显示对话框，提示完成或显示错误反馈信息，如图 2-42 所示。

如果数据库配置工具运行在 Linux、Solaris、AIX 和 HP-UNIX 操作系统中，使用非 root 系统用户删除数据库完成时，将弹出提示框，提示应以 root 系统用户执行以下脚本命令，以删除数据库的随机启动服务，如图 2-43 所示。

图 2-39　选择要删除的数据库

图 2-40　删除数据库摘要

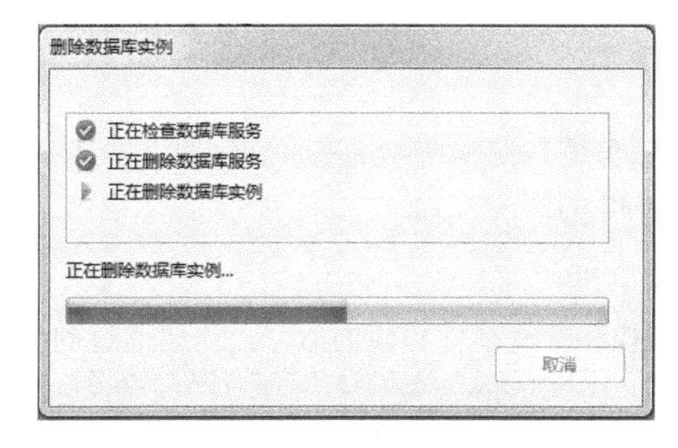

图 2-41　删除数据库实例

图 2-42　删除数据库完成

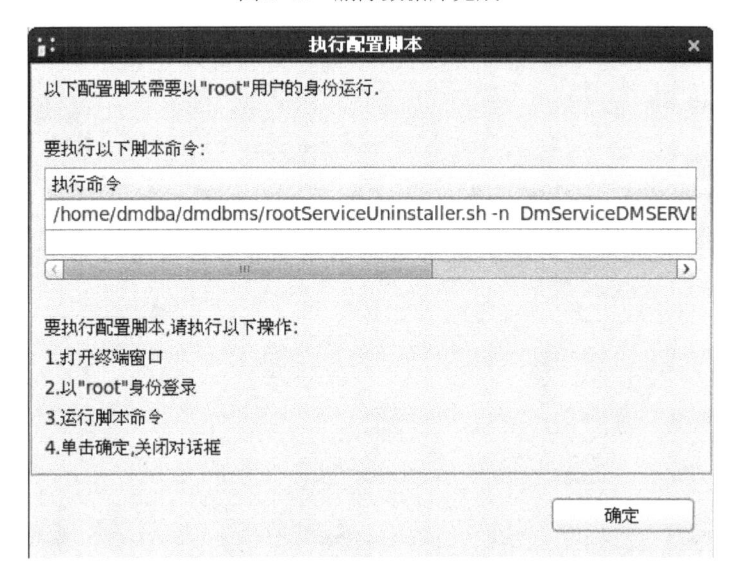

图 2-43　执行配置脚本命令提示

2.5.2　卸载数据库软件

DM8 的卸载步骤在服务端与在客户端是基本一致的。本节将分别介绍在 Windows 平台下与在 Linux 平台下 DM8 的卸载方式。

1．Windows 下卸载 DM8

Windows 下 DM8 卸载和普通软件卸载类似，只需要通过向导式的操作界面即可完成达梦数据库的卸载：既可以在 Windows 操作系统菜单中找到“达梦数据库”，单击“卸载”菜单；也可以在达梦数据库安装目录下，找到卸载程序 uninstall.exe 来执行卸载。具体操作步骤如下。

步骤 1：确认是否卸载达梦数据库。卸载之前将会弹出如图 2-44 所示的卸载确认对话框，防止用户误操作。用户可单击“确定”按钮确认卸载。

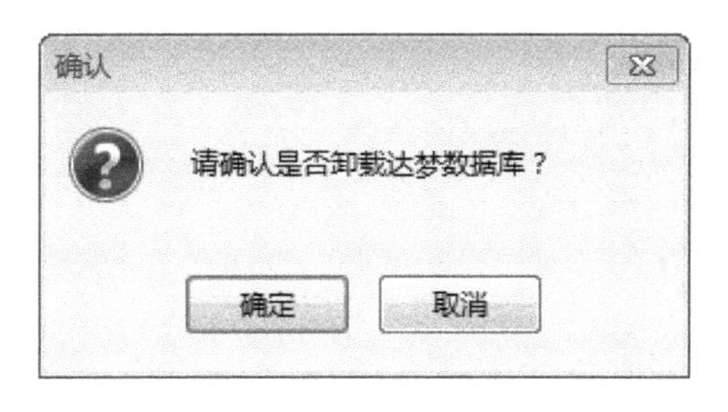

图 2-44　卸载确认对话框

步骤 2：提示卸载信息。如图 2-45 所示，达梦数据库卸载会提示“达梦数据库卸载程序将删除系统上已经安装过的功能部件，但不会删除安装后创建的文件夹和文件”，并提示卸载目录，用户可直接单击“卸载”按钮开始卸载数据库。若有数据库服务正在运行，会弹出如图 2-46 所示的确认删除数据库对话框，卸载进度如图 2-47 所示。

图 2-45　数据库提示卸载信息界面

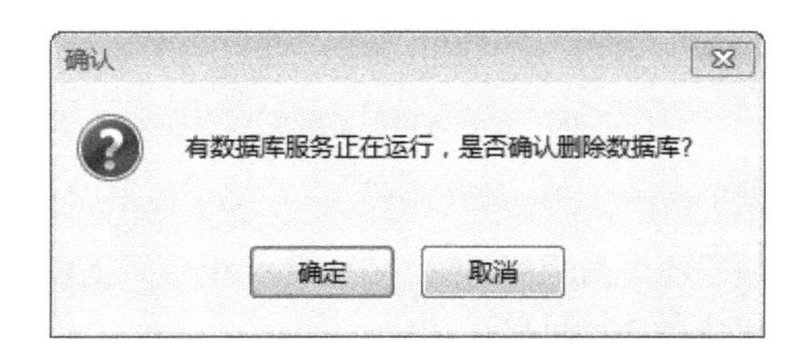

图 2-46　确认删除数据库对话框

图 2-47　卸载进度界面

步骤 3：达梦数据库卸载完成，还应删除数据库安装完成后创建的文件夹和文件。达梦数据库卸载完成后会进入如图 2-48 所示界面。但是，达梦数据库卸载完成后并不删除数据库安装完成后创建的文件夹和文件，需要手动删除，如手动删除 D:\dmdmbs 目录及其下的所有文件。

图 2-48　达梦数据库卸载完成界面

2．Linux 下卸载 DM8

达梦数据库提供的卸载程序为全部卸载。在 Linux 平台下提供两种卸载方式，一种是图形化卸载方式，另一种是命令行卸载方式。

（1）图形化卸载。

用户在达梦数据库安装目录下，找到卸载程序 uninstall.sh 执行卸载任务。用户执行以下命令启动图形化卸载程序。

```
#进入达梦数据库安装目录
cd /DM_INSTALL_PATH
#执行卸载脚本
./uninstall.sh
```

卸载脚本启动后，卸载步骤参照 Windows 平台下卸载 DM8 的步骤进行。

（2）命令行卸载。

用户在达梦数据库安装目录下，找到卸载程序 uninstall.sh 执行卸载任务。用户执行以下命令启动命令行卸载程序。

```
#进入达梦数据库安装目录
cd /DM_INSTALL_PATH
#执行脚本命令行卸载需要添加参数–i
./uninstall.sh –i
```

步骤 1：在运行卸载程序后，终端窗口将提示确认是否卸载达梦数据库，输入“y/Y”开始卸载达梦数据库，输入“n/N”退出卸载程序，如图 2-49 所示。

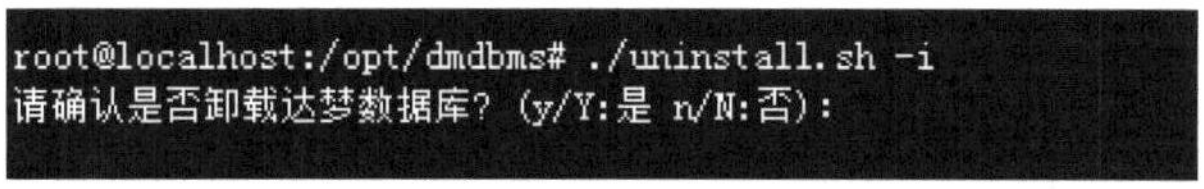

```
root@localhost:/opt/dmdbms# ./uninstall.sh -i
请确认是否卸载达梦数据库? (y/Y:是 n/N:否):
```

图 2-49　确认是否卸载达梦数据库

步骤 2：卸载。显示卸载进度，如图 2-50 所示。

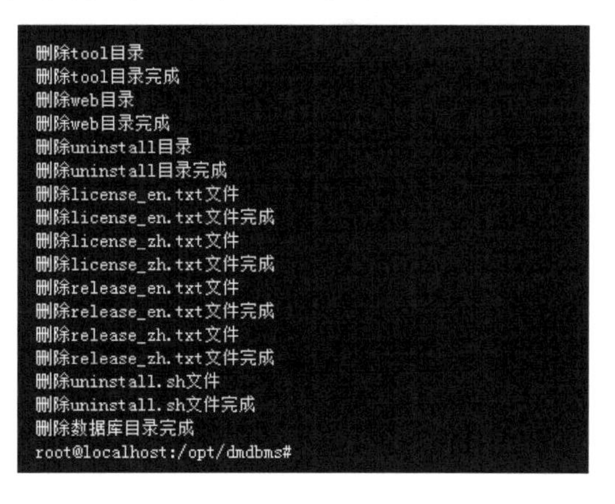

图 2-50　卸载进度

在 Linux（UNIX）操作系统下，当使用非 root 用户卸载数据库完成时，终端会提示“使用 root 用户执行命令”。用户需要手动执行相关命令，如图 2-51 所示。

```
使用root用户执行命令:
/home/dmdba/dmdbms/root_all_service_uninstaller.sh
rm -f /etc/dm_svc.conf
```

图 2-51　提示使用 root 用户执行命令

3

第 3 章 达梦数据库常用对象管理

达梦数据库常用对象主要包括表空间、模式和表等。这些对象构成了达梦数据库的基本组件，理解和使用常用对象是使用达梦数据库的基础。本章主要介绍表空间、模式和表等常用对象的创建、修改和删除操作，可以通过 SQL 命令或 DM 管理工具来完成相应操作。

3.1 表空间管理

创建表空间的过程就是在磁盘上创建一个或多个数据文件的过程。这些数据文件被达梦数据库管理系统控制和使用，所占的磁盘存储空间归数据库使用。表空间用于存储表、视图、索引等内容，可以占据固定的磁盘空间，也可以随着存储数据量的增加而不断扩展。

3.1.1 创建表空间

1. 用 DM 管理工具创建表空间

达梦数据库提供图形化管理工具对表空间进行管理活动，本节直接通过例子介绍使用 DM 管理工具创建表空间的方法。

【例 3-1】 创建一个名为 EXAMPLE2 的表空间，包含一个数据文件 EXAMPLE2.DBF，初始大小为 128MB。

步骤 1：启动 DM 管理工具，并使用具有 DBA 角色的用户登录数据库，如使用 SYSDBA 用户，如图 3-1 所示。由于达梦数据库严格区分大小写，在输入口令时注意大小写。同时，在后续操作中也需要注意大小写问题。

图 3-1　登录 DM 管理工具

步骤 2：登录 DM 管理工具后，右键单击对象导航页面的“表空间”节点，在弹出的快捷菜单中单击“新建表空间”选项，如图 3-2 所示。

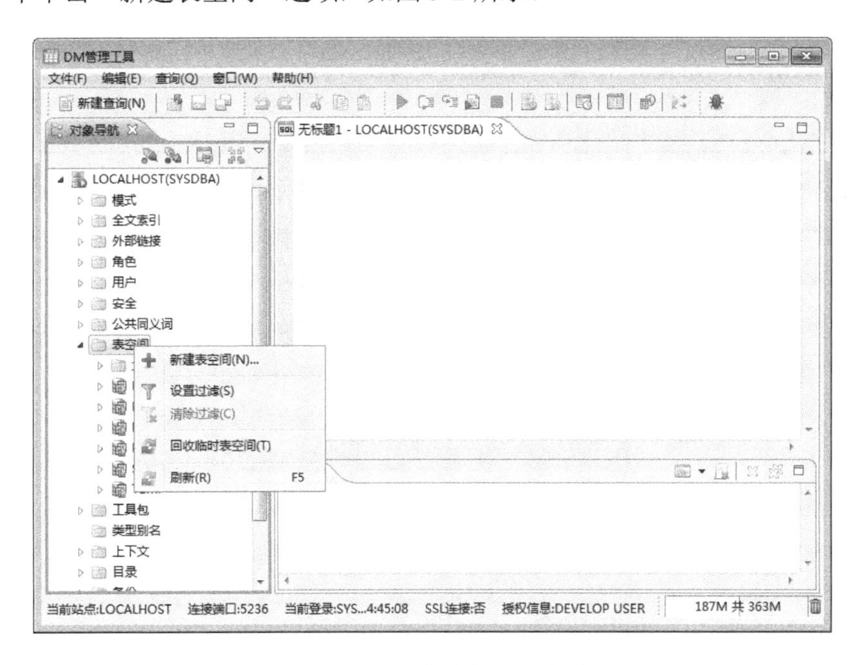

图 3-2　“新建表空间”选项

步骤 3：在弹出的如图 3-3 所示的“新建表空间”对话框中，在“表空间名”文本框中设置表空间的名称为 EXAMPLE2，请注意大小写。对话框中的参数说明如表 3-1 所示。

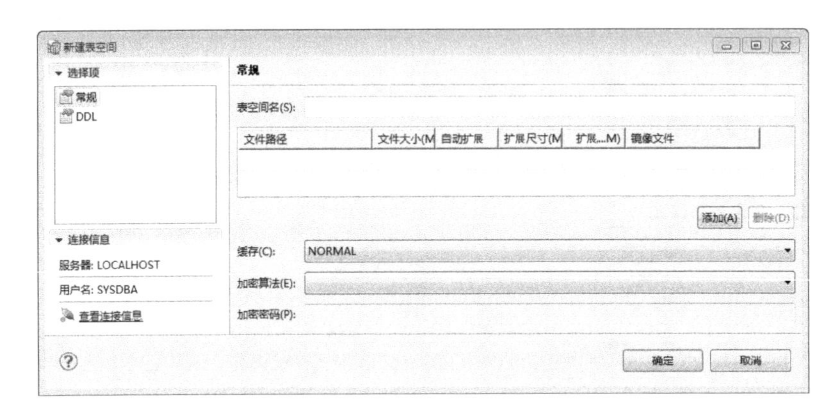

图 3-3　“新建表空间”对话框

表 3-1　DM 管理工具新建表空间参数说明

参　数	说　明
表空间名	表空间的名称
文件路径	数据文件的路径，可以单击浏览按钮浏览本地数据文件路径，也可以手动输入数据文件路径，但该路径应对服务器端有效，否则无法创建
文件大小	数据文件的大小，单位为 MB
自动扩展	数据文件的自动扩展属性状态，包括以下 3 种情况。 默认：指使用服务器默认设置。 打开：指开启数据文件的自动扩展。 关闭：指关闭数据文件的自动扩展
扩展尺寸	数据文件每次扩展的大小，单位为 MB
扩展上限	数据文件可以扩展到的最大值，单位为 MB
镜像文件	表空间镜像的路径，用于指定用户表空间镜像路径

步骤 4：在图 3-3 中单击“添加”按钮，在表格中自动添加一行记录，数据文件大小默认为 32MB，修改为 128MB，在文件路径单元格中输入或选择“D:\dmdbms\data\DAMENG\EXAMPLE2.DBF”文件，其他参数不变，结果如图 3-4 所示。

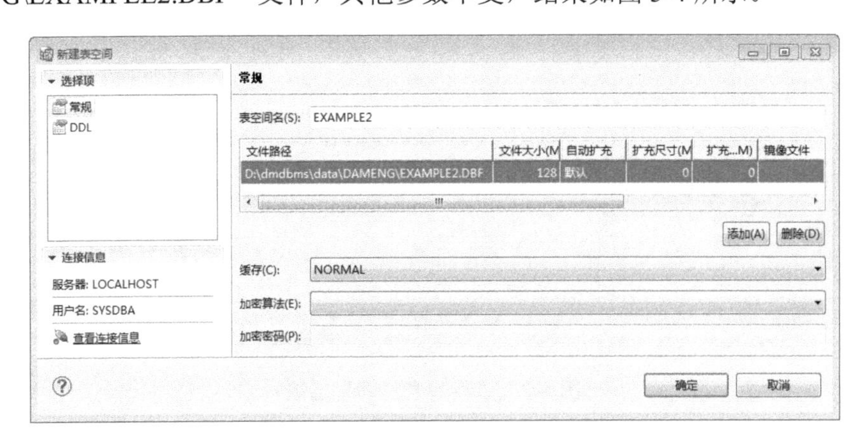

图 3-4　新建 EXAMPLE2 表空间

步骤 5：参数设置完成后，可单击“新建表空间”对话框左侧的 DDL 选择项，观察新建表空间对应的语句，如图 3-5 所示。单击“确定”按钮，完成 EXAMPLE2 表空间的创建。可在 DM 管理工具左侧对象导航页面的“表空间”节点下，观察到新建的 EXAMPLE2 表空间。

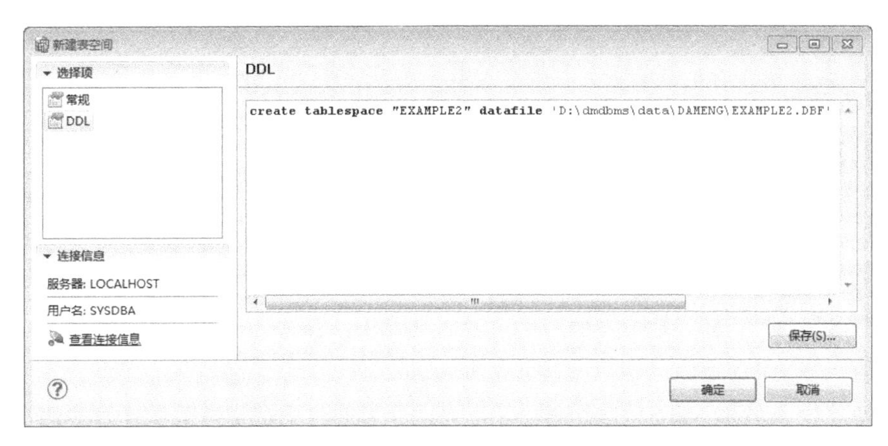

图 3-5　新建 EXAMPLE2 表空间对应的 DDL 语句

2．用 SQL 语句创建表空间

1）语法格式

创建表空间的 SQL 命令格式如下：

```
CREATE TABLESPACE <表空间名> <数据文件子句>[<数据页缓冲池子句>][<存储加密子句>];
```

其中，各子句具体语法如下：

```
<数据文件子句> ::= DATAFILE <文件说明项>{,<文件说明项>}
<文件说明项> ::= <文件路径> [ MIRROR <文件路径>] SIZE <文件大小>[<自动扩展子句>]
<自动扩展子句> ::= AUTOEXTEND <ON [<每次扩展大小子句>][<最大大小子句> |OFF> ]
<每次扩展大小子句> ::= NEXT <扩展大小>
<最大大小子句> ::= MAXSIZE <文件最大大小>
<数据页缓冲池子句> ::= CACHE = <缓冲池名>
<存储加密子句> ::= ENCRYPT WITH <加密算法> BY <加密密码>
```

在创建表空间时必须指定表空间的名称和表空间使用的数据文件，当一个表空间中有多个数据文件时，在数据文件子句中依次列出。数据页缓冲池子句是可选项，默认值为“NORMAL”；存储加密子句是可选项，默认不加密。语法格式中的部分参数的详细说明如表 3-2 所示。

表 3-2　新建表空间 SQL 语句部分参数说明

参　数	说　　明
<表空间名>	表空间名称最大长度为 128 字节
<文件路径>	指明新生成的数据文件在操作系统下的路径和新数据文件名。数据文件的存放路径应符合达梦数据库安装路径的规则，并且该路径必须是已经存在的

（续表）

参　数	说　　明
MIRROR <文件路径>	数据文件镜像，用于在数据文件出现损坏时替代数据文件进行服务。<文件路径>必须是绝对路径，必须在建立数据库时开启页校验的参数 PAGE_CHECK
<文件大小>	整数值，指明新增数据文件的大小（单位为 MB），取值范围为 4096×页大小～2147483647×页大小

2）应用举例

【例 3-2】使用 SQL 语句创建表空间。

（1）创建一个名为 EXAMPLE 的表空间，包含一个数据文件 EXAMPLE.DBF，初始大小为 128MB。

```
CREATE TABLESPACE example DATAFILE 'D:\dmdbms\data\DAMENG\EXAMPLE.DBF' SIZE 128;
```

注：在 SQL 命令中，文件大小的单位默认为 MB，在命令中只写数据文件大小的阿拉伯数字即可。

（2）创建一个名称为 TS1 的表空间，包含两个数据文件，其中，TS101.DBF 文件的初始大小为 128MB，可自动扩展，每次扩展 4MB，最大扩展至 1024MB；TS102.DBF 文件的初始大小为 256MB，不能自动扩展。

创建 TS1 表空间的 SQL 语句如下。

```
CREATE TABLESPACE ts1 DATAFILE 'D:\dmdbms\data\DAMENG\TS101.DBF' SIZE 128
AUTOEXTEND ON NEXT 4 MAXSIZE 1024, 'D:\dmdbms\data\DAMENG\TS102.DBF' SIZE 256
AUTOEXTEND OFF;
```

查询 TS1 表空间的 SQL 语句如下。

```
SELECT file_name, autoextensible FROM dba_data_files WHERE tablespace_name='TS1';
```

查询结果如下。

```
行号          FILE_NAME                              AUTOEXTENSIBLE
---------- ------------------------------ ------------------------------------------------------
1          D:\dmdbms\data\DAMENG\TS101.DBF             YES
2          D:\dmdbms\data\DAMENG\TS102.DBF             NO
```

这个例子说明，一个逻辑意义上的表空间可以包含磁盘上的多个物理数据文件。

（3）创建一个名称为 TS2 的表空间，包含一个数据文件 TS201.DBF，其初始大小为 512MB。

```
CREATE TABLESPACE ts2 DATAFILE 'D:\dmdbms\data\DAMENG\TS201.DBF' SIZE 512;
```

这个例子说明，在创建表空间的命令中，除一些必要的参数外，其他参数都可以省略，采用默认值。

3. 创建表空间注意事项

（1）创建表空间的用户必须具有创建表空间的权限，一般登录具有 DBA 权限的用户账户进行创建、修改、删除等表空间管理活动。

（2）表空间名在服务器中必须唯一。

（3）一个表空间最多可以拥有 256 个数据文件。

3.1.2　修改表空间

随着数据库的数据量不断增加，原来创建的表空间可能不能满足数据存储的需要，应适当对表空间进行修改，增加数据文件或者扩展数据文件的大小。对表空间的修改可以通过应用 SQL 命令和 DM 管理工具来完成。

1．用 DM 管理工具修改表空间

达梦数据库提供图形化管理工具对表空间进行管理活动，本节直接通过例子介绍用 DM 管理工具修改表空间的方法。

【例 3-3】 将 EXAMPLE2 表空间名改为 EXAMPLE1，并为该表空间增加一个名为 EXAMPLE1.DBF 的数据文件，将该文件的初始大小修改为 768MB，并设置为不能自动扩展。

步骤 1：在 DM 管理工具中，右键单击“表空间”节点下的“EXAMPLE2”节点，弹出如图 3-6 所示的用于重命名表空间的菜单。

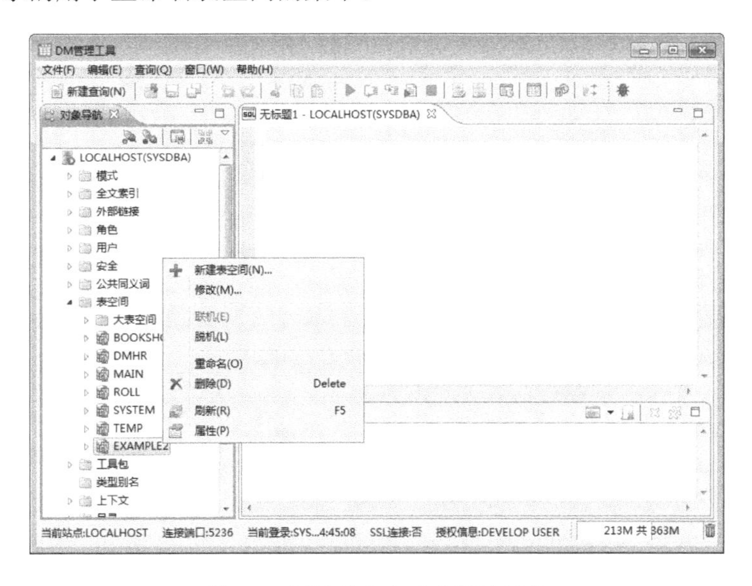

图 3-6　用于重命名表空间的菜单

步骤 2：在图 3-6 中，单击“重命名”选项，弹出如图 3-7 所示的“重命名”对话框。在对话框中，设置名称为 EXAMPLE1，然后单击“确定”按钮，完成表空间的重命名。

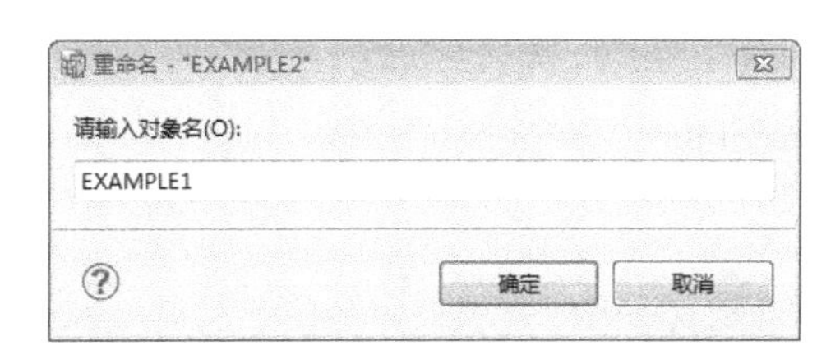

图 3-7　“重命名”对话框

步骤 3：再次进入如图 3-6 所示界面，单击“修改”菜单，进入如图 3-8 所示的“修改表空间”对话框。

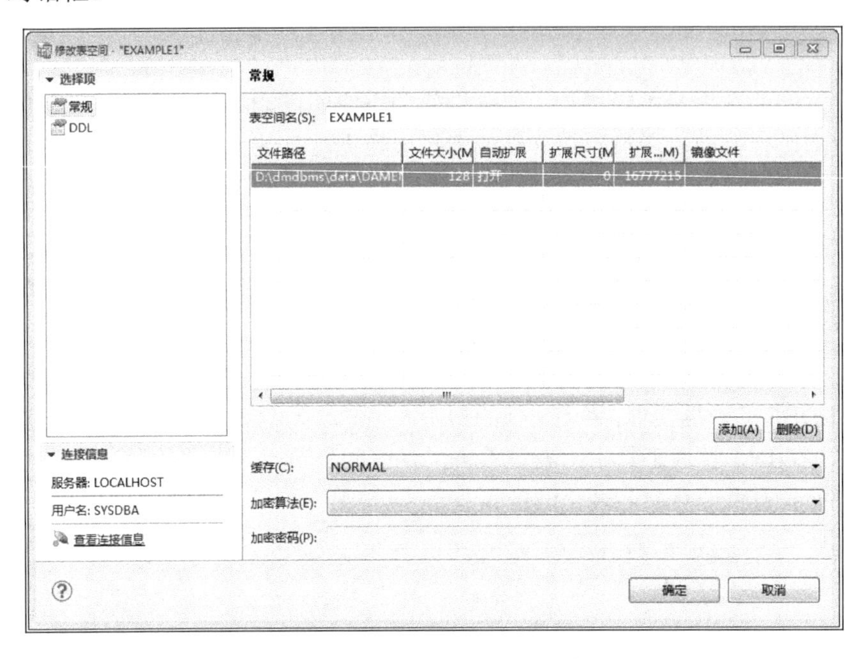

图 3-8 “修改表空间”对话框

步骤 4：在图 3-8 中，单击“添加”按钮，添加一行数据文件记录，按照如图 3-9 所示设置文件路径、文件大小、自动扩展等参数，并单击“确定”按钮完成数据文件的添加。

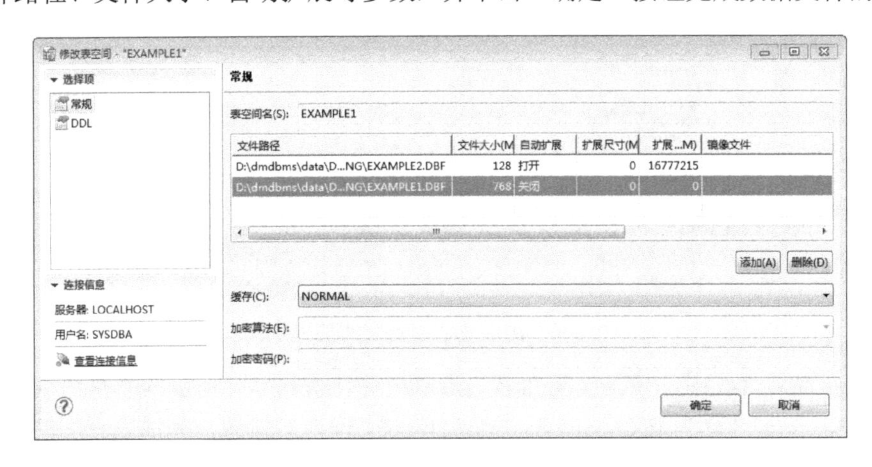

图 3-9 为表空间添加数据文件

2. 用 SQL 语句修改表空间

1）语法格式

修改表空间的 SQL 命令格式如下。

ALTER TABLESPACE <表空间名> [ONLINE | OFFLINE | <表空间重命名子句> | <数据文件重命名子句>|<增加数据文件子句>|<修改文件大小子句>|<修改文件自动扩展子句>|<数据页缓冲池子句>];

其中，部分子句说明如下：

```
<表空间重命名子句> ::= RENAME TO <表空间名>
<数据文件重命名子句>::= RENAME DATAFILE <文件路径>{,<文件路径>} TO <文件路径>{,<文件路径>}
<增加数据文件子句> ::= ADD <数据文件子句>
<修改文件大小子句> ::= RESIZE DATAFILE <文件路径> TO <文件大小>
<修改文件自动扩展子句> ::= DATAFILE <文件路径>{,<文件路径>}[<自动扩展子句>]
```

通过这条 SQL 命令，可以设置表空间脱机或联机，可以修改表空间的名称，可以修改数据文件的名称，可以增加数据文件，可以修改数据文件的大小，还可以修改数据文件的自动扩展特性等。

2）应用举例

【例 3-4】使用 SQL 语句修改表空间。

（1）给 TS1 表空间增加数据文件 TS103.DBF，大小为 128MB。

```
ALTER TABLESPACE ts1 ADD DATAFILE 'D:\dmdbms\data\DAMENG\TS103.DBF' SIZE 128;
```

（2）修改 TS1 表空间数据文件 TS103.DBF 的大小为 256MB。

```
ALTER TABLESPACE ts1 RESIZE DATAFILE 'D:\dmdbms\data\DAMENG\TS103.DBF' TO 256;
```

（3）重命名数据文件 TS103.DBF 为 TS102.DBF。

在重命名数据文件时，必须先将数据文件设置为离线状态，然后才能重命名文件。

① 设置数据文件离线。

```
ALTER TABLESPACE ts1 OFFLINE;
```

② 修改数据文件名。

```
ALTER TABLESPACE ts1 RENAME DATAFILE 'D:\dmdbms\data\DAMENG\TS103.DBF' TO 'D:\dmdbms\data\DAMENG\TS102.DBF';
```

③ 设置数据文件在线。

```
ALTER TABLESPACE ts1 ONLINE;
```

（4）修改数据文件 TS102.DBF 为自动扩展，每次扩展 4MB，最大可扩展至 1024MB。

```
ALTER TABLESPACE ts1 DATAFILE 'D:\dmdbms\data\DAMENG\TS102.DBF' AUTOEXTEND ON NEXT 4 MAXSIZE 1024;
```

（5）将 TS1 表空间重命名为 TS_1。

```
ALTER TABLESPACE ts1 RENAME TO ts_1;
```

（6）修改 TS_1 表空间缓冲池名称为 KEEP。

```
ALTER TABLESPACE ts_1 CACHE="KEEP";
```

注意：KEEP 要大写并加上双引号。

3．修改表空间注意事项

（1）修改表空间的用户必须具有修改表空间的权限，一般登录具有 DBA 权限的用户账户进行创建、修改、删除等表空间管理活动。

（2）在修改表空间数据文件大小时，修改后的文件大小必须大于原文件的大小。

（3）如果表空间有未提交事务，则表空间不能修改为 OFFLINE 状态。

（4）在重命名表空间数据文件时，表空间必须处于 OFFLINE 状态，在表空间修改成功后再将表空间修改为 ONLINE 状态。

3.1.3 删除表空间

虽然在实际工作中很少进行删除表空间的操作，但是掌握删除表空间的方法还是很有必要的。由于表空间中存储了表、视图、索引等数据对象，因此删除表空间必然会带来数据损失，达梦数据库对删除表空间有严格限制。

1. 用 DM 管理工具删除表空间

本节直接通过例子介绍用 DM 管理工具删除表空间的方法。

【例 3-5】 删除表空间 EXAMPLE1。

步骤 1：登录 DM 管理工具，右键单击“表空间”节点下的“EXAMPLE1”节点，弹出如图 3-6 所示的菜单。

步骤 2：在弹出的快捷菜单中单击“删除”按钮，进入删除表空间主界面，如图 3-10 所示。

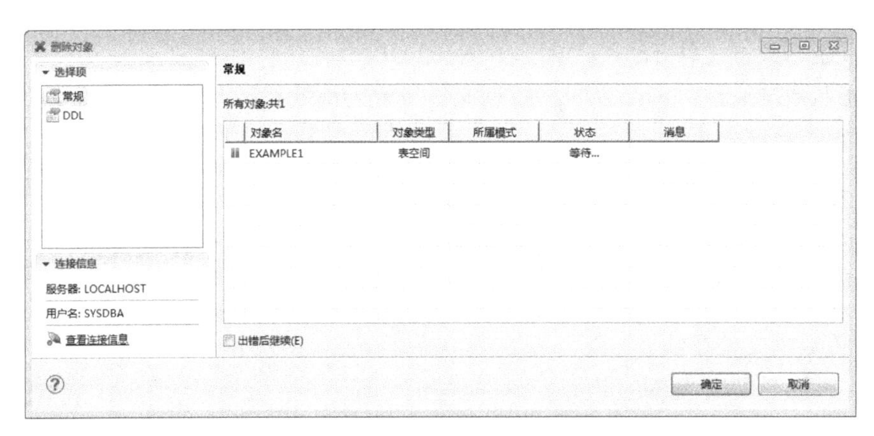

图 3-10　删除表空间主界面

步骤 3：在图 3-10 中列出了被删除表空间的对象名、对象类型、所属模式、状态、消息等内容。EXAMPLE1 处于等待删除的状态，“取消”按钮表示不删除，“确定”按钮表示删除。单击“确定”按钮后，完成 EXAMPLE1 表空间及其数据文件的删除。

2. 用 SQL 语句删除表空间

1）语法格式

删除表空间的 SQL 命令格式如下：

```
DROP TABLESPACE <表空间名>
```

2）应用举例

【例 3-6】 使用 SQL 语句删除表空间。

（1）删除表空间 TS2。

```
DROP TABLESPACE ts2;
```

（2）试图删除 TEMP 表空间。

```
DROP TABLESPACE temp;
```

该命令的执行结果是：

```
DROP TABLESPACE temp;
第1行附近出现错误[-3418]:系统表空间[TEMP]不能被删除.
```

这个例子说明删除表空间是有限制的，数据库在安装过程中创建的表空间 SYSTEM、TEMP 等不允许被删除；如果表空间中已经存在数据对象，则该表空间也不允许被删除。

3．删除表空间注意事项

（1）SYSTEM、RLOG、ROLL 和 TEMP 等表空间不允许被删除。

（2）删除表空间的用户必须具有删除表空间的权限，一般登录具有 DBA 权限的用户账户进行创建、修改、删除等表空间管理活动。

（3）系统在处于 SUSPEND 或 MOUNT 状态时不允许删除表空间，系统只有在处于 OPEN 状态下才允许删除表空间。

（4）如果表空间中存放了数据对象，则不允许删除表空间；如果确实要删除表空间，则必须先删除表空间中的数据对象。

3.2　模式管理

在达梦数据库中，系统为每个用户都自动创建了一个与用户名同名的模式作为默认模式，用户还可以用模式定义语句创建其他模式。一个用户可以创建多个模式，但一个模式只归属于一个用户，一个模式中的对象（表、视图等）可以被该用户使用，也可以授权给其他用户使用。

3.2.1　创建模式

在创建模式时要指定归属的用户名，可以在创建模式的同时创建模式中的对象，但通常是分开进行的。

1．用 DM 管理工具创建模式

本节直接通过例子介绍用达梦数据库提供的图形化管理工具来创建模式的方法。

【例 3-7】以用户 SYSDBA 给 DMHR 用户创建一个模式，名称为 DMHR3。

步骤 1：启动 DM 管理工具，以用户 SYSDBA 登录数据库，右键单击对象导航窗体中的“模式”节点，弹出如图 3-11 所示的操作界面。

步骤 2：在弹出的快捷菜单中单击“新建模式”按钮，弹出如图 3-12 所示的操作界面。

步骤 3：进入如图 3-12 所示的常规参数页面，设置模式名为“DMHR3”。单击“选择用户”按钮，弹出“选择（用户）”对话框，如图 3-13 所示，选中 DMHR 用户并单击

“确定”按钮返回。

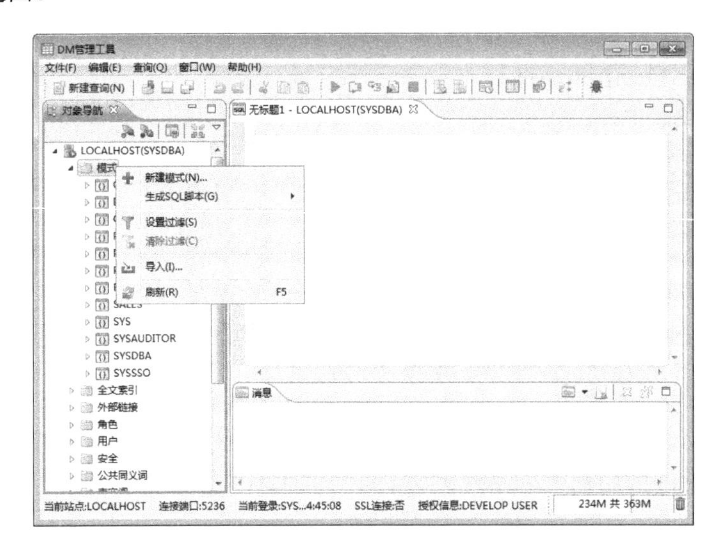

图 3-11　新建模式快捷菜单

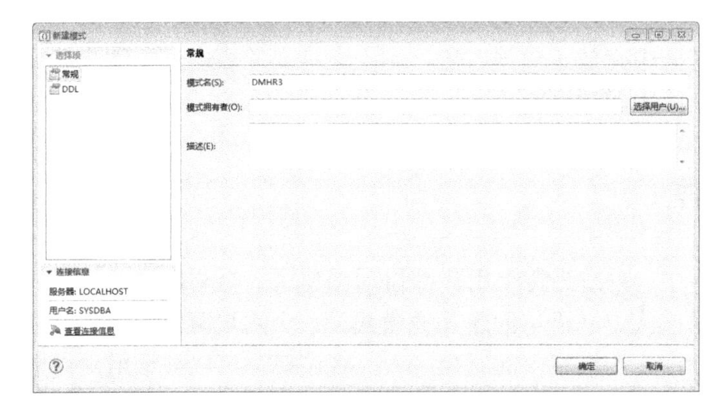

图 3-12　设置模式名

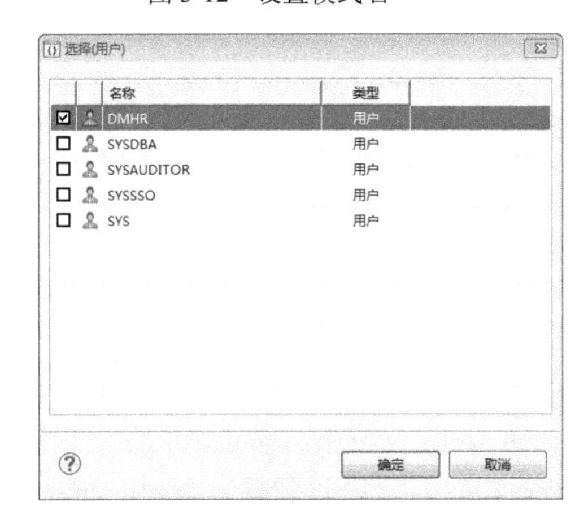

图 3-13　“选择（用户）”对话框

步骤 4：在图 3-12 中，单击“确定”按钮，完成模式创建过程。

2. 用 SQL 语句创建模式

1）语法格式

创建模式的 SQL 命令格式如下：

```
<模式定义子句 1> | <模式定义子句 2>
```

其中，各子句说明如下：

```
<模式定义子句 1> ::= CREATE SCHEMA <模式名> [AUTHORIZATION <用户名>][<DDL_GRANT 子句> {<DDL_GRANT 子句>}];
<模式定义子句 2> ::= CREATE SCHEMA AUTHORIZATION <用户名> [<DDL_GRANT 子句> {<DDL_GRANT 子句>}]
<DDL_GRANT 子句> ::= <基表定义> | <域定义>| <基表修改> | <索引定义> | <视图定义> | <序列定义> | <存储过程定义> | <存储函数定义> | <触发器定义> | <特权定义> | <全文索引定义> | <同义词定义> | <包定义> | <包体定义> | <类定义> | <类体定义> | <外部链接定义>] | <物化视图定义> | <物化视图日志定义> | <注释定义>
```

<用户名>指明给哪个用户创建模式，如果默认用户名，则默认给当前用户创建模式。语法格式中其他部分都是可选项，如<基表定义>、<基表修改>、<视图定义>等子句，后面章节将详细介绍。

2）应用举例

【例 3-8】以用户 SYSDBA 登录数据库，为 DMHR 用户增加一个模式，模式名为 DMHR2，并在 DMHR2 模式中定义一张表 TAB1。SQL 命令如下：

```
CREATE SCHEMA dmhr2 AUTHORIZATION dmhr;
CREATE TABLE dmhr2.tab1 (id INT, name VARCHAR(20));
/
```

3. 创建模式注意事项

（1）模式名不可与其所在数据库中其他的模式名重复；在创建新模式时，如果存在同名的模式，则该命令不能被执行。

（2）使用该语句的用户必须具有 DBA 或 CREATE SCHEMA 权限。

（3）模式一旦定义，该用户所建表、视图等均属于该模式，其他用户访问该用户所建立的表、视图等均需要在表名、视图名前冠以模式名；而建表者访问自己当前模式所建立的表、视图时可以省略模式名；若没有指定当前模式，则系统自动以当前用户名作为模式名。

（4）模式定义语句不允许与其他 SQL 语句一起执行。

（5）在 DM 管理工具中使用该 SQL 语句必须以“/”结束。

3.2.2　修改模式

当一个用户有多个模式时，可以指定一个模式为当前默认模式，用 SQL 命令来设置当前模式。

设置当前模式的 SQL 命令格式如下：

```
SET SCHEMA <模式名>;
```

【例 3-9】 将 DMHR3 模式设置为 DMHR 用户的当前模式。

用 DM 管理工具设置当前模式步骤如下。

步骤 1：启动 DM 管理工具，以用户 DMHR 登录数据库，默认密码为“dameng123”。

步骤 2：在 DM 管理工具中，单击工具栏中的“新建查询”按钮，新建一个查询。

步骤 3：在新建的查询中输入下面的 SQL 语句。注意，达梦数据库在执行 SQL 语句时，会自动将数据对象名转换为大写，如不希望强制转换，可以使用双引号将数据对象名括起来。

```
SET SCHEMA dmhr3;
```

步骤 4：选中刚才输入的语句，并单击 DM 管理工具栏上向右的三角按钮，执行输入的语句，即完成操作。

3.2.3　删除模式

在达梦数据库中，允许用户删除整个模式，当模式下有表或视图等数据库对象时，必须采取级联删除，否则删除失败。

1．用 DM 管理工具删除模式

【例 3-10】 以用户 SYSDBA 登录 DM 管理工具，删除 DMHR3 模式。

步骤 1：启动 DM 管理工具，并以用户 SYSDBA 登录，右键单击对象导航窗体中“模式”节点下的“DMHR3”节点，弹出如图 3-14 所示的删除快捷菜单。

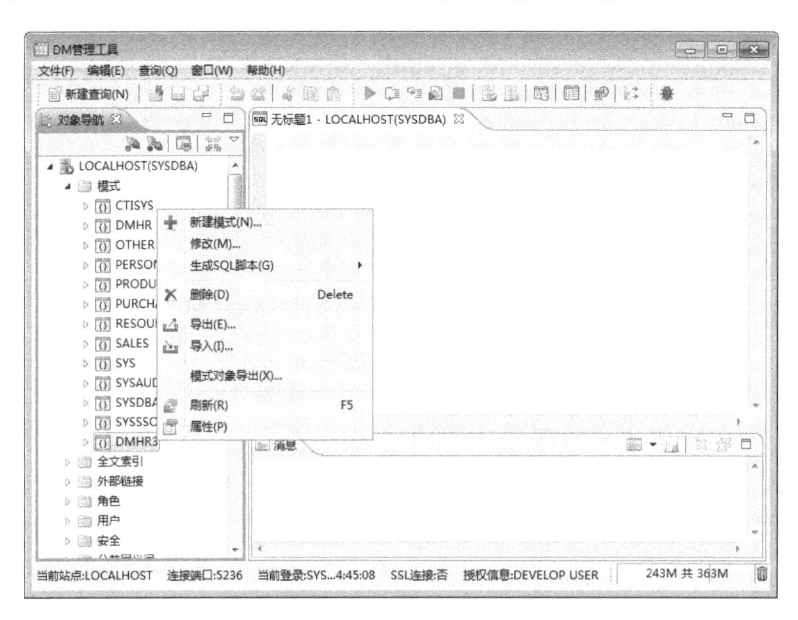

图 3-14　删除快捷菜单

步骤 2：在如图 3-14 所示快捷菜单中，单击“删除”按钮，弹出“删除对象”对话框，

如图 3-15 所示。

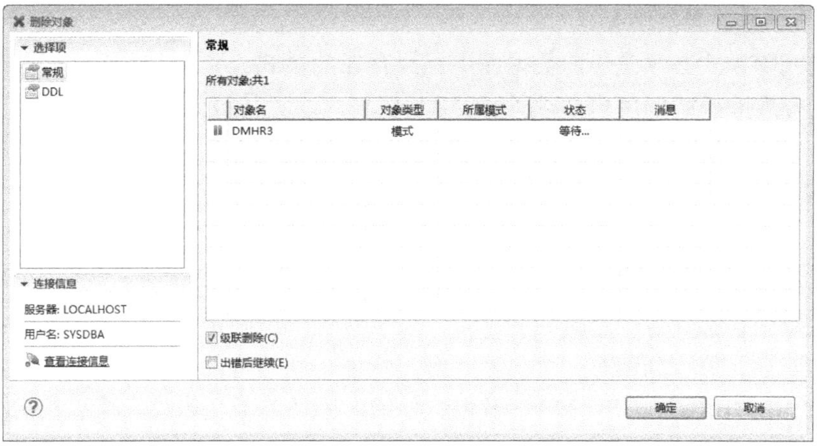

图 3-15　“删除对象”对话框

步骤 3：在图 3-15 中，单击“确定”按钮，完成 DMHR3 模式的删除。

2．用 SQL 语句删除模式

1）语法格式

删除模式的 SQL 命令格式如下：

```
DROP SCHEMA <模式名> [RESTRICT | CASCADE];
```

如果使用 RESTRICT 选项，则只有当模式为空时删除才能成功；否则，当模式中存在数据库对象时，删除失败。默认选项为 RESTRICT 选项。

如果使用 CASCADE 选项，则整个模式、模式中的对象，以及与该模式相关的依赖关系都被删除。

2）应用举例

【例 3-11】 以用户 SYSDBA 登录，但删除 DMHR2 模式。

（1）以用户 SYSDBA 登录数据库。新手推荐使用 DM 管理工具中的图形化界面登录。

（2）直接删除 DMHR2 模式。

```
DROP SCHEMA dmhr2;
```

命令执行后的结果为

```
DROP SCHEMA dmhr2;
第1行附近出现错误[-5001]:模式[DMHR2]不为空.
```

删除失败的原因是，DMHR2 模式不为空，存在数据库对象 TAB1，不能删除非空的模式。

（3）使用 CASCADE 选项删除 DMHR2 模式。

```
DROP SCHEMA dmhr2 CASCADE;
```

该命令执行成功，因为使用 CASCADE 选项会将整个模式、模式中的对象及其依赖关系全部删除。为了不影响后续操作，重新创建 DMHR2 模式及相关表。

3. 删除模式注意事项

（1）被删除模式必须是当前数据库中已经存在的模式。

（2）执行删除模式的用户必须具有 DBA 权限，或者是该模式的所有者。

3.3 表管理

表是数据库中数据存储的基本单元，是用户对数据进行读和操纵的逻辑实体。表由列和行组成，每一行都代表一个单独的记录；表中包含一组固定的列，表中的列描述该表所跟踪实体的属性，每一列都有一个名称并有其特性。列的特性由两部分组成：数据类型和长度。对于 NUMERIC、DECIMAL 及包含秒的时间间隔类型来说，可以指定列的小数位及精度特性。在达梦数据库中，CHAR、CHARACTER、VARCHAR 数据类型的最大长度由数据库页面的大小决定，数据库页面大小在初始化数据库时指定。

为了确保数据库中数据的一致性和完整性，在创建表时可以定义表的实体完整性、域完整性和参照完整性。实体完整性定义表中的所有行能唯一地标识，一般用主键、唯一索引、UNIQUE 关键字、IDENTITY 属性来定义；域完整性通常指数据的有效性，限制数据类型、默认值、规则、约束、是否可以为空等条件，域完整性可以确保不会输入无效的值；参照完整性维护表间数据的有效性、完整性，通常通过建立外键对应另一个表的主键来实现。

如果用户在创建表时没有定义表的完整性和一致性约束条件，用户可以利用达梦数据库提供的表修改语句或工具来进行补充或修改。达梦数据库提供的表修改语句或工具可对表的结构进行全面的修改，包括修改表名和列名、增加字段、删除字段、修改字段类型、增加表级约束、删除表级约束、设置字段默认值、设置触发器状态等一系列修改功能。

在达梦数据库中，表可以分为两类，数据库表和外部表。数据库表由数据库管理系统自行组织管理；外部表在数据库的外部组织，是操作系统文件。这里只介绍数据库表的创建、修改和删除操作。

3.3.1 创建表

在达梦数据库中，数据库表用于存储数据对象，分为一般数据库表（简称数据库表）和高性能数据库表。

1. 用 DM 管理工具创建表

【例 3-12】在 DMHR 模式下创建 DEPT 表，表的字段要求如表 3-3 所示。

步骤 1：启动 DM 管理工具，使用具有 DBA 角色的用户连接数据库，如 SYSDBA 用户。在登录数据库成功后，右键单击对象导航窗体中 DMHR 模式下的“表”，弹出如图 3-16 所示的新建表快捷菜单。

表 3-3　DEPT 表的字段要求

字　段　名	字段类型	主　　键	是否非空	是否唯一
DEPTID	NUMBER(2, 0)	是	是	是
DEPTNAME	VARCHAR(20)		是	是
DEPTLOC	VARCHAR(128)			

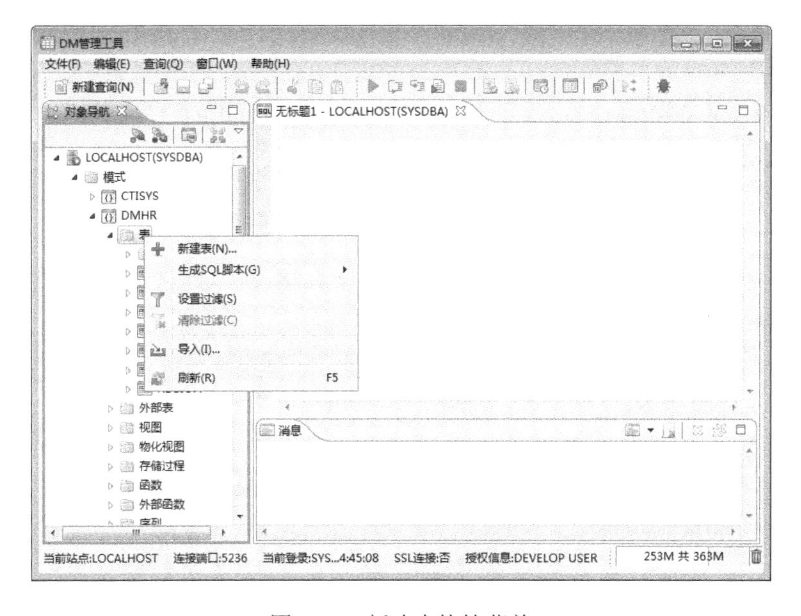

图 3-16　新建表快捷菜单

步骤 2：在弹出的新建表快捷菜单中单击“新建表”选项，弹出“新建表”对话框，如图 3-17 所示。

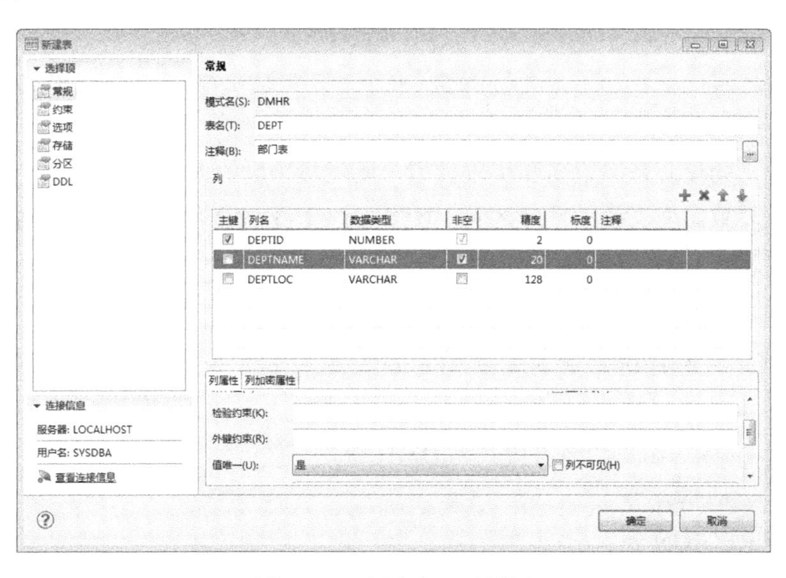

图 3-17　“新建表”对话框

步骤 3：在如图 3-17 所示的对话框中，进入常规参数页面，设置表名为“DEPT”，设置注释为“部门表”。

单击“+”按钮，增加一个字段，选中“主键”，“列名”为 DEPTID，“数据类型”选择 NUMBER，默认非空，“精度”为 2，“标度”为 0。

单击“+”按钮，增加一个字段，“列名”为 DEPTNAME，“数据类型”选择 VARCHAR，选中非空，“精度”为 20，“标度”为 0。在列属性中，“值唯一”选择“是”。

单击“+”按钮，增加一个字段，“列名”为 DEPTLOC，“数据类型”为 VARCHAR，“精度”为 128，“标度”为 0。

步骤 4：字段设置完成后，单击“确定”按钮，完成 DEPT 表的创建。

2. 用 SQL 语句创建表

1）语法格式

表结构的完整语法格式篇幅很长，为了便于读者学习，这里做一些必要的简化。创建数据库表的 SQL 命令格式如下：

```
CREATE [[GLOBAL] TEMPORARY] TABLE <表名定义> <表结构定义>;
```

各子句简化说明如下：

```
<表名定义> ::= [<模式名>.] <表名>
<表结构定义> ::= (<字段定义> {,<字段定义>} [<表级约束定义>{,<表级约束定义>}])[<PARTITION 子句>][<空间限制子句>] [<STORAGE 子句>]
<字段定义>::=<字段名> <字段类型> [DEFAULT <列默认值表达式>][<列级约束定义>]
<列级约束定义>::=[CONSTRAINT <约束名>] [NOT] NULL |<唯一性约束选项>|<引用约束>|[CHECK (<检验条件>)]
<唯一性约束选项>::=[PRIMARY KEY]|[[NOT] CLUSTER PRIMARY KEY]|[CLUSTER[UNIQUE] KEY]|UNIQUE
<引用约束>::=REFERENCES [<模式名>.]<表名>[(<列名>{[,<列名>]})]
<表级约束定义>::=[CONSTRAINT <约束名>]<唯一性约束选项>(<列名> {,<列名>})|FOREIGN KEY (<列名>{,<列名>}) <引用约束>|CHECK (<检验条件>)
```

表结构定义的核心是字段名和字段类型，还包括字段约束和表约束等，初学者掌握这几项即可。达梦数据库表还包括分区表、HFS 表、LIST 表等，在创建这些高性能数据库表时，还需要指定专门的关键词和子句。

2）应用举例

【例 3-13】 在 DMHR2 模式下创建 REGION 表、CITY 表和 LOCATION 表，表的字段要求如附录 A 中的示例数据库所示。

（1）设置 DMHR 用户的当前模式为 DMHR2。

```
SET SCHEMA dmhr2;
```

（2）创建 REGION 表。

```
CREATE TABLE dmhr2.region
```

```
(
region_id    INT NOT NULL,
region_name VARCHAR(25),
CONSTRAINT REG_ID_PK NOT CLUSTER PRIMARY KEY(region_id)
STORAGE(ON dmhr, CLUSTERBTR
);
```

（3）创建 CITY 表。

```
CREATE TABLE dmhr2.city
(
city_id CHAR(2) NOT NULL,
city_name VARCHAR(40),
region_id INT,
CONSTRAINT CITY_C_ID_PK NOT CLUSTER PRIMARY KEY(city_id),
CONSTRAINT CITY_REG_FK FOREIGN KEY(region_id) REFERENCES dmhr.region(region_id)
)
STORAGE(ON dmhr, CLUSTERBTR);
```

（4）创建 LOCATION 表。

```
CREATE TABLE dmhr2.location
(
location_id INT NOT NULL,
street_address VARCHAR(50),
postal_code VARCHAR(12),
city_id CHAR(2),
CONSTRAINT LOC_ID_PK NOT CLUSTER PRIMARY KEY(location_id),
CONSTRAINT LOC_C_ID_FK FOREIGN KEY(city_id)
REFERENCES dmhr.city(city_id)
)
STORAGE(ON dmhr, CLUSTERBTR);
```

3．创建表注意事项

（1）表至少要包含一个字段，在一个表中，各字段名不能相同；另外，一张表中最多可以包含 2048 个字段。

（2）如果字段类型为 DATE，在指定默认值时，格式如 DEFAULT DATE '2005-13-26'，则会对数据进行有效性检查。

（3）如果字段未指明 NOT NULL，也未指明<DEFAULT 子句>，则隐含为 DEFAULT NULL。

（4）如果完整性约束只涉及当前正在定义的列，则既可定义成列级完整性约束，也可定义成表级完整性约束；如果完整性约束涉及该表的多个列，则只能在语句的后面定义成表级完整性约束。在定义与该表有关的列级完整性约束或表级完整性约束时，可以用 CONSTRAINT<约束名>子句对约束命名，系统中相同模式下的约束名不得重复。如果不指定约束名，则系统将为此约束自动命名。经定义后的完整性约束被存入系统的数据字典中，用户在操作数据库时，由 DBMS 自动检查该操作是否违背这些完整性约束条件。

3.3.2 修改表

为了满足用户在建立应用系统过程中需要调整数据库结构的要求，达梦数据库系统提供了数据库表修改语句和工具，包括修改表名、修改字段名、增加字段、删除字段、修改字段类型、增加表级约束、删除表级约束、设置字段默认值、设置触发器状态等操作，可对表的结构进行全面修改。

1. 用 DM 管理工具修改表

【例 3-14】 删除和添加字段。以用户 SYSDBA 登录，删除 DMHR 模式下的 DEPT 表中的 DEPTLOC 字段，并添加一个 DEPTMANAGERID 字段，该字段数据类型为 INT，长度为 10。

步骤 1：启动 DM 管理工具，以用户 SYSDBA 登录。登录数据库成功后，右键单击对象导航窗体中 DMHR 模式下的 DEPT 表，弹出如图 3-18 所示的快捷菜单。

图 3-18 “修改”快捷菜单

步骤 2：在如图 3-18 所示的菜单中，单击“修改”选项，进入如图 3-19 所示的“修改表”对话框。

步骤 3：在如图 3-19 所示的对话框中，选中 DEPTLOC 字段信息，并单击“×”按钮，删除该字段；单击“+”按钮，增加一个名为 DEPTMANAGERID 的字段，并设置该字段类型为 INT，精度为 10，如图 3-20 所示。

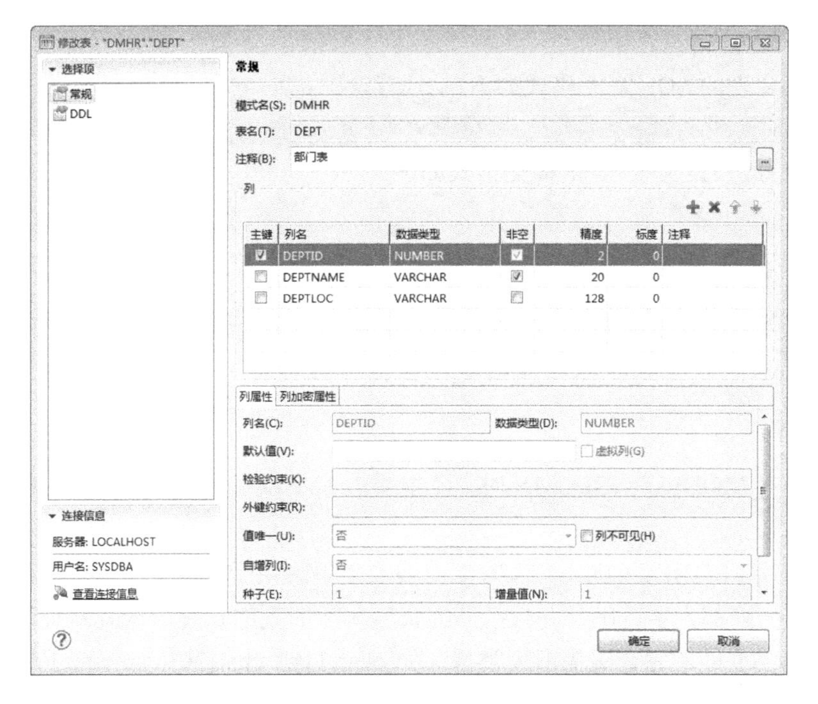

图 3-19　“修改表”对话框

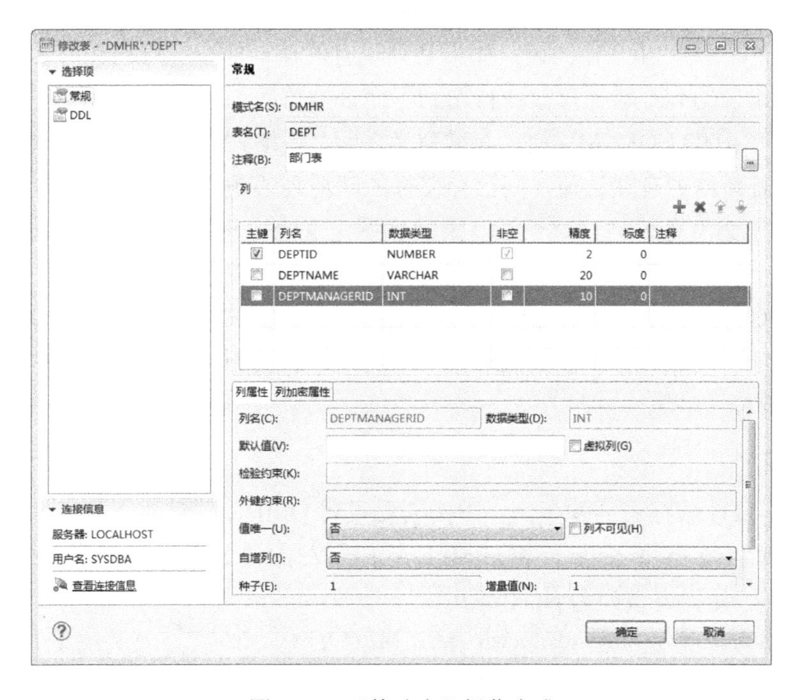

图 3-20　“修改表”操作完成

步骤 4：修改完成后，单击“确定”按钮，即可完成表的修改操作。

2. 用 SQL 语句修改表

1）语法格式

修改数据库表的 SQL 命令格式如下：

```
ALTER TABLE [<模式名>.]<表名> <修改表定义子句>
```

其中，<修改表定义子句>的简化格式如下：

```
MODIFY <字段定义>|
ADD [COLUMN] <字段定义>|
DROP [COLUMN] <字段名> [RESTRICT|CASCADE] |
ADD [CONSTRAINT [<约束名>]] <表级约束定义> [<CHECK选项>]|
DROP CONSTRAINT <约束名> [RESTRICT | CASCADE]
```

2）注意事项

（1）在使用 MODIFY COLUMN 时，不能更改聚集索引的列，或者引用约束中引用和被引用的列。

（2）在使用 MODIFY COLUMN 时，一般不能更改用于 CHECK 约束的列。只有当该 CHECK 约束的列都为字符串，并且新列的长度大于旧列的长度；或者新列和旧列都为整型，并且新列类型能够完全覆盖旧列类型（如 char(1)到 char(20)，tinyint 到 int 等）时，才能修改。

（3）在使用 MODIFY COLUMN 时，不能在列上增加 CHECK 约束，能修改的约束只有列上的 NULL、NOT NULL 约束；如果某列现有的值均非空，则允许添加 NOT NULL；属于聚集索引包含的列不能被修改；自增列不允许被修改。

（4）在使用 ADD COLUMN 时，新增列名之间、新增列名与该基表中的其他列名之间均不能重复。若新增列有默认值，则已存在行的新增列值是其默认值。添加新列对于任何涉及表的约束定义没有影响，对于涉及表的视图定义会自动增加。例如，如果用“*”为一个表创建一个视图，那么后加入的新列会自动地加入该视图。

（5）用 DROP COLUMN 子句删除列有两种方式：RESTRICT 和 CASCADE。RESTRICT 方式为默认选项，确保只有不被其他对象引用的列才能被删除。无论哪种方式，表中的唯一列不能被删除。

3）应用举例

【例 3-15】修改数据表结构举例。本例需要设置 DMHR 用户的当前模式为 DMHR。

（1）修改字段类型长度。将 EMPLOYEE 表的 EMAIL 字段的数据类型改为 VARCHAR(60)，并指定该列为 NOT NULL。

```
ALTER TABLE employee MODIFY email VARCHAR(60) NOT NULL ;
```

（2）增加普通字段。在 EMPLOYEE 表中增加 HOME_ADDRESS 字段，字段类型为 VARCHAR(200)。

```
ALTER TABLE employee ADD home_address VARCHAR(200);
```

（3）增加CHECK约束。为EMPLOYEE表增加CHECK约束，名称为SALARY_CHECK，要求 SALARY 字段的值大于 1000。

```
ALTER TABLE employee ADD CONSTRAINT salary_check CHECK (salary>1000);
```

（4）删除约束。删除 EMPLOYEE 表的 SALARY_CHECK 约束。

```
ALTER TABLE employee DROP CONSTRAINT salary_check;
```

（5）删除字段。删除 EMPLOYEE 表的 HOME_ADDRESS 字段。

```
ALTER TABLE employee DROP home_address CASCADE;
```

3．修改表注意事项

（1）当对列进行修改且可更改列的数据类型时，若表中无元组，则系统可任意修改其数据类型、长度、精度或量度；若表中有元组，则系统会尝试修改其数据类型、长度、精度或量度，如果修改不成功，则会报错返回。无论表中是否有元组，多媒体数据类型和非多媒体数据类型都不能相互转换。

（2）在修改有默认值的列的数据类型时，原数据类型与新数据类型必须是可以转换的，否则即使数据类型修改成功，在进行插入等其他操作时，仍会出现数据类型转换错误。

（3）在增加列时，新增列名之间、新增列名与该基表中的其他列名之间均不能重复。若新增列有默认值，则已存在的行的新增列值是其默认值。

（4）具有 DBA 权限的用户或该表的建立者才能执行修改操作。

3.3.3　删除表

删除数据库表会导致该表的数据及对该表的约束依赖被删除，因此在业务工作中很少有删除数据库表的操作。但是，作为数据库管理员，掌握删除数据库表的方法是非常必要的。

1．用 DM 管理工具删除表

删除数据库表可以采用 SQL 语句或 DM 管理工具来实现，此处使用 DM 管理工具来删除数据表。

【例 3-16】 以用户 SYSDBA 登录，删除 DMHR 模式下的 DEPT 表。

使用 DM 管理工具删除表很简单，具体操作步骤如下。

步骤 1：启动 DM 管理工具，以用户 SYSDBA 登录。登录数据库成功后，右键单击对象导航窗体中 DMHR 模式下的 DEPT 表，弹出如图 3-18 所示快捷菜单。

步骤 2：在如图 3-18 所示的快捷菜单中，单击“删除”选项，弹出如图 3-21 所示的“删除对象”对话框。

步骤 3：在如图 3-21 所示的“删除对象”对话框中，单击“确定”按钮，即可删除该表。

2．用 SQL 语句删除表

1）语法格式

删除数据库表的 SQL 命令如下：

```
DROP TABLE [<模式名>.]<表名> [RESTRICT|CASCADE];
```

图 3-21 “删除对象”对话框

删除表有两种方式：RESTRICT 方式和 CASCADE 方式，其中 RESTRICT 方式为默认值。如果以 RESTRICT 方式删除数据库表，要求该表上不存在任何视图及参照完整性约束，否则达梦数据库返回错误信息，无法删除该表。如果以 CASCADE 方式删除数据库表，将删除表中唯一列上和主关键字上的参照完整性约束，当设置 dm.ini 配置文件中的参数 DROP_CASCADE_VIEW 的值为 1 时，还可以删除所有建立在该表上的视图。

2）应用举例

【例 3-17】 删除 DMHR2 模式下的 CITY 表。

```
DROP TABLE dmhr2.city CASCADE;
```

因为 CITY 表中的字段 CITY_ID 作为 LOCATION 表中的一个外键，所以需要使用 CASCADE 方式。

3. 删除表注意事项

（1）在删除主从表时，应先删除从表，再删除主表。

（2）表删除后，在该表上建立的索引也同时被删除。

（3）表删除后，所有用户在该表上的权限也自动取消，以后系统中再创建的与该表同名的基表，与该表毫无关系。

第 4 章 达梦数据库查询与操作

查询与操作数据库中的数据是达梦数据库提供的基本功能。达梦数据库遵循 SQL 标准，提供了多种方式的数据查询和数据操作方法，以满足用户的实际应用需求。本章主要介绍通过 SQL 语句实现单表查询、连接查询、查询子句、子查询等数据查询方法和表数据操作方法。

4.1 单表查询

SQL 数据查询主要由 SELECT 语句完成，SELECT 语句是 SQL 的核心。单表查询就是利用 SELECT 语句仅从一个表/视图中查询数据，其语法如下：

```
SELECT <选择列表>
FROM [<模式名>.]<基表名> | <视图名> [<相关名>]
[<WHERE子句>]
[<CONNECT BY 子句>]
[<GROUP BY 子句>]
[<HAVING 子句>]
[ORDER BY 子句];
```

可选项<WHERE 子句>用于设置对于行的查询条件，结果仅显示满足查询条件的数据内容；<CONNECT BY 子句>用于层次查询，适用于具有层次结构的自相关数据表查询，也就是说，在一张表中，有一个字段是另一个字段的外键；<GROUP BY 子句>将<WHERE>子句返回的临时结果逻辑地重新编组，结果是行的集合，一组内一个分组列的所有值都是相同的；<HAVING 子句>用于为组设置检索条件；<ORDER BY 子句>则指定查询结果的排序条件，即以指定的一个字段或多个字段的数据值排序，根据条件可指定升序或降序。

4.1.1 简单查询

SELECT 语句用于从表中选取数据，简单查询就是用 SELECT 语句把一个表中的数据存储到一个结果集中。其基本语法如下：

```
SELECT <选择列表>
FROM [<模式名>.]<基表名> | <视图名> [<相关名>]
```

或者

```
SELECT  *
FROM [<模式名>.]<基表名> | <视图名> [<相关名>]
```

说明：

（1）<选择列表>是选取要查询的列名；

（2）用户在查询时可以根据应用的需要改变列的显示顺序；

（3）星号（*）是选取所有列的快捷方式，此时列的显示顺序和数据表设计时列的顺序保持一致。

【例 4-1】要从员工表（employee）中查询所有员工的姓名（employee_name）、邮箱（email）、电话号码（phone_num）、入职日期（hire_date）、工资（salary）等数据，则查询语句为

```
SELECT employee_name, email, phone_num, hire_date, salary
FROM employee;
```

查询结果如表 4-1 所示，可以看出，查询语句将员工表中所有员工的相关信息罗列出来。如果要将员工表中所有员工的全部信息罗列出来，则查询语句为

```
SELECT * FROM employee;
```

查询结果如表 4-2 所示。

如果只需要罗列出用户感兴趣的数据，则需要使用带条件的查询。

表 4-1 简单查询结果 1

employee_name	email	phone_num	hire_date	salary
马学铭	maxueming@dameng.com	15312348552	2008-05-30	30000
程擎武	chengqingwu@dameng.com	13912366391	2012-03-27	9000
郑吉群	zhengjiqun@dameng.com	18512355646	2010-12-11	15000
陈仙	chenxian@dameng.com	13012347208	2012-06-25	12000
金纬	jinwei@dameng.com	13612374154	2011-05-12	10000
……	……	……	……	……

表 4-2 简单查询结果 2

employee_id	employee_name	identity_card	email	phone_num
1001	马学铭	340102196202303000	maxueming@dameng.com	15312348552
1002	程擎武	630103197612261000	chengqingwu@dameng.com	13912366391
1003	郑吉群	11010319670412101X	zhengjiqun@dameng.com	18512355646

（续表）

employee_id	employee_name	identity_card	email	phone_num
1004	陈仙	360107196704031000	chenxian@dameng.com	13012347208
1005	金纬	450105197911131000	jinwei@dameng.com	13612374154
……	……	……	……	……

4.1.2　条件查询

条件查询是指在指定表中查询满足条件的数据。该功能是通过在查询语句中使用 WHERE 子句实现的，其基本语法如下。

```
SELECT <选择列表>
FROM [<模式名>.]<基表名> | <视图名> [<相关名>]
WHERE子句
```

WHERE 子句常用的查询条件包括列名、运算符、值。运算符由谓词和逻辑运算符组成。谓词指明了一个条件，该条件求解后，结果为一个布尔值：真、假或未知。逻辑运算符有 AND、OR、NOT。谓词包括比较谓词（＝、＞、＜、＞＝、＜＝、＜＞）、BETWEEN 谓词、IN 谓词、LIKE 谓词、NULL 谓词等。

在 WHERE 子句中可使用的运算符如表 4-3 所示。

表 4-3　WHERE 子句运算符

条件类型	运　算　符	描　　述
比较	=	等于
	<>	不等于
	>	大于
	<	小于
	>=	大于等于
	<=	小于等于
确定范围	BETWEEN　AND	在某个范围内
	NOT　BETWEEN　AND	不在某个范围内
确定集合	IN	在某个集合内
	NOT　IN	不在某个集合内
字符匹配	LIKE	与某字符匹配
	NOT LIKE	与某字符不匹配
空值	IS NULL	是空值
	IS NOT NULL	不是空值
逻辑运算符	AND	两个条件都成立
	OR	只要一个条件成立
	NOT	条件不成立

1. 使用比较谓词的查询

比较谓词包括 =（等于）、<>（不等于）、!=（不等于）、>（大于）、<（小于）、>=（大于等于）、<=（小于等于）。当使用比较谓词时，数值数据根据它们代数值的大小进行比较，字符串的比较则按序对同一顺序位置的字符逐一进行比较。若两字符串长度不同，短的一方应在其后增加空格，使两字符串长度相同后再进行比较。

【例 4-2】查询工资高于 20000 元的员工信息，查询语句如下：

```
SELECT employee_name, email, phone_num, hire_date, salary
FROM employee
WHERE salary > 20000;
```

查询结果如表 4-4 所示。

表 4-4　使用比较谓词的查询结果

employee_name	email	phone_num	hire_date	salary
马学铭	maxueming@dameng.com	15312348552	2008-05-30	30000
苏国华	suguohua@dameng.com	15612350864	2010-10-26	30000
郑晓同	zhengxiaotong@dameng.com	18512363946	2006-10-26	30000

2. 使用 BETWEEN 谓词的查询

BETWEEN 谓词用于确定范围的查询，BETWEEN...AND 和 NOT　BETWEEN...AND 可以用来查找属性值在（或不在）指定范围内的记录，其中，BETWEEN 后是范围的下限（低值），AND 后是范围的上限（高值）。查询结果包含满足低值和高值条件的记录。

【例 4-3】查询工资为 5000～10000 元的员工信息，查询语句如下：

```
SELECT employee_name, email, phone_num, hire_date, salary
FROM employee
WHERE salary BETWEEN 5000 AND 10000;
```

查询结果如表 4-5 所示。

表 4-5　使用 BETWEEN 谓词查询结果

employee_name	email	phone_num	hire_date	salary
程擎武	chengqingwu@dameng.com	13912366391	2012-03-27	9000
金纬	jinwei@dameng.com	13612374154	2011-05-12	10000
李慧军	lihuijun@dameng.com	18712372091	2010-05-15	10000
常鹏程	changpengcheng@dameng.com	18912366321	2011-08-06	5000
……	……	……	……	……

3. 使用 IN 谓词的查询

IN 谓词用于确定集合的查询，查找属性值属于指定集合的记录。与 IN 谓词相对的谓词是 NOT　IN，用于查找属性值不属于指定集合的记录。

【例 4-4】查询职务为“总经理”（job_id='11'）、“总经理助理”（job_id='12'）、“秘书”（job_id='13'）的员工信息，查询语句如下：

```
SELECT employee_name, email, phone_num, hire_date, salary
FROM employee
WHERE job_id IN ('11','12','13');
```

4．使用 LIKE 谓词的查询

LIKE 谓词可用于进行字符串匹配的查询，其一般语法格式为

```
列名称 [NOT] LIKE 匹配字符串
```

其含义是查找指定的属性列值与匹配字符串相匹配的记录。

匹配字符串可以是一个完整的字符串，也可以含有通配符%和_。

①%（百分号）代表任意长度（可以为零）的字符串。例如，a%b 表示以 a 开头、以 b 结尾的任意长度的字符串，如 acb、addgb、ab 等都满足该匹配字符串。

②_（下横线）代表任意单个字符。例如，a_b 表示以 a 开头、以 b 结尾的长度为 3 的任意字符串，如 acb、afb 等都满足该匹配字符串。

如果用户要查询的字符串本身就含有%或_，需要用到换码字符对通配符进行转义，这时需要用到 ESCAPE 关键字。其一般语法格式为

```
列名称 [NOT]  LIKE  字符串表达式  ESCAPE  换码字符
```

【例 4-5】查询所有姓刘的员工信息，查询语句如下：

```
SELECT employee_name, email, phone_num, hire_date, salary
FROM employee
WHERE employee_name LIKE '刘%';
```

【例 4-6】从课程表（KCB）中查询以“DB_”开头，并且倒数第 2 个字符为 g 的课程的详细情况。

```
SELECT  *  FROM  KCB
WHERE  KCM  LIKE  'DB\_%g_'  ESCAPE  '\';
```

本例中第 1 个_前面有换码字符\，故它被转义为普通的_字符，而后面一个_前没有换码字符\，故它仍作为通配符。

5．使用 NULL 谓词的查询

对于涉及空值的查询用运算符 NULL 来判断。其一般语法格式为

```
列名称  IS [NOT] NULL
```

注意：这里的 IS 不能用等号（=）代替。

【例 4-7】查询电话号码为空的员工信息，查询语句如下：

```
SELECT employee_name, email, phone_num, hire_date, salary
FROM employee
WHERE phone_num IS NULL;
```

6．使用逻辑运算符的查询

在进行条件查询时，可以用逻辑运算符 NOT 查询不满足条件的结果。若要在条件子语句中把两个或多个条件结合起来，需要用到逻辑运算符 AND 和 OR。

如果第一个条件和第二个条件都成立，则用 AND 逻辑运算符连接。

如果第一个条件和第二个条件中只要有一个条件成立即可，则用 OR 逻辑运算符连接。

【例 4-8】查询职务为“总经理助理”（job_id='12'），并且工资在 5000 元至 10000 元的员工信息，查询语句如下：

```
SELECT employee_name, email, phone_num, hire_date, salary
FROM employee
WHERE job_id='12' AND salary BETWEEN 5000 AND 10000;
```

【例 4-9】查询职务为“总经理助理”（job_id='12'）或者工资在 5000 元至 10000 元的员工信息，查询语句如下：

```
SELECT employee_name, email, phone_num, hire_date, salary
FROM employee
WHERE job_id='12' OR salary BETWEEN 5000 AND 10000;
```

4.1.3 列运算查询

对于数值型的列，SQL 标准提供了几种基本的算术运算符来查询数据。常用的有+（加）、-（减）、*（乘）、/（除）。

【例 4-10】单位计划给每名员工涨 10%的工资，请查询涨工资后的员工信息，查询语句如下：

```
SELECT employee_name, email, phone_num, hire_date, salary*1.1
FROM employee;
```

【例 4-11】单位计划给每名员工涨 500 元的工资，请查询涨工资后的员工信息，查询语句如下：

```
SELECT employee_name, email, phone_num, hire_date, salary+500
FROM employee;
```

4.1.4 函数查询

为了进一步方便用户的使用，增强查询能力，不同的数据库会提供多种内部函数（又称为库函数）。所谓函数查询，就是在 SELECT 查询过程中，使用函数检索到的列和条件中涉及的数据集合对其进行操作。达梦数据库的库函数又可以划分为两大类，分别是多行函数和单行函数。

1. 多行函数

多行函数最直观的解释是：多行函数输入多行，由于它处理的对象多属于集合，所以也有人称之为集合函数。它可以出现在 SELECT 列表、ORDER BY 子句和 HAVING 子句中，通常可以用 DISTINCT 过滤掉重复的记录，默认或用 ALL 来表示取全部记录。常用的多行函数如表 4-6 所示。

1）求最大值、最小值函数

格式：MAX([DISTINCT|ALL] column)；MIN([DISTINCT|ALL] column)。

表 4-6　常用多行函数

函　数　名	描　　述
DISTINCT(列名称)	在指定的列上查询表中不同的值
COUNT(*)	统计记录个数
COUNT(列名称)	统计一列中值的个数
SUM(列名称)	计算一列值的总和（此列必须是数值型）
AVG(列名称)	计算一列值的平均值（此列必须是数值型）
MAX(列名称)	求一列值中的最大值
MIN(列名称)	求一列值中的最小值

功能：返回指定列中的最大值或最小值，通常用在 WHERE 子句中，DISTINCT 表示除去重复记录，ALL 代表所有记录，默认就是所有记录。

2）求记录数量函数

格式：COUNT({* | [DISTINCT | ALL] column})。

功能：计算记录或某列的个数，函数必须指定列名称或用“*”，其他参数同上。

3）求和函数

格式：SUM([DISTINCT | ALL] column)。

功能：计算指定列的数值和，如果不分组，则把整个表当作一个组来计算。

4）求平均值函数

格式：AVG([DISTINCT | ALL] column)。

功能：计算指定列的平均值，即某组的平均值，如果不分组，则把整个表当作一个组来计算，DISTINCT 或 ALL 参数对这个函数的影响明显。

【例 4-12】查询单位最高月工资，查询语句如下：

```
SELECT MAX(salary)
FROM employee;
```

【例 4-13】查询单位每月的工资支出，查询语句如下：

```
SELECT SUM(salary)
FROM employee;
```

2. 单行函数

单行函数，顾名思义就是指该函数输入一行、输出一行。单行函数通常分为 5 种类型：字符函数、数值型函数、日期型函数、转换函数和通用函数。

单行函数的主要特征为：

（1）单行函数对单行操作；

（2）每行返回一个结果；

（3）返回值有可能与原参数数据类型不一致（转换函数）；

（4）单行函数可以写在 SELECT 子句、WHERE 子句、ORDER BY 子句中；

（5）有些函数没有参数，有些函数包括一个或多个参数；

（6）函数可以嵌套。

1）字符函数

函数的参数为字符类型的列，并且返回字符类型或数字类型的值，主要完成对字符串的查找、替换、定位、转换和处理等功能，主要字符函数如表 4-7 所示。

表 4-7　主要字符函数

函数名	描述
CHAR(*n*) / CHR(*n*)	ASCII 码与字符转换函数，把给定的 ASCII 码转换为字符串
ASCII(char)	返回 char 对应的 ASCII 码
CHAR_LENGTH(char) / CHARACTER_LENGTH(char)	返回字符串的长度
CONCAT(char1, char2,char3……)	返回多个字符串连接起来的字符，与 || 相同
INITCAP(char)	将字符串中每个单词的首字母大写
LEFT(char,*n*) / LEFTSTR(char,*n*)	返回 char 从左数起 *n* 个字符串
LEN(char)	返回 char 的长度，不包括尾部的空字符串
LENGTH(char)	返回 char 的长度，包括尾部的空字符串
REPLACE(str1,str2,str3)	从 str1 中找出 str2 的字符串，用 str3 代替；如果 str3 为空，则删除 str1 中的 str2 字符串
RIGHT(char,*n*) / RIGHTSTR(char,*n*)	返回字符串最右边 *n* 个字符组成的字符串
RTRIM(char1,set)	将 char1 含有 set 的字符串删除，当遇到不在 set 中的第一个字符时结果被返回；set 默认为空格
SUBSTR(char[,*m*[,*n*]]) / SUBSTRING(char[from *m* [for *n*]])	返回 char 中从字符位置 *m* 开始的 *n* 个字符。若 *m* 为 0，则把 *m* 当作 1 对待。若 *m* 为正数，则返回的字符串是从左边到右边计算的；反之，返回的字符串是从 char 的结尾向左边进行计算的。如果没有给出 *n*，则返回 char 中从字符位置 *m* 开始的后续子字符串。如果 *n* 小于 0，则返回 NULL。如果 *m* 和 *n* 都没有给出，则返回 char。函数以字符作为计算单位，一个西文字符和一个汉字都作为一个字符计算
SUBSTRB(string,*m*,*n*)	返回 char 中从第 *m* 字节位置开始的 *n* 字节长度的字符串。若 *m* 为 0，则把 *m* 当作 1 对待。若 *m* 为正数，则返回的字符串是从左边到右边计算的；若 *m* 为负数，则返回的字符串是从 char 的结尾向左边进行计算的。若 *m* 大于字符串的长度，则返回空串。如果没有 *n*，则默认的长度为整个字符串的长度。如果 *n* 小于 1，则返回 NULL
TRIM([LEADING|TRAILING|BOTH] [char1] FROM char2])	TRIM 从 char2 的首端（LEADING）或末端（TRAILING）或两端（BOTH）删除 char1 字符，如果任何一个变量是 NULL，则返回 NULL。默认的修剪方向为 BOTH，默认的修剪字符为空格
TRANSLATE(str1,str2,str3)	从 str1 中找到 str2，用 str3 中的字符代替

【例 4-14】查询员工姓名长度为 3 的员工信息。

```
SELECT employee_name, email, phone_num, hire_date, salary
```

```
FROM employee
WHERE LENGTH(employee_name)=3;
```

【例 4-15】查询员工信息，将姓名与电子邮箱合并为一列。

```
SELECT CONCAT(employee_name, email), phone_num, hire_date, salary
FROM employee;
```

或

```
SELECT employee_name||email, phone_num, hire_date, salary
FROM employee;
```

【例 4-16】查询员工信息，并显示每名员工电话号码的前 3 位。

```
SELECT employee_name, email, phone_num, hire_date, salary, SUBSTR(phone_num,1,3)
FROM employee;
```

2）数值型函数

数值型函数可以输入数字（如果是字符串，达梦数据库自动转换为数字），返回一个数值。其精度由达梦数据库的数据类型决定，常用数值型函数如表 4-8 所示。

表 4-8　常用数值型函数

函　数　名	描　　述
ABS(n)	取绝对值
SIGN(n)	取符号函数，正数返回 1，负数返回-1，0 返回 0
MOD(n_2, n_1)	取余，n_2 为被除数，n_1 为除数
ROUND(n)	取整，四舍五入
TRUNC(n)	取整，截去小数位

3）日期型函数

日期型函数主要处理日期、时间类型的数据，返回日期或数字类型的数据。日期运算比较特殊，这里先进行说明：①在 DATE 类型和 TIMESTAMP 类型（会被转化为 DATE 类型）上加、减 NUMBER 类型常量，该常量单位为天数；②如果需要加减相应的年、月、小时或分钟数值，可以使用 n*365、n*30、n/24 或 n/1440 来实现，利用这个特点，可以顺利实现对日期进行年、月、日、时、分、秒的加减；③日期类型的列或表达式之间可以进行减操作，功能是计算两个日期间隔了多少天。常用日期型函数如表 4-9 所示。

表 4-9　常用日期型函数

函　数　名	描　　述
SYSDATE( )	返回服务器系统的当前时间
CURDATE( )/CURRENT_DATE( )	返回当前会话的日期
CURTIME( )/ CURRENT_TIME/LOCALTIME(n)	返回当前会话的时间
CURRENT_TIMESTAMP(n)	返回当前带会话时区的时间戳，结果类型为 TIMESTAMP WITH TIME ZONE。参数 n 为指定毫秒的精度，取值范围为 0～6，默认为 6
DAYNAME(date)	返回日期对应星期几

（续表）

函 数 名	描 述
DAYOFMONTH(date)	返回日期是当月的第几天
DAYOFWEEK(date)	返回日期是当前周的第几天
DAYOFYEAR(date)	返回日期是当年的第几天
DAYS_BETWEEN(dt1,dt2)	返回两个日期相差天数
EXTRACT(dtfield FROM date)	从日期时间类型或时间间隔类型的参数 date 中抽取 dtfield 对应的数值，并返回一个数字类型的值。如果 date 是 NULL，则返回 NULL。dtfield 可以是 YEAR、MONTH、DAY、HOUR、MINUTE、SECOND。对于 SECOND 之外的任何域，函数返回整数；对于 SECOND，函数返回小数
ADD_MONTHS(date,*n*)	返回日期 date 加上 *n* 个月的日期时间值。*n* 可以是任意整数，date 是日期类型（DATE）或时间戳类型（TIMESTAMP），返回类型固定为日期类型（DATE）。如果相加之后的结果日期中月份所包含的天数比 date 日期中的日分量要少，那么结果日期中该月最后一天被返回
ADD_WEEKS(date,*n*)	返回日期 date 加上相应星期数 *n* 后的日期值。*n* 可以是任意整数，date 是日期类型（DATE）或时间戳类型（TIMESTAMP），返回类型固定为日期类型（DATE）
ADD_DAYS(data,*n*)	返回日期 date 加上相应天数 *n* 后的日期值。*n* 可以是任意整数，date 是日期类型（DATE）或时间戳类型（TIMESTAMP），返回值为日期类型（DATE）
LAST_DAY(date)	返回指定月份最后一天
NEXT_DAY(date,string)	返回在日期 date 之后满足由 char 给出条件的第一天。char 指定了一周中的某一天（星期几），返回值的时间分量与 date 相同，char 是大小写无关的
MONTHS_BETWEEN(date1,date2)	返回日期 date1 和 date2 之间的月份数。如果 date1 比 date2 晚，返回正值；否则，返回负值。如果 date1 和 date2 这两个日期为同一天，或者都是所在月的最后一天，则返回整数；否则，返回值带有小数。date1 和 date2 是日期类型（DATE）或时间戳类型 （TIMESTAMP）
WEEKS_BETWEEN(date1,date2)	返回两个日期之间相差的周数
YEARS_BETWEEN(date1,date2)	返回两个日期之间相差的年数
ROUND(date[,fmt]); TRUNK(date[,fmt])	类似于数值函数，fmt 指定取整的形式，fmt 可为 YEAR、MONTH、DAY，默认将被处理到 date 最近的一天
TO_DATE (char[,fmt])/TO_TIMESTAMP(char[,fmt])	将 CHAR 或 VARCHAR 类型的值转换为 DATE 类型、TIMESTAMP 类型
TO_CHAR(date[,fmt])	将日期类型 DATE 转换为一个在日期语法 fmt 中指定语法的 VARCHAR 类型字符串

【例 4-17】查询员工入职日期的年、月、日信息，查询语句如下：

```
SELECT employee_name, EXTRACT(YEAR FROM hire_date), EXTRACT(MONTH FROM hire_date),
EXTRACT(DAY FROM hire_date)
FROM employee
```

【例 4-18】获取服务器当前的时间，查询语句如下：

```
SELECT SYSDATE( );
```

【例 4-19】获取 2020 年 2 月最后一天的日期，查询语句如下：

```
SELECT LAST_DAY('2020-02-01');
```

4）转换函数

转换函数可以完成不同数据类型之间的转换功能，常用的转换函数如表 4-10 所示。

表 4-10　常用的转换函数

函 数 名	描 述
ASCIISTR(string)	可以将任意字符集的 string 字符串转换为数据库字符集对应的 ASCII 字符串
BIN_TO_NUMBER(data[,data])	将二进制转换为十进制
TO_CHAR(number[,fmt[,nlsparam]])	按照 fmt 格式和 nlsparam 指定的 fmt 语言特征将数字转换为字符
TO_NUMBER(string[,fmt[,nlsparam]])	按照 fmt 格式和 nlsparam 指定的 fmt 语言特征将字符转换为数字
TO_CHAR (date[,fmt[,nlsparam]])	按照 fmt 格式和 nlsparam 指定的 fmt 语言特征将日期转换为字符
TO_DATE(string[,fmt[,nlsparam]])	按照 fmt 格式和 nlsparam 指定的 fmt 语言特征将字符转换为日期
CAST(expr AS type_name)	将表达式 expr 的数据类型强制转换为 type_name 指定的类型
TO_SINGLE_BYTE(string)	将字符串 string 中所有的全角字符转换为半角字符
TO_MULTI_BYTE(string)	将字符串 string 中所有的半角字符转换为全角字符

【例 4-20】查询员工信息，使入职日期的显示格式为“yyyy.mm.dd”，查询语句如下：

```
SELECT employee_name, email , phone_num, TO_CHAR(hire_date,'yyyy.mm.dd'), salary
FROM employee;
```

4.1.5　别名查询

在 SQL 语句中，可以将表名及列（字段）名指定为别名（Alias）。使用别名通常有两个作用：一是缩短对象的长度，方便书写，使 SQL 语句简洁；二是区别同名对象，如自连接查询，同一个表连接查询自身，就需要用别名区分表名和列名。

1．列别名

当需要查询输出的列名与基本表中的列名不一致时，可以根据应用需求，用“列名 AS 新名”形式来完成该操作，AS 可以省略。

【例 4-21】查询员工信息，查询语句如下：

```
SELECT  employee_name AS 姓名, email AS 电子邮箱, phone_num AS 电话号码, hire_date AS 入职日期, salary AS 工资
FROM employee;
```

2．表别名

当一个表在查询语句中被多次调用时，为了区别不同的调用，应用“表名 新表名”形式使每次调用表使用不同的别名。

【例 4-22】查询员工信息，查询语句如下：

```
SELECT T.employee_name, T.email , T.phone_num, T.hire_date, T.salary
FROM employee T;
```

4.2 连接查询

数据库中的各个表中存储着不同的数据，用户往往需要用多个表中的数据来组合、提取所需的信息。如果一个查询需要对多个表进行操作，就称为连接查询。连接查询实际上是通过各个表之间共同列的关联性来查询数据的，它是关系数据库查询最主要的特征。

连接查询方式有笛卡儿积（交叉连接）查询、内连接查询、外连接查询等。

4.2.1 笛卡儿积查询

笛卡儿积又称笛卡儿乘积或直积，是由著名数学家笛卡儿提出的，表示两个集合的相乘运算。集合 A 和集合 B 的笛卡儿积可以表示为 $A\times B$，其中，第一个对象是 A 的成员，第二个对象是 B 的所有可能有序对中的一个成员。

假设集合 $A=\{a, b\}$，集合 $B=\{0, 1, 2\}$，则两个集合的笛卡儿积为$\{(a, 0)$，$(a, 1)$，$(a, 2)$, $(b, 0), (b, 1), (b, 2)\}$。

【例 4-23】Student 表结构和数据如表 4-11 所示，Subject 表结构如表 4-12 所示，将这两张表进行笛卡儿积查询语句如下：

```
SELECT T1.*, T2.*
FROM Student T1, Subject T2
```

查询结果如表 4-13 所示。

表 4-11　Student 表

studentNo	studentName
01	张三
02	李四

表 4-12　Subject 表

subjectNo	subjectName
01	语文
02	数学

表 4-13　笛卡儿积查询结果

studentNo	studentName	subjectNo	subjectName
01	张三	01	语文
01	张三	02	数学
02	李四	01	语文
02	李四	02	数学

4.2.2　内连接查询

所谓内连接查询就是返回结果集仅包含满足全部连接条件记录的多表连接查询。其一般语法格式为

```
SELECT  列名称  FROM  表名  INNER JOIN  连接表名  ON [连接条件]……
```

在连接查询中用来连接两个表的条件称为连接条件或连接谓词，连接条件的一般格式为

```
表名1.列名1 = 表名2.列名2
```

说明：

（1）表之间通过 INNER JOIN 关键字连接，ON 是两个表之间的关联条件，通常是不可缺少的，INNER 可省略。

（2）为了简化 SQL 语句书写，可为表名定义别名，格式为 FROM <表名> <别名>，如

```
FROM employee  e，department  d
```

表的别名不支持 AS 用法，使用表的别名可以简化查询。

（3）在进行有效的多表查询时，查询的列名前加表名或表的别名前缀（如果列在多个表中是唯一的则可以不加），建议使用表前缀，使用表前缀可以提高查询性能。

【例 4-24】 查询员工信息，要求显示员工所属部门名称，查询语句为

```
SELECT T2.department_name, T1.employee_name, T1.email, T1.phone_num, T1.hire_date, T1.salary
FROM employee T1 INNER JOIN department T2 ON T1.department_id=T2.department_id;
```

在达梦数据库中，内连接查询等价于

```
SELECT T2.department_name, T1.employee_name, T1.email , T1.phone_num, T1.hire_date, T1.salary
FROM employee T1, department T2 WHERE T1.department_id=T2.department_id;
```

4.2.3　外连接查询

所谓外连接查询就是除返回满足连接条件的数据以外，还返回左、右或两个表中不满足条件的数据的一种多表连接查询。因此，外连接查询又分为左连接查询、右连接查询和全连接查询 3 种。其一般语法格式为

```
SELECT  列名称  FROM  表名  [LEFT|RIGHT|FULL] OUTER JOIN  连接表名  ON [连接条件]……
```

说明：

（1）LEFT OUTER JOIN：左外连接，是指除了符合条件的行，还要从 ON 语句的左侧表里选出不匹配的行；

（2）RIGHT OUTER JOIN：右外连接，是指除了符合条件的行，还要从 ON 语句的右侧表里选出不匹配的行；

（3）FULL OUTER JOIN：全外连接，是指除了符合条件的行，还要从 ON 语句的两侧表里选出不匹配的行；

（4）OUTER 可以省略。

【例 4-25】使用左连接查询所有岗位的员工信息，查询语句如下：

```
SELECT T2.job_id, T2.job_title, T1.employee_name, T1.email, T1.phone_num, T1.hire_date, T1.salary
FROM job T2
LEFT OUTER JOIN employee T1 ON T1.job_id=T2.job_id;
```

此语句使用了左外连接，查询结果包含了有员工的岗位信息和没有员工的岗位信息（部分员工信息为空）。在达梦数据库中，左连接查询的另一种写法为

```
SELECT T2.job_id, T2.job_title, T1.employee_name, T1.email, T1.phone_num, T1.hire_date, T1.salary
FROM job T2, employee T1 WHERE T2.job_id=T1.job_id(+);
```

【例 4-26】使用右连接查询所有岗位的员工信息，查询语句如下：

```
SELECT T2.job_id, T2.job_title, T1.employee_name, T1.email, T1.phone_num, T1.hire_date, T1.salary
FROM employee T1
RIGHT OUTER JOIN job T2 ON T1.job_id=T2.job_id;
```

此语句使用了右外连接，查询结果与【例 4-25】的查询结果一致，说明左连接查询与右连接查询都是相对的。

【例 4-27】查询所有岗位的员工信息，查询语句如下：

```
SELECT T2.job_id, T2.job_title, T1.employee_name, T1.email, T1.phone_num, T1.hire_date, T1.salary
FROM job T2
FULL OUTER JOIN employee T1 ON T1.job_id=T2.job_id;
```

此语句使用了全外连接，既包含没有岗位的员工信息，也包含没有员工的岗位信息。

4.3 查询子句

为了丰富对查询结果的处理方式，增强查询能力，不同的数据库会提供多种查询子句。本节主要介绍常用的查询子句，包括排序子句、分组子句、HAVING 子句、TOP 子句等。

4.3.1 排序子句

排序子句使用 ORDER BY 子句对查询结果进行排序。如果没有指定查询结果的显示顺序，数据库管理系统将按其最方便的顺序（通常是数据记录在表中的先后顺序）输出查询结果。用户也可以用 ORDER BY 子句指定按照一个或多个属性列的升序（ASC）或降序（DESC）重新排列查询结果，其中升序（ASC）为默认值。其一般语法格式为

```
SELECT 列名称 FROM 表名称 ORDER BY 列名称 [ASC|DESC] [NULLS FIRST|LAST], {列名称 [ASC|DESC] [NULLS FIRST|LAST]}
```

【例 4-28】查询员工信息，并按工资降序显示，查询语句如下：

```
SELECT employee_name, email, phone_num, hire_date, salary
FROM employee
ORDER BY salary DESC;
```

4.3.2　分组子句

分组子句使用 GROUP BY 子句对查询结果进行分组。GROUP BY 子句是 SELECT 语句的可选项部分，它定义了分组表。GROUP BY 子句定义了分组表：行组的集合，其中每个组由其中所有分组列的值都相等的行构成。

GROUP BY 子句将查询结果表按某一列值或多列值分组，值相等的为一组。其一般语法格式为

```
SELECT 列名称 FROM 表名称 GROUP BY 列名称
```

【例 4-29】从员工表中，查询统计各部门员工的数量，查询语句如下：

```
SELECT b.department_name, COUNT(a.employee_name) as sl
FROM employee a, department b
WHERE a.department_id=b.department_id
GROUP BY department_name;
```

4.3.3　HAVING 子句

HAVING 子句是 SELECT 语句的可选项部分，它也定义了一个分组表，用于选择满足条件的组。其基本语法如下：

```
SELECT <选择列表>
FROM [<模式名>.]<基表名> | <视图名> [<相关名>]
HAVING子句
<HAVING子句> ::= HAVING <搜索条件>
<搜索条件>::= <表达式>
```

其中只含有搜索条件为 TRUE 的那些分组，且通常跟随一个 GROUP BY 子句。HAVING 子句与分组的关系正如 WHERE 子句与表中行的关系。

WHERE 子句用于选择表中满足条件的行，而 HAVING 子句用于选择满足条件的分组。

【例 4-30】从员工表中查询员工数量小于 100 的部门，查询语句如下：

```
SELECT b.department_name, COUNT(a.employee_name) as sl
FROM employee a, department b
WHERE a.department_id=b.department_id
GROUP BY department_name
HAVING COUNT(a.employee_name)<100;
```

4.3.4　TOP 子句

TOP 子句用于规定查询返回记录的数目。对于记录数目较大的表来说，TOP 子句是非常有用的。其基本语法如下：

```
SELECT TOP number|percent <列名>
FROM  表名;
```

【例 4-31】查询员工表中的前 10 条记录，查询语句如下：

```
SELECT TOP 10 *
FROM employee;
```

【例 4-32】查询员工表中前 1%的记录，查询语句如下：

```
SELECT TOP 1 PERCENT *
FROM employee;
```

4.4 子查询

当一个查询的结果是另一个查询的条件时，称为子查询。子查询就是将一个 SELECT 语句嵌入另一个 SELECT 语句的子句中，通常被称为嵌套 SELECT 语句、子 SELECT 语句或内部 SELECT 语句。在许多 SQL 子句中可以使用子查询，其中包括 FROM 子句、WHERE 子句、HAVING 子句。通常先执行子查询，然后使用其输出结果来完善主查询（外部查询）。

FROM 子句中使用子查询，其一般语法格式为

```
SELECT  列名称   FROM   (SELECT语句)
```

WHERE 子句、HAVING 子句中使用子查询，其一般语法格式为

```
SELECT  列名称  FROM  表名称   WHERE[HAVING] <列名称>   <运算符> (SELECT  语句)
```

说明：

（1）上述仅给出了一个不太严格的示意性格式，使用的子查询需要用圆括号( )括起来；

（2）子查询中既可以使用其他的表，也可以使用与主查询相同的表；

（3）语法格式中的(SELECT 语句)里还可以嵌套子查询；

（4）子查询在主查询之前一次执行完成，子查询的结果被主查询使用；

（5）子查询在参与比较条件运算时，只能放在比较条件的右侧；

（6）<运算符>是比较条件运算符，根据(SELECT 语句)结果的类型，又可将子查询分为单行子查询与多行子查询，单行子查询里(SELECT 语句)被当作一个表达式参与运算，多行子查询里(SELECT 语句)被当作一个集合参与运算。

在子查询中通常可以使用 IN、ANY、SOME、ALL、EXISTS 关键字。

4.4.1 使用 IN 关键字的子查询

IN 关键字可以测试表达式的值是否与子查询返回集中的某个值相等。

【例 4-33】查询有员工工资超过 20000 元的部门，查询语句如下：

```
SELECT   *   FROM   department
WHERE department_id IN
(SELECT department_id FROM employee WHERE salary>20000);
```

在本例中，下层查询块（左、右括号内的内容）是嵌套在上层查询块的 WHERE 条件

中的。上层查询块称为外层查询或主查询，下层查询块称为内层查询或子查询。SQL 语言允许多层嵌套查询，即一个子查询中还可以嵌套其他子查询。

需要特别指出的是：子查询的 SELECT 语句中不能使用 ORDER BY 子句，ORDER BY 子句只能对最终查询结果排序。

子查询一般的求解方法是由内向外处理，即先执行子查询再执行主查询，子查询的结果用于建立其主查询的查找条件。

4.4.2　使用 ANY、SOME、ALL 关键字的子查询

子查询在返回单值时可以用比较运算符，而使用 ANY、SOME、ALL 关键字时则必须同时使用比较运算符，其中 SOME 关键字是与 ANY 关键字等效的 SQL-92 标准。ANY 关键字与 ALL 关键字比较运算符含义如表 4-14 所示。

表 4-14　ANY 关键字与 ALL 关键字比较运算符含义

比较运算	描　述
>ANY	大于子查询结果中的某个值
>ALL	大于子查询结果中的所有值
<ANY	小于子查询结果中的某个值
<ALL	小于子查询结果中的所有值
>=ANY	大于等于子查询结果中的某个值
>=ALL	大于等于子查询结果中的所有值
<=ANY	小于等于子查询结果中的某个值
<=ALL	小于等于子查询结果中的所有值
=ANY	等于子查询结果中的某个值
=ALL	等于子查询结果中的所有值（通常没有实际意义）
!（或<>）ANY	不等于子查询结果中的某个值
!（或<>）ALL	不等于子查询结果中的任何值

【例 4-34】查询总经理岗位（job_id='11'）工资比所有项目经理岗位（job_id='32'）工资高的员工信息，查询语句如下：

```
SELECT * FROM   employee
WHERE job_id='11' AND salary>ALL
(SELECT salary FROM employee WHERE job_id='32');
```

4.4.3　使用 EXISTS 关键字的子查询

带有 EXISTS 关键字的子查询不返回任何数据，只产生逻辑真值“true”（子查询结果非空，至少有一行），或者逻辑假值“false”（子查询结果为空，一行也没有）。

【例 4-35】查询有员工工资超过 20000 元的部门，查询语句如下：

```
SELECT * FROM department t1
```

```
WHERE EXISTS
(SELECT * FROM employee t2 WHERE t2.salary>20000 AND t1.department_id=t2.department_id);
```

说明：

（1）上面这条 SQL 语句的查询结果与用 IN 关键字查询的结果一致，查询的目标也一致。但是，EXISTS 关键字比 IN 关键字的运算效率高，所以在实际开发中，特别是运算数据量大时，推荐使用 EXISTS 关键字。

（2）由 EXISTS 关键字引出的子查询，其目标列表达式通常都用*，因为带 EXISTS 关键字的子查询只返回逻辑真值或逻辑假值，给出列名无实际意义。

4.5 表数据操作

数据操作是数据库管理系统的基本功能，包括数据的插入、修改和删除等。在实际应用中，多个应用程序会并发操作数据库，导致出现数据库数据的不一致性和并发操作问题，达梦数据库利用事务和封锁机制实现数据并发存取，保障数据的完整性。

使用 SQL 语句进行表数据操作后，需要执行提交操作。

4.5.1 插入表数据

表数据插入语句用于往已经定义好的表中插入单个或成批的数据。INSERT 语句有两种形式：一种形式是值插入，即构造一行或多行值，并将它们插入表中；另一种形式是查询插入，即通过返回一个查询结果集以构造要插入表的一行或多行值。

1. 值插入

单行或多行数据插入语句格式如下：

```
INSERT INTO <表名> [(<列名>{,<列名>})]
VALUES(<插入值>{,<插入值>});|(<插入值>{,<插入值>}){, (<插入值>{,<插入值>})};
```

其中：

（1）<列名>指明表或视图中列的名称，在插入记录中，这个列表中的每个列都被 VALUES 子句或查询说明赋予一个值，如果在此列表中省略了表的一个列名，则用先前定义好的默认值插入这一列中，如果此列表被省略，则必须在 VALUES 子句和查询中为表中的所有列指定值；

（2）<插入值>指明在列表中对应的列插入的列值，如果列表被省略了，则插入的列值按照基表中列的定义顺序排列；

（3）当插入的是大数据文件时，启用@，对应的<插入值>格式为@'path'。

【例 4-36】单位新成立了一个部门“大数据事业部”（department_id='909'），在部门表（department）中添加该单位，插入语句为

```
INSERT INTO department(department_id,department_name)
VALUES('909', '大数据事业部');
COMMIT;
```

【例 4-37】单位新成立了两个部门，分别是“数据分析事业部”（department_id ='990'）和“人工智能事业部”（department_id='991'），将这两个部门添加到部门表中，插入语句为

```
INSERT INTO department(department_id,department_name)
VALUES('990', '数据分析事业部'), ('991', '人工智能事业部');
COMMIT;
```

2．查询插入

查询插入语句格式如下：

```
INSERT INTO <目标表名> [(<列名>{,<列名>})]
SELECT <列名>{,<列名>}   FROM 源数据表名 [WHERE条件]
```

【例 4-38】有一张新表“老员工表”（oldemployee），表字段包括员工 ID（employee_id）、所属部门（department_name）、入职日期（hire_date）、工资（salary），要求将入职日期早于“2009-01-01”的员工数据插入该新表中，插入语句如下：

```
INSERT INTO oldemployee (employee_id,department_name,hire_date,salary)
SELECT a.employee_id, b.department_name, a.hire_date, a.salary
FROM employee a, department b
WHERE a.department_id=b.department_id AND a.hire_date<TO_DATE('2009-01-01','YYYY-MM-DD') ;
COMMIT;
```

4.5.2　修改表数据

表数据修改语句用于修改表中已存在的数据。表数据修改语句的语法格式如下：

```
UPDATE <表名>
SET<列名>=<值表达式>|DEFAULT>{,<列名>=<值表达式>|DEFAULT>}
[WHERE <条件表达式>];
```

其中：

（1）<表名>指明被修改数据所在表的名称；

（2）<列名>指明表或视图中被更新列的名称，如果 SET 子句中省略列的名称，则列的值保持不变；

（3）<值表达式>指明赋予相应列的新值；

（4）<条件表达式>指明限制被更新的行必须符合指定的条件，如果省略此子句，则修改表中所有的行。

【例 4-39】单位给所有员工的工资涨了 10%，请更新员工信息表，修改语句如下：

```
UPDATE employee
SET salary=salary*(1+10%);
COMMIT;
```

4.5.3　删除表数据

表数据删除语句用于删除表中已存在的数据。表数据删除语句只删除表中的数据，并

不会删除表本身。另外，如果表中的记录被引用，则需要先删除引用表中的数据。表数据删除语句的语法格式如下：

```
DELETE FROM <表名> [WHERE <条件表达式>]
```

其中：

（1）<表名>指明被删除数据的表名称；

（2）<条件表达式>指明限制被更新的行必须符合指定的条件，如果省略此子句，则删除表中所有的行；

（3）DELETE 语句删除的是表中的数据，而不是关于表的定义。

【例 4-40】 删除“大数据事业部”的部门信息，删除语句如下：

```
DELETE FROM department WHERE department_name='大数据事业部';
COMMIT;
```

第5章
达梦数据库高级对象管理

达梦数据库为了提高数据的查询与处理能力，提供了视图、索引、序列、同义词等高级对象。本章主要介绍视图、索引、序列、同义词等高级对象的作用，以及对其进行创建、删除、修改操作的基本语法，并举例说明这些高级对象的应用方法。

5.1 视图管理

视图是关系数据库系统提供给用户以多种角度观察数据库中数据的重要机制，它简化了用户数据模型，提高了数据的逻辑独立性，实现了数据的共享和安全保密。本节主要介绍达梦数据库中的视图管理。

5.1.1 视图的概念及作用

视图是从一个或多个基表（或视图）导出的虚拟表，其内容由查询定义。视图具有普通表的结构，但不存放对应的数据，这些数据仍存放在原来的基表中。当对一个视图进行查询时，视图将查询其对应的基表，并且将查询结果以视图所规定的格式和顺序返回。因此，当基表中的数据发生变化时，从视图中查询到的数据也随之改变。从用户的角度来看，视图就像一个窗口，透过它可以看到数据库中用户感兴趣的数据。当用户所需的数据是一张表的部分列或部分行，或者数据分散在多个表时，就可以创建视图将这些满足条件的行和列组织到一个表中，而不需要修改表的属性，甚至创建新的表。这样不仅简化了用户的操作，还可以提高数据的逻辑独立性，实现数据的共享和安全保密。

严格意义上来说，视图包括普通视图和物化视图。普通视图是一个虚表，从视图中可以查阅数据但其并不真正存储数据。物化视图是从一个或几个基表导出的表，同普通视图相比，它存储了导出表的真实数据。通常把普通视图直接称为视图，本书也仅介绍普通视图。

5.1.2 创建视图

1. 语法格式

```
CREATE [OR REPLACE] VIEW [<模式名>]<视图名>[(<列名> {,<列名>})] AS <查询说明> [WITH [LOCAL|CASCADED]CHECK OPTION]|[WITH READ ONLY];
```

各子句说明如下：

<查询说明>::=<表查询> | <表连接>;

<表查询>::=<子查询表达式>[ORDER BY 子句]。

WITH CHECK OPTION 参数指明在往该视图中插入或修改数据时，插入行或更新行的数据必须满足视图定义中<查询说明>所指定的条件。如果不带该选项，则插入行或更新行的数据不必满足视图定义中<查询说明>所指定的条件。

2. 应用举例

【例 5-1】创建视图举例。

1）创建基于单表的视图

创建一个名为 VIEW_EMPLOYEE 的视图，其只获取表 EMPLOYEE 中 DEPARTMENT_ID 字段值为 101 的数据。

```
CREATE VIEW view_employee   AS
SELECT * FROM employee
WHERE department_id = 101;
```

上述语句，需要使用 SQL 交互式查询工具 DISQL 工具或在 DM 管理工具中运行，详细操作方法参照第 4 章内容，建议初学者使用 DM 管理工具执行 DM SQL 语句。在 DISQL 工具运行时，请使用 DMHR 用户登录，即在 SQL 交互式查询工具中使用 conn DMHR/dameng123 登录，其中“dameng123”为 DMHR 用户密码，登录后运行上述语句。如果使用 DM 管理工具执行 DM SQL 语句，则连接数据库成功后，在查询窗体中输入 SQL 语句并运行。另外，在以 SYSDBA 等具有 DBA 角色的用户登录，并运行创建视图语句时，请注意需要在数据对象前加模式名，即

```
CREATE VIEW dmhr.view_employee   AS
SELECT * FROM dmhr.employee
WHERE department_id = 101;
```

同时，需要注意大小写问题，在默认情况下，达梦数据库执行 SQL 语句会将所有小写字符转换为大写字符，除非使用双引号（“”）将对象名括起来。

运行上述创建视图语句，AS 后的查询语句定义了所能查询的数据，但并未获取相应数据，系统只是将所定义的<视图名>和<查询说明>送往数据字典保存。对用户来说，就像在数据库中创建了一张名为 VIEW_EMPLOYEE 的表。

查询该视图数据的 SQL 语句为

```
SELECT * FROM view_employee;
```

依次选中查询窗口中的两条语句，第一条语句为创建视图语句，第二条语句为查询视图数据语句。在执行第一条语句时，下方输出窗体中的消息页面会显示创建成功信息；在执行第二条语句时，下方输出窗体中的结果集页面显示查询视图得到的数据，如图 5-1 所示。当然，如果读者事先对表数据进行了插入、删除或更新操作，得到的结果集可能与如图 5-1 所示的结果集不一致。

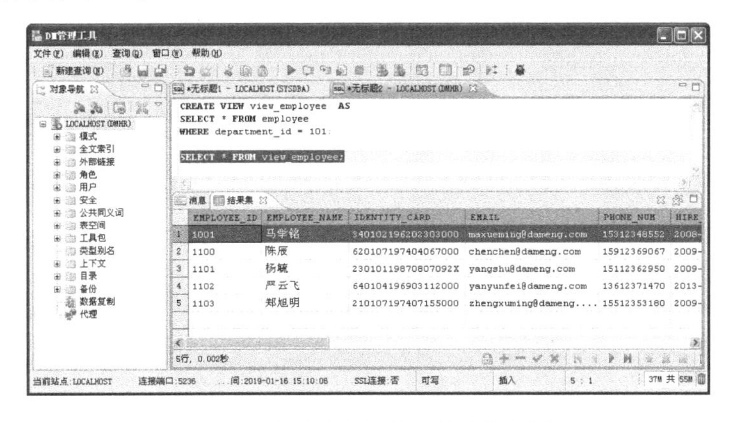

图 5-1　创建和查询基于单表的视图

2）创建基于多表的视图

创建名为 VIEW_EMP_DEP 的视图，基于表 EMPLOYEE 和表 DEPARTMENT，得到“行政部”员工的相关信息，“行政部”对应的 DEPARTMENT_ID 取值为 102。

```
CREATE VIEW view_emp_dep    AS
SELECT a.employee_name, a.identity_card, a.email, b.department_name
FROM employee a, department b
WHERE a.department_id=b.department_id AND a.department_id=102
ORDER BY b.department_name;
```

查询该视图数据的语句如下所述，查询结果如图 5-2 所示。

```
SELECT * FROM view_emp_dep;
```

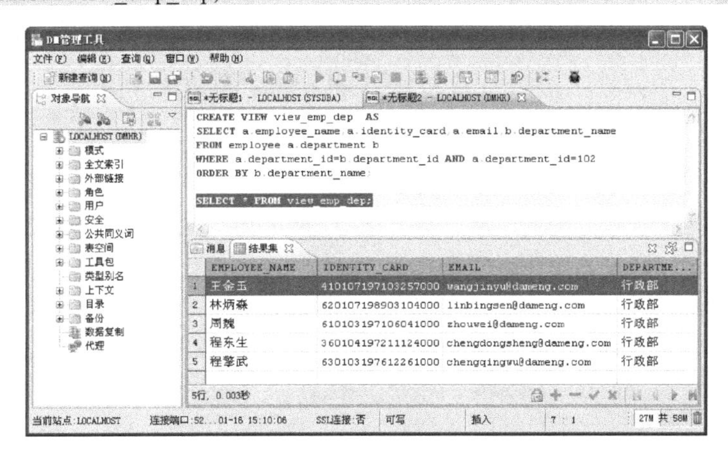

图 5-2　创建和查询基于多表的视图

3）创建用于统计的视图

创建名为 EMPLOYEE_STATIS 的视图，在表 EMPLOYEE 的基础上，统计各个部门的人员数量。

```
CREATE VIEW employee_statis(department_name, employee_count) AS
SELECT b.department_name department_name, COUNT(a.department_id)
FROM employee a, department b
WHERE a.department_id=b.department_id
GROUP BY b.department_name
ORDER BY b.department_name;
```

在该语句中，由于 SELECT 语句后出现了集函数 COUNT(a.department_id)，不属于单纯的字段名，因此视图中的对应列必须重命名，即在<视图名>后明确说明视图的各个字段名。

查询该视图的语句格式如下，查询结果如图 5-3 所示。

```
SELECT * FROM  employee_statis;
```

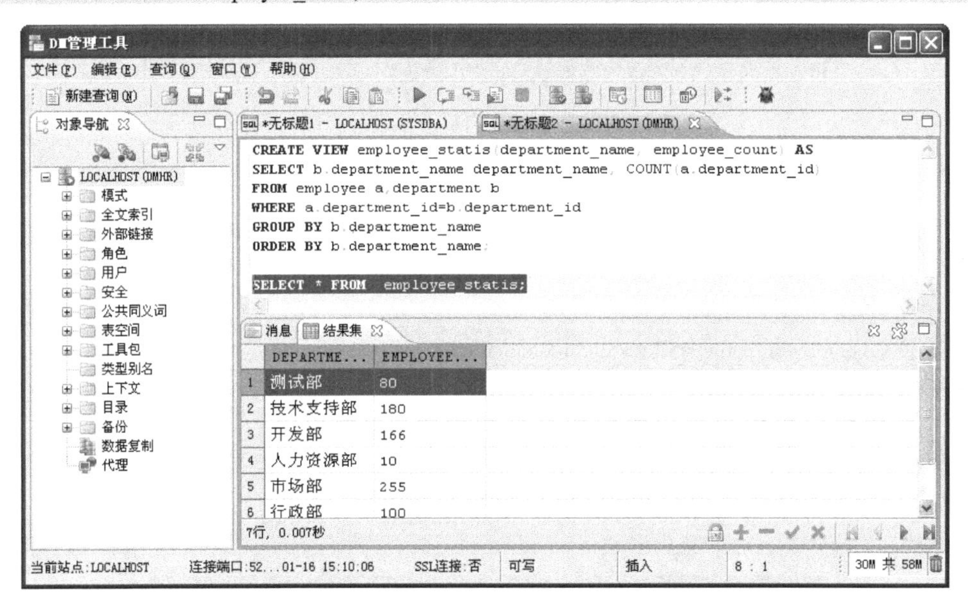

图 5-3　创建和查询用于统计的视图

4）向视图中插入数据

向视图中插入数据与向表中插入数据的 SQL 语句相同。但是，对视图进行 DML 操作时需要注意，如果视图定义包括连接、集合运算符、GROUP BY 子句等，则不可直接对视图进行插入、删除和修改等操作，需要通过 INSTEAD OF 类型触发器来实现。

（1）向 VIEW_EMPLOYEE 视图中插入一条数据。

```
INSERT INTO view_employee  VALUES(5999, '张智', '420104198103017000',
'zhangzhi@dameng.com', '13912369895', '2014-08-06', '52', 9799.00, 0, 11005, 101);
```

（2）查询视图数据。

```
SELECT * FROM view_employee;
```

观察查询结果，可以发现结果中多了一条刚插入的数据。这个例子说明，可以向视图中插入数据。

（3）查询源表数据。

```
SELECT * FROM employee WHERE department_id=101;
```

查询结果如图 5-4 所示。

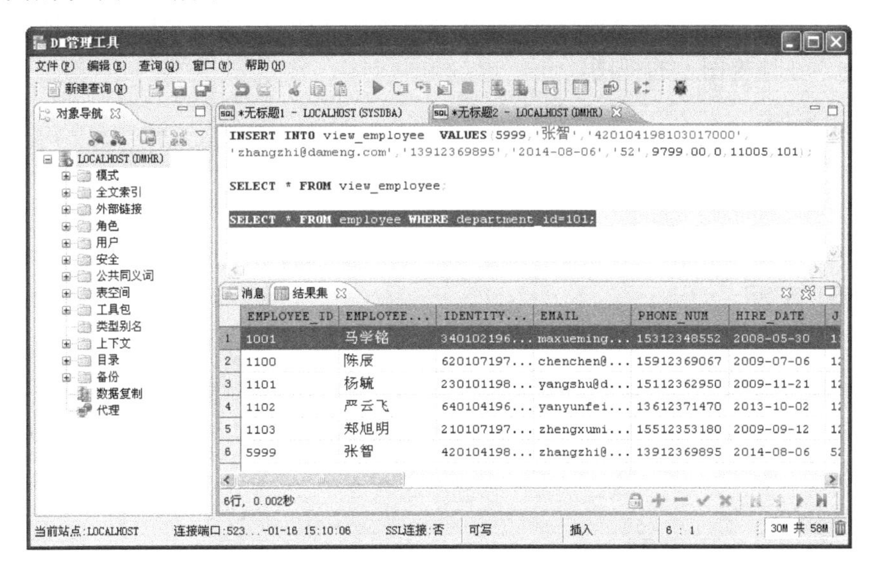

图 5-4　向视图中插入数据后的查询结果

查询结果说明，在向视图中插入数据时，最终插入到视图对应的源表中，反过来印证了视图中并没有真正存放数据。除可以向视图中插入数据外，还可以在视图中更新和删除数据。但是，在基于统计的视图中插入数据时，如果视图查询中包含连接、集合运算符、GROUP BY 子句等结构，则在该视图中不能进行插入、修改和删除操作。

为了防止用户在通过视图更新基表数据时，无意或故意更新了不属于视图范围内的源表数据，达梦数据库在视图定义语句的子查询后提供了可选项 WITH CHECK OPTION，表示在向该视图中插入或修改数据时，要保证插入行或更新行的数据满足视图定义中<查询说明>指定的条件。

5.1.3　删除视图

由于视图中没有真正地存放数据，因此删除视图也不会真正删除数据。一个视图删除后，会影响到基于该视图的其他视图，因此删除视图也不是随意的。

一个视图本质上是基于其他源表或视图上的查询，把这种对象间的关系称为依赖。用户在创建视图成功后，系统还隐式地建立了相应对象间的依赖关系。在一般情况下，当一个视图不再被其他对象依赖时才可以随意删除。

1. 语法格式

删除视图的 SQL 语句如下：

```
DROP VIEW [<模式名>.]<视图名> [RESTRICT | CASCADE];
```

删除视图有两种方式，RESTRICT 方式和 CASCADE 方式，其中，RESTRICT 方式为默认方式。当 dm.ini 中的参数 DROP_CASCADE_VIEW 的值设置为 1 时，如果在该视图上建立了其他视图，必须使用 CASCADE 方式才可以删除所有建立在该视图上的视图，否则删除视图的操作不会成功；当 dm.ini 中的参数 DROP_CASCADE_VIEW 的值设置为 0 时，使用 RESTRICT 方式和 CASCADE 方式都可以成功删除视图，并且只会删除当前视图，不会删除建立在该视图上的视图。

2．应用举例

【例 5-2】 删除 EMPLOYEE_STATIS 视图。

```
DROP VIEW employee_statis;
```

5.2 索引管理

在关系数据库中，索引是对数据库表中一列或多列的值进行排序的一种存储结构。索引类似于图书的目录，可以根据目录中的页码快速找到所需的内容。本节主要介绍达梦数据库中的索引管理。

5.2.1 索引的概念及作用

索引是与数据库表相关的一种结构，它能使对应于表的 SQL 语句执行得更快，因为索引能更快地定位数据。达梦数据库索引能提供访问表数据的更快路径，可以不用重写任何查询而使用索引，其查询结果与不使用索引的查询结果是一样的，但查询速度更快。

达梦数据库提供了几种最常见的索引类型，在不同场景下有不同的功能，分别如下。

（1）聚集索引：每个普通表有且只有一个聚集索引。

（2）唯一索引：索引数据根据索引键唯一。

（3）函数索引：包含函数/表达式预先计算的值。

（4）位图索引：对低基数的列创建位图索引。

（5）位图连接索引：针对两个或多个表连接的位图索引，主要在数据仓库中使用。

（6）全文索引：在表的文本列上建立的索引。

索引需要存储空间。创建或删除一个索引，不会影响基本表、数据库应用或其他索引。一个索引可以对应数据表的一个或多个字段，对每个字段设置索引结果排序方式，默认为按字段值递增排序（ASC），也可以指定为按字段值递减排序（DESC）。

当插入、更改和删除相关表的行时，达梦数据库会自动管理索引。如果删除索引，所有的应用仍然可以继续工作，但访问数据的速度会变慢。

索引可以提高数据的查询效率，但需要注意，索引会降低某些命令的执行效率，如 INSERT、UPDATE、DELETE 等，因为达梦数据库不但要维护基表数据，还要维护索引数据。

5.2.2 创建索引

1. 语法格式

创建索引的 SQL 语法格式如下：

```
CREATE [OR REPLACE] [CLUSTER|NOT PARTIAL][UNIQUE|BITMAP|SPATIAL] INDEX <索引名> ON [<模式名>.]<表名>(<索引列定义>{,<索引列定义>}) [GLOBAL] [<STORAGE 子句>] [NOSORT] [ONLINE];
```

这是创建索引的通用语法格式，可以用于创建普通索引、聚集索引、唯一索引、位图索引等。

ON 关键字表示在哪个表的哪个列上建立索引，列的类型不能是多媒体类型。在列后面指定索引排序方式，包括按字段值递增排序（ASC）、按字段值递减排序（DESC），默认为按字段值递增排序。

STORAGE 关键字设置索引存储的表空间，默认与对应表的表空间相同。

2. 注意事项

（1）位图连接索引名称的长度限制为：真实表名的长度+索引名称的长度+6 < 128。

（2）索引仅支持普通表、LIST 表和 HFS 表。

（3）WHERE 条件只能是列与列之间的等值连接，并且必须含有所有表。

（4）位图连接索引（命名为 BMJ$_索引名）仅支持 SELECT 操作，但不支持 INSERT、DELETE、UPDATE、ALTER、DROP 等操作。

3. 应用举例

【例 5-3】索引创建举例。

1）在单个字段上建立普通索引

为表 EMPLOYEE 的 EMPLOYEE_NAME 字段建立普通索引，索引名称为 S1。

```
CREATE INDEX s1 ON employee(employee_name);
```

2）在多个字段上建立唯一索引

为表 EMPLOYEE 的 EMPLOYEE_NAME 字段和 EMAIL 字段建立唯一索引，索引名称为 S2。

```
CREATE UNIQUE INDEX s2 ON employee(employee_name, email);
```

3）在单个字段上建立函数索引

为表 CITY 的 CITY_ID 字段建立 LOWER( )函数索引，索引名称为 CITY_LOWER。

```
CREATE INDEX city_lower ON city(LOWER(city_id));
```

利用函数索引查询数据。

```
SELECT * FROM city WHERE LOWER(city_id) = 'wh';
```

查询结果如下：

```
行号      CITY_ID  CITY_NAME  REGION_ID
---------- ------- --------- -----------------------------------
1          WH       NULL         4
```

这里的例子说明，在创建函数索引之后，达梦数据库已经将针对表 CITY 的 CITY_ID 字段的 LOWER 函数计算结果都存储了起来。如果在某个查询中包含针对 CITY_ID 字段的 LOWER 函数，达梦数据库在执行查询时不用再进行函数运算，而是直接利用函数索引中存储的计算结果，通过索引可以提高查询的速度。

4）在低基数字段上建立位图索引

为表 EMPLOYEE 的 JOB_ID 字段建立位图索引。

（1）创建位图索引。

```
CREATE BITMAP INDEX dmhr.empjob_idx ON dmhr.employee (job_id);
```

（2）利用位图索引查询数据。

```
SELECT employee_id, employee_name, salary FROM employee WHERE job_id = 21;
```

查询结果如表 5-1 所示。

表 5-1　位图索引查询结果

行　号	EMPLOYEE_ID	EMPLOYEE_NAME	SALARY
1	1002	程擎武	9000.00
2	2002	常鹏程	5000.00
3	3002	强洁芳	10000.00
4	4002	张晓中	6000.00
5	5002	郑成功	6000.00
6	6002	商林玉	5000.00
7	7002	戴慧华	6000.00
8	8002	罗利平	5000.00
9	9002	刘春天	5000.00
10	10002	王岳荪	5000.00
11	11002	蔡玉向	5000.00

低基数字段的字段取值比较少，即与该字段值相同的记录有很多条，该字段值对全表记录的区分度不大，基于该字段的查询效率较低。例如，表 EMPLOYEE 中 JOB_ID（职务编号）字段就是典型的低基数字段，只有 16 个值，相同 JOB_ID 字段有很多条记录。为低基数字段建立普通索引对其查询效率提高效果不明显，建立位图索引则可以大大提高其查询效率。

为 JOB_ID 字段建立位图索引后，达梦数据库会按 JOB_ID 字段值的个数（16 个）建立 16 个向量，以“21”为例，表 EMPLOYEE 中 JOB_ID 字段值为 21 的记录对应为 1，其他值对应为 0，这样就对全表建立了一个向量（0,1,0,0,1,1……）。以此类推，建立其他 15 个向量。当以 JOB_ID=21 作为查询条件时，直接查看“21”对应的向量（0,1,0,0,1,1……），向量元素值为 1 就是被查找的记录，查询效率就会大大提高。

5.2.3　删除索引

索引是数据表的外在部分，删除索引不会删除表中的任何数据，也不会改变表的使用方式，只会影响对表中数据的查询速度。

1. 语法格式

删除索引的 SQL 语法格式如下：

```
DROP INDEX [<模式名>.]<索引名>;
```

删除索引的用户应拥有 DBA 权限，或者是该索引所属基表的拥有者。

2. 应用举例

【**例 5-4**】删除 DMHR 模式下的 S1 索引。SQL 语句如下：

```
DROP INDEX s1;
```

5.3　序列管理

序列是用来产生唯一整数的数据库对象，可用于生成表的主关键字值。本节主要介绍达梦数据库中的序列管理。

5.3.1　序列的概念及作用

通过使用序列，多个用户可以产生和使用一组不重复的有序整数，如可以用序列自动地生成主关键字值。序列通过提供唯一数值的顺序表来简化程序设计工作。当一个序列第一次被查询调用时，将返回一个预定值，该预定值就是在创建序列时所指定的初始值。在默认情况下，对于递增排序序列，序列的默认初始值为序列的最小值，对于递减排序序列，序列的默认初始值为序列的最大值。可以指定序列能生成的最大值，在默认情况下，递减排序序列的最大值默认为−1，递增排序序列的最大值默认为 $2^{31}-1$；也可以指定序列能生成的最小值，在默认情况下，递增排序序列的最小值默认为 1，递减排序序列的最小值默认为-2^{31}。序列的最大值和最小值可以指定为 LONGINT（4 字节）所能表示的最大有符号整数和最小有符号整数。在随后的每次查询中，序列将产生一个按其指定的增量增长的值。增量可以是任意的正整数或负整数，但不能为 0。如果增量为负，则序列是递减的；如果增量为正，则序列是递增的。在默认情况下，增量默认为 1。

一旦序列生成，用户就可以在 SQL 语句中用以下伪列来存取序列的值。

（1）CURRVAL，返回当前序列的值。

（2）NEXTVAL，如果为递增排序序列，序列值增大并返回增大后的值；如果序列为递减排序序列，序列值减小并返回减小后的值。

序列可以是循环的，当序列的值达到最大值/最小值时，序列将重新从最小值/最大值计数。使用一个序列时，不能保证将生成一串连续递增的值。例如，如果查询一个序列的下一个值供 INSERT 语句使用，则该查询是能使用这个序列值的唯一会话。如果未能提交事务处理，则序列值就不能被插入表中，以后的 INSERT 语句将继续使用该序列随后的值。

序列在对编号的使用方面具有很大用处，如果想对表建立一个字段专门用来表示编号，如订单号，就可以使用序列。该序列依次递增生成，用户不需要进行特殊管理，这给用户带来了很大方便。如果需要间隔的编号，用户在创建序列时指定 INCREMENT 就可以生成需要的编号。

5.3.2 创建序列

下面用 SQL 语句和管理工具两种方式来创建序列。

1. 语法格式

创建序列的 SQL 语法格式如下：

```
CREATE SEQUENCE [ <模式名>.] <序列名> [ <序列选项列表>];
```

在<序列选项列表>中可以指定一种或多种序列选项，常见的序列选项及其说明如表 5-2 所示。

表 5-2 常见的序列选项及其说明

选　项	说　明
INCREMENT BY <增量>	指定序列数之间的间隔，这个增量可以是任意的正整数或负整数，但不能为 0。如果该增量为负，序列是递减的；如果该增量为正，序列是递增的。如果忽略 INCREMENT BY 子句，则序列数之间的间隔值默认为 1
START WITH <初值>	指定被生成的第一个序列数，可以用这个选项来从比最小值大的一个值开始生成递增序列，或者从比最大值小的一个值开始生成递减序列。对于递增序列，默认值为序列的最小值；对于递减序列，默认值为序列的最大值
MAXVALUE <最大值>	指定序列能生成的最大值，如果忽略 MAXVALUE 子句，则递减序列的最大值默认为-1，递增序列的最大值默认为 9223372036854775806（0x7FFFFFFFFFFFFFFE）。非循环递增序列在达到最大值之后，将不能继续生成序列数
MINVALUE <最小值>	指定序列能生成的最小值，如果忽略 MINVALUE 子句，则递增序列的最小值默认为 1，递减序列的最小值默认为-9223372036854775808（0x8000000000000000）。非循环递减序列在达到最小值之后，将不能继续生成序列数
CYCLE/NOCYCLE	CYCLE：指定序列为循环序列，当序列的值达到最大值/最小值时，序列将从最小值/最大值计数； NOCYCLE：指定序列为非循环序列，当序列的值达到最大值/最小值时，序列将不再产生新值
CACHE/NOCACHE	CACHE：表示序列的值是预先分配的，并保持在内存中，以便更快地访问；<缓存值>指定预先分配值的个数，最小值为 2，最大值为 50000，并且缓存值不能大于（<最大值> − <最小值>）/<增量>。 NOCACHE：表示序列的值不是预先分配的
ORDER/NOORDER	ORDER：表示保证按请求顺序生成序列号； NOORDER：表示不保证按请求顺序生成序列号

2．应用举例

【例 5-5】DMHR 模式下的表 LOCATION 已经存在 11 条记录，LOCATION_ID 的值分别为 1～11，要增加新记录就需要用序列值来填充 LOCATION_ID 的值。

（1）创建序列 SEQ_LOCID，初始值为 12，每次增加 1。

```
CREATE SEQUENCE seq_locid START WITH 12 INCREMENT BY 1 ORDER;
```

（2）运用序列 SEQ_LOCID，在表 LOCATION 中增加两条记录。

```
INSERT INTO dmhr.location(location_id, street_address, postal_code, city_id)
VALUES(dmhr.seq_locid.NEXTVAL, '江岸区香港路8号', '430010', 'WH');
INSERT INTO dmhr.location(location_id, street_address, postal_code, city_id)
VALUES(dmhr.seq_locid.NEXTVAL, '雁塔区太白南路2号', '710071', 'XA');
COMMIT;
```

（3）查询表 LOCATION 中的数据，检验序列的使用效果。

```
SELECT * FROM dmhr.location;
```

查询结果如表 5-3 所示。

表 5-3　表 LOCATION 的查询结果

行　号	LOCATION_ID	STREET_ADDRESS	POSTAL_CODE	CITY_ID
1	1	海淀区北三环西路 48 号	100086	BJ
2	2	桥西区槐安东路 28 号	050000	SJ
3	3	浦东区张江高科技园博霞路 50 号	201203	SH
4	4	江宁开发区迎翠路 7 号	210000	NJ
5	5	天河区体育东路 122 号	510000	GZ
6	6	龙华区玉沙路 16 号	570100	HK
7	7	东湖开发区关山一路特 1 号	430074	WH
8	8	天心区天心路 4 号	410000	CS
9	9	沈河区沈阳路 171 号	110000	SY
10	10	雁塔区雁塔南路 10 号	710000	XA
11	11	金牛区人民北路 1 号	610000	CD
12	12	江岸区香港路 8 号	430010	WH
13	13	雁塔区太白南路 2 号	710071	XA

第 12 条记录的 LOCATION_ID 值为 12，表明使用了 SEQ_LOCID 序列的初始值；第 13 条记录的 LOCATION_ID 值为 13，表明 SEQ_LOCID 序列的值每次增加 1。

5.3.3　删除序列

序列与其他数据库对象没有直接关系和依赖关系，删除序列对其他数据库对象没有影响。如果一个序列生成器当前值为 150，用户想要从值 27 开始重新启动此序列生成器，可以先删除此序列生成器，然后重新以相同的名字创建序列生成器，START WITH 选项的值为 27。

1．语法格式

删除序列的 SQL 语法格式如下：

```
DROP SEQUENCE [<模式名>.]<序列名>;
```

2．应用举例

【例 5-6】更改序列生成器的值。在 DMHR 模式下序列 SEQ_LOCID 当前值为 50，希望从 15 开始重新启用此序列生成器。

（1）删除序列。

```
DROP SEQUENCE dmhr.seq_locid;
```

（2）创建同名序列。

```
CREATE SEQUENCE dmhr.seq_locid START WITH 15 INCREMENT BY 1 ORDER;
```

5.4 同义词管理

同义词（SYNONYM）使用户可以为数据库的一个模式下的对象提供别名。同义词通过掩盖一个对象真实的名字和拥有者，并且对远程分布式的数据库对象给予位置透明特性来保证一定的安全性。同时，使用同义词可以简化复杂的 SQL 语句。同义词可以替换模式下的表、视图、序列、函数、存储过程等对象。

同义词相当于模式对象的别名，起着连接数据库模式对象和应用程序的作用。假如模式对象需要更换或修改，则不用修改应用程序，直接修改同义词就可以了。

同义词是用来实现下列用途的数据库对象。

（1）可以为本地或远程服务器上的其他数据库对象（也称为基础对象）提供备用名称。

（2）提供抽象层以免客户端应用程序更改数据库对象的名称或位置。

同义词的好处在于用户可能需要某些对象在不同的场合采用不同的名字，使其适合不同人群的应用环境。例如，创建表 PRODUCT，如果客户不认识这个英文单词，则可以增加同义词，命名为“产品”，这样客户就有了较直观的概念，看表一目了然。

5.4.1 创建同义词

1．语法格式

创建同义词的 SQL 语法格式如下：

```
CREATE [OR REPLACE] [PUBLIC] SYNONYM [<模式名>.]<同义词名> FOR [<模式名>.]<对象名>
```

FOR 关键字之后的模式名、对象名就是与同义词等同的对象。

2．使用说明

（1）全局同义词在创建时不能指定同义词的模式名限定词，它能够被所有用户使用，在使用时不需要加任何模式名限定词。非全局同义词在被其他用户引用时需要在前面加上模式名；公有同义词和私有同义词，可以有相同的名字。

（2）在创建同义词时并不会检查它所指代的同义词对象是否存在，用户在使用该同义词时，如果不存在指代对象或不拥有该指代对象的权限，则会报错。

（3）用户使用 SQL 语句对某个对象进行操作，解析一个对象的顺序是，首先查看模式内是否存在该对象，然后查看模式内的同义词（非全局同义词），最后查看模式内的全局同义词。

例如，用户 OE 和用户 SH 在他们的模式下都有一个表 CUSTOMER，SYSDBA 为用户 OE 模式下的表 CUSTOMER 创建了一个全局同义词 CUSTOMER_SYN，SYSDBA 为用户 SH 模式下的表 CUSTOMER 创建了一个私有同义词 CUSTOMER_SYN。如果用户 SH 查询 SELECT COUNT(*) FROM customer_syn，则此时返回结果为 SH.CUSTOMER 下的行数；而如果用户 OE 需要访问其模式下的表 CUSTOMER，则必须在前面加模式名（此时全局同义词 CUSTOMER_SYN 失效），语句如下。

```
SELECT COUNT(*) FROM OE.customer_syn;
```

3. 应用举例

【例 5-7】用户 B 对 A 模式下的表 T1 创建同义词。

在 A 模式下创建表 T1。

```
CREATE TABLE  " T1 "  ( " ID "  INTEGER,  " NAME "  VARCHAR(50), PRIMARY KEY( " ID " ));
INSERT INTO  " A " . " T1 "  ( " ID " ,  " NAME " ) VALUES (1, '张三');
INSERT INTO  " A " . " T1 "  ( " ID " ,  " NAME " ) VALUES (2, '李四');
```

对 A 模式下的表 T1 创建同义词 S1。

```
SQL>CREATE SYNONYM s1 FOR A.t1;
```

如果用户 B 想查询表 T1 的行数，可以通过如下语句来获得结果。

```
SELECT COUNT(*) FROM A.s1;
```

5.4.2　删除同义词

同义词只是数据库对象的一个别名，删除同义词不会删除原数据库对象。删除公有同义词，需要指定 PUBLIC；而删除私有同义词，则不能指定，否则报错。删除当前模式下的同义词，可以不指定模式名；而删除其他模式下的同义词，需要指定相应的模式名，否则报错。

1. 语法格式

删除同义词的 SQL 语法格式如下：

```
DROP [PUBLIC] SYNONYM <同义词名>
```

2. 应用举例

【例 5-8】删除公有同义词 S1。

```
DROP PUBLIC SYNONYM s1;
```

6

第6章 达梦数据库安全管理

数据库安全的核心和关键是数据安全。数据安全是指以保护措施确保数据的完整性、保密性、可用性、可控性和可审查性。由于数据库存储着大量的重要信息和机密数据，而且在数据库系统中大量数据集中存放，供多用户共享，因此必须加强对数据库访问的控制和数据安全防护。

数据库安全管理是指采取各种安全措施对数据库及其相关文件和数据进行保护。数据库系统的重要指标之一是确保系统安全，采用各种防范措施防止非授权使用数据库，这主要通过数据库管理系统来实现。数据库系统中一般采用用户标识与鉴别、存取控制及密码存储等技术进行安全控制。

达梦数据库安全管理是指为保护存储在达梦数据库中各类敏感数据的机密性、完整性和可用性提供必要的技术手段，防止这些数据被非授权泄露、修改和破坏，并保证被授权用户能按其授权范围访问所需要的数据。

达梦数据库作为安全数据库，提供了包括用户标识与鉴别、自主访问控制、强制访问控制、通信加密、存储加密、数据库审计等丰富的安全功能，并且各安全功能都可以进行配置，满足各种类型用户在安全管理方面不同层次的需求。达梦数据库安全管理体系各模块提供的安全功能如表6-1所示，结构如图6-1所示。

表6-1 达梦数据库安全管理体系各模块提供的安全功能说明

安全管理模块	安全功能说明
用户标识与鉴别	可以通过登录账户区别各用户，并通过口令方式防止用户被冒充
自主访问控制	通过权限管理，使用户只能访问自己权限内的数据对象
强制访问控制	通过安全标记，使用户只能访问与自己安全级别相符的数据对象
数据库审计	审计人员可以查看所有用户的操作记录，为明确事故责任提供证据支持
通信加密、存储加密	用户可以自主地将数据以密文形式存储在数据库中，也可以对在网络上传输的数据进行加密

（续表）

安全管理模块	安全功能说明
加密引擎	用户可以用自定义的加密算法来加密自己的核心数据
资源限制	可以对网络资源和磁盘资源进行配额设置，防止恶意地资源抢占
客体重用	实现了内存与磁盘空间的释放清理，防止信息数据泄露

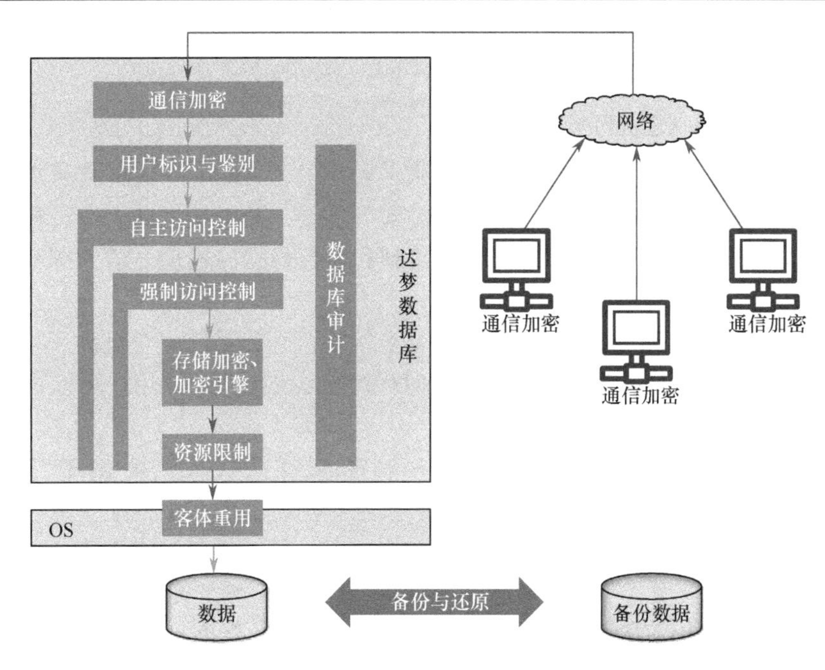

图 6-1　达梦数据库安全管理体系结构

6.1　用户管理

达梦数据库用户管理是其安全管理的核心和基础。用户是达梦数据库的基本访问控制机制，当用户连接到达梦数据库时，需要进行用户标识与鉴别。在默认情况下，连接数据库必须提供用户名和口令，只有合法、正确的用户才能登录到数据库，并且该用户在数据库中的数据访问活动也应有一定的权限和范围。

用户包括数据库的管理者和使用者，达梦数据库通过设置用户及其安全参数来控制用户对数据库的访问和操作。

6.1.1　达梦数据库初始用户

数据库管理系统在创建数据库时会自动创建一些用户，如 DBA、SSO、AUDITOR 等，这些用户用于数据库的管理。

1．数据库管理员（DBA）

每个数据库至少需要一个 DBA 来管理，DBA 可能是一个团队，也可能是一个人。在不同的数据库系统中，数据库管理员的职责可能会有比较大的区别，总体而言，数据库管理员的职责主要包括：

（1）评估数据库服务器所需的软硬件运行环境；

（2）安装和升级 DM 服务器；

（3）数据库结构设计；

（4）监控和优化数据库的性能；

（5）计划和实施备份与故障恢复。

2. 数据库安全员（SSO）

部分应用对数据库的安全性有很高的要求，传统的由 DBA 一人拥有所有权限，并且承担所有职责的安全机制可能无法满足企业的实际需要，此时数据库安全员和数据库审计员两类管理用户就显得异常重要，他们对于限制和监控数据库管理员的所有行为起着至关重要的作用。

数据库安全员的主要职责是制定并应用安全策略，强化系统安全机制。其中，数据库安全员用户 SYSSSO 在达梦数据库初始化的时候就已经创建了，该用户可以再创建新的数据库安全员。

用户 SYSSSO 或新的数据库安全员均可以制定自己的应用安全策略，在应用安全策略中定义安全级别、范围和组，然后基于定义的安全级别、范围和组创建安全标记，并将安全标记分别应用于主体（用户）和客体（各种数据库对象，如表、索引等），以便启用强制访问控制功能。

数据库安全员不能对用户数据进行增加、删除、修改、查询，也不能执行普通的 DDL 操作，如创建表、创建视图等。他们只负责制定安全机制，将合适的安全标记应用于主体和客体，通过这种方式可以有效地对 DBA 的权限进行限制，DBA 此后就不能直接访问添加安全标记的数据了，除非数据库安全员给 DBA 也设定了与之匹配的安全标记，DBA 的权限受到了有效约束。数据库安全员也可以创建和删除新的数据库安全员，并向这些数据库安全员授予和回收安全相关的权限。

3. 数据库审计员（AUDITOR）

在达梦数据库中，数据库审计员的主要职责就是创建和删除数据库审计员、设置/取消对数据库对象和操作的审计设置、查看和分析审计记录等。为了能够及时找到 DBA 或其他用户的非法操作，在达梦数据库系统建设初期，就由数据库审计员（SYSAUDITOR 或其他由 SYSAUDITOR 创建的数据库审计员）来设置审计策略（包括审计对象和操作），在需要时数据库审计员也可以查看审计记录，及时分析并查找出“幕后真凶”。

4. 数据库对象操作员（DBO）

数据库对象操作员是“四权分立”新增加的一类用户，可以创建数据库对象，对自己拥有的数据库对象（如表、视图、存储过程、序列、包、外部链接等）有所有的权限，并且可以授予和回收数据库对象权限，但无法管理与维护数据库对象权限。

6.1.2　创建用户

数据库系统在运行过程中，需要根据实际需求创建用户，然后为用户指定适当的权限。创建用户的操作一般只能由系统预设用户 SYSDBA、SYSSSO 和 SYSAUDITOR 完成，如果普通用户需要创建用户，必须具有 CREATE USER 的数据库权限。

1．创建用户命令

创建用户的命令是 CREATE USER，创建用户涉及的内容包括为用户指定用户名、认证模式、口令、口令策略、空间限制、只读属性及资源限制。其中，用户名是代表用户账号的标识符，长度为 1～128 个字符；用户名可以用双引号括起来，也可以不用，但如果用户名以数字开头，则必须用双引号括起来。

在达梦数据库中使用 CREATE USER 语句创建用户，具体的 SQL 语法格式如下：

```
CREATE USER <用户名>IDENTIFIED<身份验证模式> [PASSWORD_POLICY <口令策略>][<锁定子句>][<存储加密密钥>][<空间限制子句>][<只读标识>][<资源限制子句>][<允许IP子句>][<禁止IP子句>][<允许时间子句>][<禁止时间子句>][< TABLESPACE子句>];
<身份验证模式> ::= <数据库身份验证模式>|<外部身份验证模式>
<数据库身份验证模式> ::= BY <口令>
<外部身份验证模式> ::= EXTERNALLY | EXTERNALLY AS <用户DN>
<口令策略> ::=口令策略项的任意组合
<锁定子句> ::= ACCOUNT LOCK | ACCOUNT UNLOCK
<存储加密密钥> ::= ENCRYPT BY <口令>
<空间限制子句> ::= DISKSPACE LIMIT <空间大小>| DISKSPACE UNLIMITED
<只读标识> ::= READ ONLY | NOT READ ONLY
<资源限制子句> ::= LIMIT <资源设置项>{,<资源设置项>}
<资源设置项> ::= SESSION_PER_USER <参数设置>|CONNECT_IDLE_TIME <参数设置>|
CONNECT_TIME <参数设置>|CPU_PER_CALL <参数设置>|CPU_PER_SESSION <参数设置>|
MEM_SPACE <参数设置>|READ_PER_CALL <参数设置>|READ_PER_SESSION <参数设置>|
FAILED_LOGIN_ATTEMPS <参数设置>|PASSWORD_LIFE_TIME <参数设置>|
PASSWORD_REUSE_TIME <参数设置>|<参数设置> ::=<参数值>| UNLIMITED
<允许IP子句> ::= ALLOW_IP <IP项>{,<IP项>}
<禁止IP子句> ::= NOT_ALLOW_IP <IP项>{,<IP项>}
<IP项> ::= <具体IP>|<网段>
<允许时间子句> ::= ALLOW_DATETIME <时间项>{,<时间项>}
<禁止时间子句> ::= NOT_ALLOW_DATETIME <时间项>{,<时间项>}
<时间项> ::= <具体时间段> | <规则时间段>
<具体时间段> ::= <具体日期><具体时间> TO <具体日期><具体时间>
<规则时间段> ::= <规则时间标识><具体时间> TO <规则时间标识><具体时间>
<规则时间标识> ::= MON | TUE | WED | THURS | FRI | SAT | SUN
<TABLESPACE子句> ::=DEFAULT TABLESPACE <表空间名>
```

例如，创建用户名为 BOOKSHOP_USER、口令为 BOOKSHOP_PASSWORD、会话超时 3 分钟的用户。

```
CREATE USER BOOKSHOP_USER IDENTIFIED BY BOOKSHOP_PASSWORD LIMIT
```

```
CONNECT_TIME 3;
```

2. 用户口令策略

用户口令最长为48字节，创建用户语句中的PASSWORD POLICY子句用来指定该用户的口令策略，系统支持的口令策略如下。

0：无策略；

1：禁止与用户名相同；

2：口令长度不小于9字节；

4：至少包含一个大写字母（A～Z）；

8：至少包含一个数字（0～9）；

16：至少包含一个标点符号（在英文输入法状态下，除空格外的所有符号）。

口令策略可以单独应用，也可以组合应用。口令策略在组合应用时，如果需要应用策略2和策略4，则设置口令策略为2+4=6即可。

除了在创建用户语句中指定该用户的口令策略，达梦数据库配置文件dm.ini中的参数PWD_ POLICY也可以指定系统的默认口令策略，其参数值的设置规则与PASSWORD POLICY子句一致，默认值为2。若在创建用户时没有使用PASSWORD POLICY子句指定用户的口令策略，则使用系统默认的口令策略。

系统管理员可以通过查询V$PARAMETER动态视图来查询PWD_POLICY的当前值。

```
SELECT * FROM V$PARAMETER WHERE NAME='PWD_POLICY';
```

系统管理员也可以通过使用客户端工具console，或调用系统过程SP_SET_PARA_VALUE重新设置PWD_POLICY的值。

3. 用户身份验证模式

达梦数据库提供数据库身份验证模式和外部身份验证模式来保护对数据库访问的安全。数据库身份验证模式需要利用数据库口令，即在创建或修改用户时指定用户口令，用户在登录时输入对应用户口令进行身份验证；外部身份验证模式支持基于操作系统（OS）的身份验证、LDAP身份验证和KERBEROS身份验证。

1）基于操作系统的身份验证

若要利用基于操作系统的身份验证，则在创建用户或修改用户时，要利用IDENTIFIED EXTERNALLY关键字。

基于操作系统的身份验证分为本机验证和远程验证。本机验证在任何情况下都可以使用。远程验证则需要将达梦数据库配置文件dm.ini中的ENABLE_REMOTE_OSAUTH参数设置为1（默认值为0），表示支持远程验证；同时要将配置文件dm.ini中的ENABLE_ENCRYPT参数设置为1（默认值为1），表示采用SSL安全连接。这两个参数均为静态参数，数据库管理员可以使用系统过程SP_SET_PARA_VALUE进行修改，但修改后需要重新启动DM服务器才能生效。

用户在登录时将用户名写为“//username”形式，表示基于操作系统的身份验证模式登录，不需要输入口令。

2）LDAP 身份验证

达梦数据库提供对 LDAP 的支持，主要利用 LDAP 服务器存储的账户数据信息，验证用户是否是数据库的合法用户。假设企业已经部署了 LDAP 服务器和 CA 服务器（或者购买了证书认证）。

要使用 LDAP 身份验证，首先要在达梦数据库配置文件 dm.ini 中添加参数 LDAP_HOST。此参数为 LDAP 数据源所在机器的主库名，假如主库名为 ldapserver.dameng.org，则 LDAP_HOST = ldapserver.dameng.org。

LDAP 身份验证创建用户的语法如下：

```
CREATE USER <用户名>IDENTIFIED EXTERNALLY AS <用户DN> ……;
```

“……”表示 6.1.2 节中创建用户语法从“<锁定子句>”开始往后的语法部分。

语法中的“用户 DN”指 LDAP 数据源中的用户 DN，可以唯一地标识每个用户。

例如，如果域名为 dameng.org，若以 Administrator 用户登录，按 DN 规范书写，则 certificate_dn 为“cn=Administrator, cn=users, dc=dameng, dc=org”。创建用户的语法在 Windows 操作系统和 Linux 操作系统下可以分别写为如下格式。

在 Windows 操作系统下：

```
CREATE USER user01 IDENTIFIED EXTERNALLY AS 'cn=Administrator, cn=users, dc=dameng,
dc=org';
```

在 Linux 操作系统下：

```
CREATE USER user01 IDENTIFIED EXTERNALLY AS 'cn=root, dc=dameng, dc=org';
```

当用户使用达梦数据库客户端或接口登录达梦数据库时，将用户名写为“/username”形式，表示以 LDAP 验证方式登录，登录密码为 LDAP 数据源中创建用户时使用的密码。

3）KERBEROS 身份验证

KERBEROS 是为 TCP/IP 网络系统设计的、可信的第三方认证协议，达梦数据库支持 KERBEROS 身份验证。假设用户已经正确配置了 KERBEROS 使用环境。

KERBEROS 身份验证创建用户的语法如下：

```
CREATE USER <用户名>IDENTIFIED EXTERNALLY ……;
```

“……”表示 6.1.2 节中创建用户语法从“<锁定子句>”开始往后的语法部分。

当用户使用达梦数据库客户端或接口登录达梦数据库时，将用户名写为“///username”形式，表示以 KERBEROS 验证方式进行登录，不需要输入密码。

6.1.3　修改用户

在实际应用中，在某些场景下需要修改达梦数据库中用户的信息，如修改或重置用户口令、用户权限变更等。修改用户口令的操作一般由用户自己完成，SYSDBA、SYSSSO、SYSAUDITOR 用户可以无条件地修改同种类型用户的口令；普通用户只能修改自己的口令，如果需要修改其他用户的口令，必须具有 ALTER USER 数据库权限。在修改用户口令时，口令策略应符合创建该用户时指定的口令策略。

使用 ALTER USER 语句可以修改用户口令、空间限制、只读属性及资源限制等，但系统固定用户的系统角色和资源限制不能被修改。

ALTER USER 的语法与创建用户的语法极为相似，具体语法格式如下：

```
ALTER USER <用户名> [IDENTIFIED <身份验证模式>][PASSWORD_POLICY <口令策略>][<锁定子句>][<存储加密密钥>][<空间限制子句>][<只读标识>][<资源限制子句>][<允许IP子句>][<禁止IP子句>][<允许时间子句>][<禁止时间子句>][<TABLESPACE子句>][<SCHEMA子句>];
```

每个子句的具体语法和创建用户的语法一致。

例如，下面的语法可以修改用户 BOOKSHOP_USER 的空间限制为 20MB。

```
ALTER USER bookshop_user DISKSPACE LIMIT 20;
```

无论达梦数据库的 INI 参数 DDL_AUTO_COMMIT 被设置为自动提交，还是非自动提交，ALTER USER 操作都会被自动提交。

6.1.4 删除用户

当某个用户不再需要访问数据库系统时，应将这个用户及时地从数据库系统中删除，否则可能会有安全隐患。

删除用户的操作一般由 SYSDBA、SYSSSO、SYSAUDITOR 用户完成，他们可以删除同种类型的其他用户。普通用户要删除其他用户，需要具有 DROP USER 权限。

使用 DROP USER 语句删除语句，语法格式为

```
DROP USER <用户名> [RESTRICT | CASCADE];
```

如果某用户在达梦数据库中创建了数据对象，则在删除该用户时，需要使用 CASCADE 选项，否则会返回错误信息。用户在被删除后，该用户本身的信息及其所拥有的数据库对象的信息，都将从数据字典中被删除。

如果在删除用户时使用了 CASCADE 选项，除数据库中该用户及其创建的所有对象被删除外，若其他用户创建的对象引用了该用户的对象，达梦数据库还将自动删除相应的引用完整性约束及依赖关系。

例如，假设用户 BOOKSHOP_USER 建立了自己的表或其他数据库对象，则执行下面的语句：

```
DROP USER bookshop_user;
```

该语句执行后将提示错误信息“试图删除被依赖对象[BOOKSHOP_USER]”，因而需要加上 CASCADE 选项，将 BOOKSHOP_USER 所建立的数据库对象一并删除，即

```
DROP USER bookshop_user CASCADE;
```

另外，正在登录使用中的用户也可以被其他具有 DROP USER 权限的用户删除，被删除的用户继续操作或尝试重新连接数据库时会报错。

6.2 权限管理

数据库安全最重要的一点就是确保只授权给有资格的用户访问数据库的权限，同时令所有未被授权的人员无法接近数据。例如，创建用户需要具有 CREATE USER 权限，修改用户需要具有 ALTER USER 权限，删除用户需要具有 DROP USER 权限。用户或角色权限

的授予和删除都是通过权限管理来实现的。

6.2.1　权限概述

用户权限有两类：数据库权限和对象权限。数据库权限主要是指对数据库对象的创建、删除、修改的权限，以及对数据库的备份等权限。对象权限主要是指对数据库对象中数据的访问权限。数据库权限一般由 SYSDBA、SYSAUDITOR、SYSSSO 用户指定，也可以由具有特权的其他用户授予。对象权限一般由数据库对象的所有者授予用户，也可以由 SYSDBA 用户指定，或者由具有该对象权限的其他用户授予。

6.2.2　数据库权限管理

数据库权限是与数据库安全相关的非常重要的权限，其权限范围比对象权限更加广泛，因而一般被授予数据库管理员或一些具有管理功能的角色。数据库权限与达梦数据库预定义角色有重要的联系，一些数据库权限由于权力较大，只集中在几个达梦数据库系统预定义角色中，并且不能转授权。达梦数据库提供了 100 余种数据库权限，如表 6-2 所示为常用的几种数据库权限。

表 6-2　达梦数据库常用的几种数据库权限

数据库权限	说　明
CREATE TABLE	在自己的模式中创建表的权限
CREATE VIEW	在自己的模式中创建视图的权限
CREATE USER	创建用户的权限
CREATE TRIGGER	在自己的模式中创建触发器的权限
ALTER USER	修改用户的权限
ALTER DATABASE	修改数据库的权限
CREATE PROCEDURE	在自己的模式中创建存储程序的权限

不同类型的数据库对象，其相关的数据库权限也不同。例如，达梦数据库表对象相关的数据库权限如表 6-3 所示。

表 6-3　达梦数据库表对象相关的数据库权限

数据库权限	说　明
CREATE TABLE	创建表的权限
CREATE ANY TABLE	在任意模式下创建表的权限
ALTER ANY TABLE	修改任意表的权限
DROP ANY TABLE	删除任意表的权限
INSERT TABLE	插入表记录的权限
INSERT ANY TABLE	向任意表中插入记录的权限
UPDATE TABLE	更新表记录的权限

（续表）

数据库权限	说　明
UPDATE ANY TABLE	更新任意表记录的权限
DELETE TABLE	删除表记录的权限
DELETE ANY TABLE	删除任意表记录的权限
SELECT TABLE	查询表记录的权限
SELECT ANY TABLE	查询任意表记录的权限
REFERENCES TABLE	引用表的权限
REFERENCES ANY TABLE	引用任意表的权限
DUMP TABLE	导出表的权限
DUMP ANY TABLE	导出任意表的权限
GRANT TABLE	向其他用户进行表上权限授予的权限
GRANT ANY TABLE	向其他用户进行任意表上权限授予的权限

例如，对于存储程序对象，其相关的数据库权限如表 6-4 所示。

表 6-4　达梦数据库存储程序对象相关的数据库权限

数据库权限	说　明
CREATE PROCEDURE	创建存储程序的权限
CREATE ANY PROCEDURE	在任意模式下创建存储程序的权限
DROP PROCEDURE	删除存储程序的权限
DROP ANY PROCEDURE	删除任意存储程序的权限
EXECUTE PROCEDURE	执行存储程序的权限

另外，表、视图、触发器、存储程序等对象都是模式对象，在默认情况下对这些模式对象的操作都是在当前用户自己的模式下进行的。如果要在其他用户的模式下操作这些类型的模式对象，需要具有相应的 ANY 权限。例如，要能够在其他用户的模式下创建表，当前用户必须具有 CREATE ANY TABLE 数据库权限；如果希望能够在其他用户的模式下删除表，则必须具有 DROP ANY TABLE 数据库权限。

数据库权限的管理是指，使用 GRANT 语句进行授权，使用 REVOKE 语句回收已经授予的权限。

1．使用 GRANT 语句授予用户和角色数据库权限

数据库权限的授予语句语法格式为

```
GRANT <特权> TO <用户或角色>{,<用户或角色>} [WITH ADMIN OPTION];
<特权> ::= <数据库权限>{,<数据库权限>};
<用户或角色>::= <用户名> | <角色名>
```

使用说明：

（1）授权者必须具有对应的数据库权限及其转授权。

（2）接受者必须与授权者的用户类型一致。

（3）如果有 WITH ADMIN OPTION 选项，则接受者可以将这些权限转授给其他用户/

角色。例如，系统管理员 SYSDBA 将创建表和创建视图的权限授予用户 BOOKSHOP_USER1，并允许其转授权。

```
GRANT CREATE TABLE, CREATE VIEW TO bookshop_user1 WITH ADMIN OPTION;
```

2. 使用 REVOKE 语句回收已经授予的指定数据库权限

回收数据库权限的语句语法为

```
REVOKE [ADMIN OPTION FOR]<特权> FROM <用户或角色>{,<用户或角色>} ;
<特权> ::= <数据库权限>{,<数据库权限>}
<用户或角色>::= <用户名> | <角色名>
```

使用说明：

（1）权限回收者必须是具有回收相应数据库权限及转授权的用户。

（2）ADMIN OPTION FOR 选项的含义是取消用户或角色的转授权，但是权限不会回收。

例如，系统管理员 SYSDBA 把用户 BOOKSHOP_USER1 的创建表权限回收。

```
REVOKE CREATE TABLE FROM bookshop_user1;
```

例如，系统管理员 SYSDBA 回收用户 BOOKSHOP_USER1 转授权的 CREATE VIEW 权限。

```
REVOKE ADMIN OPTION FOR CREATE VIEW FROM bookshop_user1;
```

BOOKSHOP_USER1 仍有 CREATE VIEW 权限，但是不能将 CREATE VIEW 权限转授权给其他用户。

3. 限制相关数据库权限的管理

通过达梦数据库配置文件 dm.ini 中参数 ENABLE_DDL_ANY_PRIV 限制 DDL 相关的 ANY 数据库权限的授予与回收，有 2 个取值。

1：可以授予和回收 DDL 相关的 ANY 数据库权限。

0：不可以授予和回收 DDL 相关的 ANY 数据库权限，默认值为 0。

例如，当达梦数据库配置文件 dm.ini 中参数 ENABLE_DDL_ANY_PRIV 的值设置为 0 时，禁止授予或回收 CREATE ANY TRIGGER 权限。

```
CONN SYSDBA/SYSDBA
CREATE USER dbsec IDENTIFIED BY 123456789;
GRANT CREATE ANY TRIGGER TO dbsec; --报错
REVOKE CREATE ANY TRIGGER FROM dbsec; --报错
```

6.2.3　对象权限管理

对象权限主要是对数据库对象中数据的访问权限，主要授予需要对某个数据库对象的数据进行操作的数据库普通用户。如表 6-5 所示为达梦数据库常用的数据库对象权限。

SELECT、INSERT、DELETE 和 UPDATE 权限分别是针对数据库对象中数据的查询、插入、删除和修改的权限。对于表和视图来说，删除是整行进行的，而查询、插入和修改可以在一行的某个列上进行，所以在指定权限时，DELETE 权限只需要指定所要访问的表，而 SELECT、INSERT 和 UPDATE 权限还需要进一步指定是对哪个列的权限。

表 6-5　达梦数据库常用的数据库对象权限

数据库对象类型 对象权限	表	视　图	存储程序	包	类	类　型	序　列	目　录	域
SELECT	✓	✓					✓		
INSERT	✓	✓							
DELETE	✓	✓							
UPDATE	✓	✓							
REFERENCES	✓								
DUMP	✓								
EXECUTE			✓	✓	✓	✓		✓	
READ								✓	
WRITE								✓	
USAGE									✓

表对象的 REFERENCES 权限是指可以与一个表建立关联关系的权限，如果具有 REFERENCES 权限，当前用户就可以通过自己表中的外键与该表建立关联。关联关系是通过主键和外键进行的，在授予 REFERENCES 权限时，可以指定表中的列，也可以不指定。

存储程序等对象的 EXECUTE 权限是指可以执行这些对象的权限。有了 EXECUTE 权限，一个用户就可以执行另一个用户的存储程序、包、类等的相关操作。

目录对象的READ权限和WRITE权限是指可以读访问或写访问某个目录对象的权限。

域对象的 USAGE 权限是指可以使用某个域对象的权限。拥有某个域对象的 USAGE 权限的用户可以在定义或修改表时为表列声明使用这个域对象。

当一个用户获得另一个用户的某个对象的访问权限后，可以“模式名.对象名”的形式访问这个数据库对象。一个用户所拥有的对象和可以访问的对象是不同的，这一点在数据字典视图中有所反映。在默认情况下，用户可以直接访问自己模式中的数据库对象，但是要访问其他用户所拥有的对象，就必须具有相应的对象权限。

对象权限的授予一般由对象的所有者完成，也可以由 SYSDBA 用户，或具有某个对象权限且具有转授权的用户授予，但最好由对象的所有者授予。

与数据库权限管理类似，对象权限的授予和回收也是使用 GRANT 语句和 REVOKE 语句实现的。

1．使用 GRANT 语句将数据库对象权限授予用户和角色

对象权限的授予语句语法为

```
GRANT <特权> ON [<对象类型>] <对象> TO <用户或角色>{,<用户或角色>} [WITH GRANT OPTION];
<特权>::= ALL [PRIVILEGES] | <动作> {, <动作>}
<动作>::= SELECT[(<列清单>)] | INSERT[(<列清单>)] | UPDATE[(<列清单>)] | DELETE | REFERENCES[(<列清单>)] | EXECUTE| READ| WRITE| USAGE
```

```
<列清单>::= <列名> {,<列名>}
<对象类型>::= TABLE | VIEW | PROCEDURE | PACKAGE | CLASS | TYPE | SEQUENCE |
DIRECTORY | DOMAIN
<对象> ::= [<模式名>.]<对象名>
<对象名> ::= <表名> | <视图名> | <存储过程/函数名> |<包名> |<类名> |<类型名> |<序列名> |
<目录名> | <域名>
<用户或角色>::= <用户名> | <角色名>
```

使用说明：

（1）授权者必须是具有对应对象权限及其转授权的用户。

（2）若未指定对象的<模式名>，则模式为授权者所在的模式。DIRECTORY 为非模式对象，即没有模式。

（3）若设定了对象类型，则该对象类型必须与对象的实际类型一致，否则会报错。

（4）带 WITH GRANT OPTION 授予权限给用户时，接受权限的用户可转授权此权限。

（5）不带列清单授权时，如果对象上存在同类型的列权限，会全部自动合并。

（6）对于用户所在模式的表，用户具有所有权限而不需要特别指定。

当授权语句中使用了 ALL PRIVILEGES 时，会将指定的数据库对象上所有的权限授予被授权者。

例如，数据库管理员 SYSDBA 把表 PERSON.ADDRESS 的全部权限授予用户 BOOKSHOP_USER1。

```
GRANT SELECT, INSERT, DELETE, UPDATE, REFERENCES ON person.address TO bookshop_user1;
```

表的全部权限可以用 ALL PRIVILEGES 表示，则上述语句可改为

```
GRANT ALL PRIVILEGES ON person.address TO bookshop_user1;
```

假设用户 BOOKSHOP_USER1 创建了存储过程 BOOKSHOP_USER1_PROC1，数据库管理员 SYSDBA 将该存储过程的执行权 EXECUTE 授予已存在用户 BOOKSHOP_ USER2，并使其具有该权限的转授权。

```
GRANT EXECUTE ON PROCEDURE bookshop_user1.bookshop_user1_proc1 TO bookshop_user2
WITH GRANT OPTION;
```

假设数据管理员 SYSDBA 是表 BOOKSHOP_T1 的创建者，用户 BOOKSHOP_USER1、BOOKSHOP_USER2、BOOKSHOP_USER3 存在，并且都不是 DBA 权限用户。

（1）以 SYSDBA 身份登录，并执行语句：

```
GRANT SELECT ON bookshop_t1 TO bookshop_user1 WITH GRANT OPTION;
/*正确*/
```

（2）以 BOOKSHOP_USER1 身份登录，并执行语句：

```
GRANT SELECT ON SYSDBA.bookshop_t1 TO bookshop_user2;
/*正确*/
```

（3）以 BOOKSHOP_USER2 身份登录，并执行语句：

```
GRANT SELECT ON SYSDBA.bookshop_t1 TO bookshop_user3;
/*错误，用户bookshop_user2没有SELECT权限的转授权*/
```

例如，数据库管理员 SYSDBA 创建一个名为 V_PRODUCT 的视图，该视图允许用户

BOOKSHOP_USER1 进行查询、插入、删除和更新操作，用户 BOOKSHOP_USER2 和用户 BOOKSHOP_USER3 也可以进行同样的操作，但要求其操作权限由用户 BOOKSHOP_USER1 控制。

（1）以数据库管理员 SYSDBA 身份登录。

```
CREATE VIEW v_product AS
SELECT * FROM production.product
WHERE nowprice>=20 AND originalprice<40 WITH CHECK OPTION;
GRANT SELECT, INSERT, DELETE, UPDATE ON v_product
TO bookshop_user1 WITH GRANT OPTION;
```

（2）以用户 BOOKSHOP_USER1 身份登录。

```
GRANT SELECT, INSERT, DELETE, UPDATE ON SYSDBA.v_product TO bookshop_user2, bookshop_user3;
```

例如，假定表的创建者 SYSDBA 把所创建的表 PRODUCTION.PRODUCT 的部分列的更新权限授予用户 BOOKSHOP_USER1，BOOKSHOP_USER1 再将此更新权限转授予用户 BOOKSHOP_USER2。

（1）以 SYSDBA 身份登录，并执行如下语句。

```
GRANT UPDATE (originalprice, nowprice) ON production.product TO bookshop_user1 WITH GRANT OPTION;
```

（2）以 BOOKSHOP_USER1 身份登录，并执行如下语句，将列级更新权限授予用户 BOOKSHOP_ USER2。

```
GRANT UPDATE(originalprice, nowprice) ON production.product TO bookshop_user2;
```

2. 使用 REVOKE 语句回收已授予的数据库对象的权限

数据库对象权限的回收语句语法如下。

```
REVOKE [GRANT OPTION FOR] <特权> ON [<对象类型>]<对象> FROM <用户或角色> {,<用户或角色>} [<回收选项>];
<特权>::= ALL [PRIVILEGES] | <动作> {, <动作>}
<动作>::= SELECT | INSERT | UPDATE | DELETE | REFERENCES | EXECUTE | READ | WRITE | USAGE
<对象类型>::= TABLE | VIEW | PROCEDURE | PACKAGE | CLASS | TYPE | SEQUENCE | DIRECTORY | DOMAIN
<对象> ::= [<模式名>.]<对象名>
<对象名> ::= <表名> | <视图名> | <存储过程/函数名> |<包名> |<类名> |<类型名> | <序列名> | <目录名> | <域名>
<用户或角色>::= <用户名> | <角色名>
<回收选项> ::= RESTRICT | CASCADE
```

使用说明：

（1）权限回收者必须是具有回收相应对象权限及转授权的用户。

（2）权限在回收时不能带列清单，若对象上存在同种类型的列权限，则其一并被回收。

（3）使用 GRANT OPTION FOR 选项的目的是回收用户或角色权限的转授权，但不回收用户或角色的权限；另外，GRANT OPTION FOR 选项不能和 RESTRICT 一起使用，否则会报错。

（4）在回收权限时，设定不同的回收选项，意义不同。

若不设定回收选项，则无法回收权限授予时带 WITH GRANT OPTION 的权限，但也不会检查要回收的权限是否存在限制。

若设定为 RESTRICT 选项，则无法回收权限授予时带 WITH GRANT OPTION 的权限，也无法回收存在限制的权限，如角色上的某个权限被别的用户用于创建视图等。

若设定为 CASCADE 选项，则可回收权限授予时带或不带 WITH GRANT OPTION 的权限，若带 WITH GRANT OPTION，则会引起级联回收。在利用此选项时也不会检查权限是否存在限制。另外，利用此选项进行级联回收时，若被回收对象上存在另一条路径授予同样的权限给该对象，则仅需要回收当前权限。

用户 A 给用户 B 授权且允许其转授权，用户 B 将权限转授给用户 C。当用户 A 回收用户 B 的权限时必须加 CASCADE 回收选项。

例如，数据库管理员 SYSDBA 从用户 BOOKSHOP_USER1 处回收其授予的表 BOOKSHOP_T1 的全部权限。

```
REVOKE ALL PRIVILEGES ON bookshop_t1 FROM bookshop_user1 CASCADE;
```

例如，数据库管理员 SYSDBA 从用户 BOOKSHOP_USER2 处回收其授出的存储过程 BOOKSHOP_USER1_PROC1 的 EXECUTE 权限。

```
REVOKE EXECUTE ON PROCEDURE bookshop_user1.bookshop_user1_proc1 FROM bookshop_ user2
CASCADE;
```

例如，假定数据库中存在用户 BOOKSHOP_USER1、用户 BOOKSHOP_USER2、用户 BOOKSHOP_USER3 和用户 BOOKSHOP_USER4，其中，用户 BOOKSHOP_USER1 具有 CREATE TABLE 数据库权限，用户 BOOKSHOP_USER2 具有 CREATE VIEW 数据库权限，并且已成功执行了如下语句。

用户 BOOKSHOP_USER1 登录执行：

```
CREATE TABLE t1(id INT, name VARCHAR(100));
GRANT SELECT ON t1 TO PUBLIC;
GRANT INSERT(id) ON t1 TO bookshop_user2 WITH GRANT OPTION;
```

用户 BOOKSHOP_USER2 登录执行：

```
CREATE VIEW v1 AS SELECT NAME FROM bookshop_user1.t1 WHERE id < 10;
GRANT INSERT(id) ON bookshop_user1.t1 TO bookshop_user3 WITH GRANT OPTION;
```

用户 BOOKSHOP_USER3 登录执行：

```
GRANT INSERT(id) ON bookshop_user1.t1 TO bookshop_user4 WITH GRANT OPTION;
```

用户 BOOKSHOP_USER4 登录执行：

```
GRANT INSERT(id) ON bookshop_user1.t1 TO bookshop_user2 WITH GRANT OPTION;
```

若用户 BOOKSHOP_USER1 执行以下语句，则会导致之前授予的 INSERT 权限被合并。

```
GRANT INSERT ON t1 TO bookshop_user2 WITH GRANT OPTION;
```

若用户 BOOKSHOP_USER1 执行以下语句，则会成功，因为这种方式不检查权限是否存在限制。

```
REVOKE SELECT ON t1 FROM PUBLIC;
```

若用户 BOOKSHOP_USER1 执行以下语句，则会失败，因为这种方式会检查权限是否存在限制，即用户 BOOKSHOP_USER2 利用此权限创建了视图 V1。

```
REVOKE SELECT ON t1 FROM PUBLIC RESTRICT;
```

若用户 BOOKSHOP_USER1 执行以下语句，则会级联回收用户 BOOKSHOP_USER2、用户 BOOKSHOP_USER3、用户 BOOKSHOP_USER4 授予的 INSERT 权限。

```
REVOKE INSERT ON t1 FROM bookshop_user2 CASCADE;
```

若用户 BOOKSHOP_USER1 连续执行了以下两条语句，则后一条语句仅回收其授予用户 BOOKSHOP_USER2 的权限，而不会产生级联回收，因为另一条语句授予了用户 BOOKSHOP_USER3 同样的权限 INSERT。

```
GRANT INSERT ON t1 TO bookshop_user3 WITH GRANT OPTION;
REVOKE INSERT ON t1 FROM bookshop_user2 CASCADE;
```

6.3 角色管理

在达梦数据库中，角色是一组权限的集合，能够简化数据库的权限管理。基于角色的权限管理在主体和权限之间增加了一个中间桥梁——角色。权限被授予角色，而数据库管理员通过指定特定的角色来为用户授权。这大大简化了授权管理，具有强大的可操作性和可管理性。角色可以根据组织中不同的工作创建，然后根据用户的责任和资格分配。用户可以轻松地进行角色转换，而随着新应用和新系统的增加，角色可以分配更多的权限，也可以根据需要撤销相应的权限。

6.3.1 角色概述

使用角色能够极大地简化数据库的权限管理。假设有 10 个用户，这些用户为了访问数据库，至少应拥有 CREATE TABLE、CREATE VIEW 等权限。如果将这些权限分别授予这些用户，那么需要进行的授权次数是比较多的；但是，如果将这些权限先组合成集合，然后作为一个整体授予这些用户，那么每个用户只需要一次授权，授权的次数将大大减少。用户越多，需要指定的权限越多，这种授权方式的优越性就越明显。这些事先组合在一起的一组权限就是角色，角色中的权限既可以是数据库权限，也可以是对象权限，还可以是别的角色。

为了使用角色，需要先在数据库中创建角色，并向角色添加某些权限，然后将角色授予某用户，此时该用户就具有了角色中的所有权限。在使用角色过程中，可以对角色进行管理，包括向角色中添加权限、从角色中删除权限等。在此过程中，授予角色的用户具有的权限也随之改变，如果要回收用户具有的全部权限，只需要将授予的所有角色从用户那里回收即可。

6.3.2　创建角色

达梦数据库在安装时预定义了一些角色，用于满足一般的使用需求，常见的预设角色参考附录 C。当然，用户也可以创建自定义角色。

创建角色一般只能由数据库管理员来创建，其必须具有 CREATE ROLE 的数据库权限。

1. 创建角色命令

和创建用户类似，创建角色的命令是 CREATE ROLE，具体的语法格式如下：

```
CREATE ROLE <角色名>;
```

使用说明：

（1）创建者必须具有 CREATE ROLE 数据库权限；

（2）角色名的长度不能超过 128 个字符；

（3）角色名不允许和系统已存在的用户名重名；

（4）角色名不允许是达梦数据库保留字。

例如，创建角色 BOOKSHOP_ROLE1。

```
CREATE ROLE bookshop_role1;
```

2. 角色权限的授予和回收

角色的权限管理和用户的权限管理一致，授予权限采用 GRANT TO 命令，回收权限采用 REVOKE FROM 命令，权限同样包括数据库权限和数据库对象。

例如，授予角色 BOOKSHOP_ROLE1 对表 PERSON.ADDRESS 的 SELECT 权限和 INSERT 权限。

```
GRANT SELECT INSERT ON person.address TO bookshop_role1;
```

回收角色 BOOKSHOP_ROLE1 对表 PERSON.ADDRESS 的 INSERT 权限。

```
REVOKE INSERT ON person.address FROM bookshop_role1;
```

6.3.3　管理角色

角色创建并授予权限之后，可以将该角色授予用户或其他角色，这样用户或其他角色就继承了该角色所具有的权限。授予角色权限可使用 GRANT 语句，语法如下：

```
GRANT <角色名>{, <角色名>} TO <用户或角色>{,<用户或角色>} [WITH ADMIN OPTION];
<用户名或角色名> ::= <用户名> | <角色名>
```

使用说明：

（1）角色的授予者必须是拥有相应的角色及其转授权的用户。

（2）权限接受者必须与权限授予者类型一致（如不能把审计角色授予标记角色）。

（3）支持角色的转授。

（4）不支持角色的循环转授，若已将角色 BOOKSHOP_ROLE1 授予角色 BOOKSHOP_ROLE2，则角色 BOOKSHOP_ROLE2 不能再授予角色 BOOKSHOP_ROLE1。

例如，若在数据库中存在角色 BOOKSHOP_ROLE1、角色 BOOKSHOP_ROLE2 和用户 BOOKSHOP_USER1。

让用户 BOOKSHOP_USER1 继承角色 BOOKSHOP_ROLE1 的权限，即

```
GRANT bookshop_role1 TO bookshop_user1;
```

让角色 BOOKSHOP_ROLE2 继承角色 BOOKSHOP_ROLE1 的权限，即

```
GRANT bookshop_role1 TO bookshop_role2;
```

6.4 数据库审计

审计机制是达梦数据库管理系统安全管理的重要组成部分之一。达梦数据库管理系统除提供数据安全保护措施外，还提供对日常事件的事后审计监督。达梦数据库管理系统具有一个灵活的审计子系统，可以通过它来记录系统级事件、个别用户的行为，以及对数据库对象的访问。通过考察、跟踪审计信息，数据库审计员可以查看用户的访问形式及曾试图进行的操作，从而采取积极、有效的应对措施。

6.4.1 审计概述

数据库审计是指监视和记录用户对数据库所施加的各种操作。审计功能自动记录用户对数据库的所有操作，并且存入审计日志。利用这些信息可以重现导致数据库出现状况的一系列事件，为分析攻击者提供线索和依据。

数据库审计机制应该至少记录用户标识和认证、客体访问、授权用户进行的影响系统安全的操作，以及其他安全相关事件。对于每个记录的事件，审计记录中需要包括事件时间、用户、事件类型、事件数据和事件的成功/失败情况。对于标识和认证的事件，必须记录事件源的终端 ID 和源地址等；对于访问和删除对象的事件，则需要记录对象的名称。

审计粒度与审计对象的选择，需要考虑数据库系统运行效率与存储空间消耗的问题。为了达到审计目的，通常必须审计到对数据库记录与字段一级的访问。但是，这种小粒度的审计需要消耗大量的存储空间，同时使系统的响应速度降低，影响系统的运行效率。

审计的策略库一般由两个方面的因素构成，即数据库本身可选的审计规则和管理员设计的触发策略机制。这些审计规则或触发策略机制一旦被触发，将引起相关的表操作。这些表可能是数据库自定义的，也可能是数据库管理员另外定义的，最终这些审计操作都将被记录在特定的表中以备查证。一般地，将审计跟踪和数据库日志记录结合起来，会达到更好的安全审计效果。

达梦数据库管理系统中专门为审计设置了开关，要使用审计功能首先要打开审计开关。审计开关由过程 SP_SET_ENABLE_AUDIT(PARAM INT)控制，过程执行完成后会立即生效，PARAM 有 3 种取值。

0：关闭审计开关；

1：打开普通审计开关；

2：打开普通审计开关和实时审计开关。

打开普通审计开关的语法为

```
SP_SET_ENABLE_AUDIT(1)
```

使用说明：

审计开关必须由具有数据库审计员权限的数据库管理员进行设置。

数据库审计员可以通过查询动态视图 V$DM_INI 查询审计状态（ENABLE_AUDIT）的当前值。

```
SELECT * FROM v$dm_ini WHERE PARA_NAME='ENABLE_AUDIT';
```

数据库审计员指定被审计对象的活动称为审计设置，只有具有 AUDIT DATABASE 权限的数据库审计员才能进行审计设置。达梦数据库管理系统提供审计子系统来实现这种设置，被审计的对象可以是某类操作，也可以是某些用户在达梦数据库中的全部行踪。只有预先设置的操作和用户才能被达梦数据库管理系统自动进行审计。

达梦数据库允许在 3 个级别上进行审计设置，如表 6-6 所示。

表 6-6　达梦数据库审计级别

审计级别	说　明
系统级	系统的启动与关闭，系统级的审计无法也无须由用户进行设置，只要审计开关打开就会自动生成对应的审计记录
语句级	导致影响特定类型数据库对象的特殊 SQL 语句或语句组的审计，例如，AUDIT TABLE 将审计 CREATE TABLE、ALTER TABLE 和 DROP TABLE 等语句
对象级	审计作用在特殊对象上的语句，如表 TEST 上的 INSERT 语句

审计设置存放于达梦数据库数据字典表 SYSAUDIT 中，进行一次审计设置就在表 SYSAUDIT 中增加一条对应的记录，取消审计则删除表 SYSAUDIT 中相应的记录。

6.4.2　审计分类

数据库管理系统的审计主要分为语句审计、对象审计和语句序列审计。语句审计是指监视一个或多个特定用户或所有用户提交的 SQL 语句；对象审计是指监视一个模式中一个或多个对象上发生的行为；语句序列审计是指监视针对特定顺序 SQL 语句的执行情况。

1．语句审计

语句审计的动作是全局的，不对应具体的数据库对象。语句审计选项如表 6-7 所示。

表 6-7　达梦数据库语句审计选项

审计选项	审计的数据库操作	说　明
ALL	所有的语句审计选项	所有可审计的操作
USER	CREATE USER ALTER USER DROP USER	创建/修改/删除用户

（续表）

审计选项	审计的数据库操作	说　明
ROLE	CREATE ROLE DROP ROLE	创建/删除角色
TABLESPACE	CREATE TABLESPACE ALTER TABLESPACE DROP TABLESPACE	创建/修改/删除表空间
SCHEMA	CREATE SCHEMA DROP SCHEMA SET SCHEMA	创建/删除/设置当前模式
TABLE	CREATE TABLE ALTER TABLE DROP TABLE TRUNCATE TABLE	创建/修改/删除/清空基表
VIEW	CREATE VIEW ALTER VIEW DROP VIEW	创建/修改/删除视图
INDEX	CREATE INDEX DROP INDEX	创建/删除索引
PROCEDURE	CREATE PROCEDURE ALTER PROCEDURE DROP PROCEDURE	创建/修改/删除存储程序
TRIGGER	CREATE TRIGGER ALTER TRIGGER DROP TRIGGER	创建/修改/删除触发器
SEQUENCE	CREATE SEQUENCE ALTER SEQUENCE DROP SEQUENCE	创建/修改/删除序列
CONTEXT INDEX	CREATE CONTEXT INDEX ALTER CONTEXT INDEX DROP CONTEXT INDEX	创建/修改/删除全文索引
SYNONYM	CREATE SYNONYM DROP SYNONYM	创建/删除同义词
GRANT	GRANT	授予权限
REVOKE	REVOKE	回收权限
AUDIT	AUDIT	设置审计
NOAUDIT	NOAUDIT	取消审计
INSERT TABLE	INSERT INTO TABLE	表上的插入
UPDATE TABLE	UPDATE TABLE	表上的修改
SELECT TABLE	SELECT FROM TABLE	表上的查询
EXECUTE PROCEDURE	CALL PROCEDURE	调用存储程序或函数

（续表）

审计选项	审计的数据库操作	说 明
PACKAGE	CREATE PACKAGE DROP PACKAGE	创建/删除包规范
PACKAGE BODY	CREATE PACKAGE BODY DROP PACKAGE BODY	创建/删除包主体规范
MAC POLICY	CREATE POLICY ALTER POLICY DROP POLICY	创建/修改/删除策略
MAC LEVEL	CREATE LEVEL ALTER LEVEL DROP LEVEL	创建/修改/删除等级
MAC COMPARTMENT	CREATE COMPARTMENT ALTER COMPARTMENT DROP COMPARTMENT	创建/修改/删除范围
MAC GROUP	CREATE GROUP ALTER GROUP DROP GROUP ALTER GROUP PARENT	创建/修改/删除组 更新父组
MAC LABEL	CREATE LABEL ALTER LABEL DROP LABEL	创建/修改/删除标记
MAC USER	USER SET LEVELS USER SET COMPARTMENTS USER SET GROUPS USER SET PRIVS	设置用户等级/范围/组/特权
MAC TABLE	INSERT TABLE POLICY REMOVE TABLE POLICY APPLY TABLE POLICY	插入/取消/应用标记
MAC SESSION	SESSION LABEL SESSION ROW LABEL RESTORE DEFAULT LABELS SAVE DEFAULT LABELS	设置会话标记 设置会话行标记 设置会话默认标记 保存会话默认标记
CHECKPOINT	CHECKPOINT	检查点（Checkpoint）
SAVEPOINT	SAVEPOINT	保存点
EXPLAIN	EXPLAIN	显示执行计划
NOT EXIST		分析对象不存在导致的错误
DATABASE	ALTER DATABASE	修改当前数据库
CONNECT	LOGIN LOGOUT	登录/退出

（续表）

审计选项	审计的数据库操作	说　　明
COMMIT	COMMIT	提交事务
ROLLBACK	ROLLBACK	回滚
SET TRANSACTION	SET TRX ISOLATION SET TRX READ WRITE	设置事务的隔离级别和读写属性

（1）设置语句审计的系统过程语法如下：

```
VOID
SP_AUDIT_STMT(
        TYPE            VARCHAR(30),
        USERNAME        VARCHAR(128),
        WHENEVER        VARCHAR(20)
);
```

在该语法中，TYPE 表示语句审计选项，即表 6-7 中的第一列；USERNAME 表示用户名，可设置为 NULL 表明不限制；WHENEVER 表示审计时机。WHENEVER 的可选值包括：ALL，表明所有时机；SUCCESSFUL，表明操作成功的时机；FAIL，表明操作失败的时机。

审计表的创建、修改和删除语法如下：

```
SP_AUDIT_STMT('TABLE', 'NULL', 'ALL');
```

对数据库管理员 SYSDBA 创建用户成功进行审计。

```
SP_AUDIT_STMT('USER', 'SYSDBA','SUCCESSFUL');
```

对用户 USER2 进行的表的修改和删除进行审计，不管失败或成功。

```
SP_AUDIT_STMT('UPDATE TABLE', 'USER2', 'ALL');
SP_AUDIT_STMT('DELETE TABLE', 'USER2', 'ALL');
```

（2）取消语句审计的系统过程语法如下：

```
VOID
SP_NOAUDIT_STMT(
        TYPE            VARCHAR(30),
        USERNAME        VARCHAR(128),
        WHENEVER        VARCHAR(20)
);
```

该语法同设置语句审计语法一致，TYPE 表示语句审计选项，即表 6-7 中的第一列；USERNAME 表示用户名，可设置为 NULL 表明不限制；WHENEVER 表示审计时机。WHENEVER 的可选值包括：ALL，表明所有时机；SUCCESSFUL，表明操作成功的时机；FAIL，表明操作失败的时机。

使用说明：

取消语句审计和设置语句审计应进行匹配，只有完全匹配才可以取消语句审计，否则无法取消语句审计。

例如，取消对表的创建、修改和删除的审计语法如下。

```
SP_NOAUDIT_STMT('TABLE', 'NULL', 'ALL');
```

取消对数据库管理员 SYSDBA 创建用户成功进行审计。

```
SP_NOAUDIT_STMT('USER', 'SYSDBA','SUCCESSFUL');
```

取消对用户 USER2 进行的表的修改和删除进行审计，不管失败或成功。

```
SP_NOAUDIT_STMT('UPDATE TABLE', 'USER2', 'ALL');
SP_NOAUDIT_STMT('DELETE TABLE', 'USER2', 'ALL');
```

2. 对象审计

对象审计发生在具体的对象上，需要指定模式名及对象名。达梦数据库对象审计选项如表 6-8 所示。

表 6-8　达梦数据库对象审计选项

审计选项（表 SYSAUDITRECORDS 中 OPERATION 字段对应的内容）	TABLE	VIEW	COL	PROCEDURE FUNCTION	TRIGGER
INSERT	✓	✓	✓		
UPDATE	✓	✓	✓		
DELETE	✓	✓	✓		
SELECT	✓	✓	✓		
EXECUTE				✓	
MERGE INTO	✓	✓			
EXECUTE TRIGGER					✓
LOCK TABLE	✓				
ALL（所有对象级审计选项）	✓	✓	✓	✓	✓

（1）设置对象审计的系统过程语法如下：

```
VOID
SP_AUDIT_OBJECT(
      TYPE            VARCHAR(30),
      USERNAME        VARCHAR(128),
      SCHEMA          VARCHAR(128),
      TVNAME          VARCHAR(128),
      {COLNAME        VARCHAR(128),}
      WHENEVER        VARCHAR(20)
);
```

在该语法中，TYPE 表示审计选项，即表 6-7 中的第一列；USERNAME 表示用户名；SCHEMA 表示模式名，当其为空时设置为 NULL；TVNAME 表示表、视图、存储程序名，不能为空；COLNAME 表示列名，当其为空时可省略；WHENEVER 表示审计时机，可选值包括 ALL（表明所有时机）、SUCCESSFUL（表明操作成功的时机）、FAIL（表明操作失败的时机）。

将用户 SYSDBA 对表 PERSON.ADDRESS 进行的插入和修改成功的操作进行审计的语法如下。

```
SP_AUDIT_OBJECT('INSERT', 'SYSDBA', 'PERSON', 'ADDRESS', 'SUCCESSFUL');
SP_AUDIT_OBJECT('UPDATE', 'SYSDBA', 'PERSON', 'ADDRESS', 'SUCCESSFUL');
```

将用户 SYSDBA 对表 PERSON.ADDRESS 的列 ADDRESS1 进行的修改成功的操作进行审计。

```
SP_AUDIT_OBJECT('UPDATE', 'SYSDBA', 'PERSON', 'ADDRESS', 'ADDRESS1',
'SUCCESSFUL');
```

（2）取消对象审计的系统过程语法如下：

```
VOID
SP_NOAUDIT_OBJECT(
    TYPE            VARCHAR(30),
    USERNAME        VARCHAR(128),
    SCHEMA          VARCHAR(128),
    TVNAME          VARCHAR(128),
    {COLNAME        VARCHAR(128),}
    WHENEVER        VARCHAR(20)
);
```

取消对象审计的参数说明同设置对象审计的参数说明一致，TYPE 表示审计选项，即表 6-7 中的第一列；USERNAME 表示用户名；SCHEMA 表示模式名，当其为空时设置为 NULL；TVNAME 表示表、视图、存储程序名，不能为空；COLNAME 表示列名，当其为空时可省略；WHENEVER 表示审计时机，可选值有 ALL（表明所有时机）、SUCCESSFUL（表明操作成功的时机）、FAIL（表明操作失败的时机）。

取消对象审计和设置对象审计必须进行匹配，只有完全匹配才可以取消对象审计，否则无法取消对象审计。

例如，取消针对用户 SYSDBA 对表 PERSON.ADDRESS 插入和修改的成功操作的审计。

```
SP_NOAUDIT_OBJECT('INSERT', 'SYSDBA', 'PERSON', 'ADDRESS', 'SUCCESSFUL');
SP_NOAUDIT_OBJECT('UPDATE', 'SYSDBA', 'PERSON', 'ADDRESS', 'SUCCESSFUL');
```

取消针对用户 SYSDBA 对表 PERSON.ADDRES 的 ADDRESS1 列的修改成功操作的审计。

```
SP_NOAUDIT_OBJECT('UPDATE', 'SYSDBA', 'PERSON', 'ADDRESS', 'ADDRESS1', 'SUCCESSFUL');
```

3. 语句序列审计

达梦数据库提供了语句序列审计功能，作为语句审计和对象审计的补充。语句序列审计需要数据库审计员预先建立一个审计规则，包含 *N* 条 SQL 语句（SQL1, SQL2……），如果某个会话依次执行了这些 SQL 语句，就会触发语句序列审计。

（1）设置语句序列审计规则的过程包括下面 3 个系统过程：

```
VOID
SP_AUDIT_SQLSEQ_START(
    NAME VARCHAR(128)
);
```

```
VOID
SP_AUDIT_SQLSEQ_ADD(
      NAME VARCHAR(128),
      SQL VARCHAR(8188)
);

VOID
SP_AUDIT_SQLSEQ_END(
      NAME VARCHAR(128)
);
```

其中，NAME 表示语句序列审计规则名，SQL 表示需要审计的语句序列中的 SQL 语句。

设置语句序列审计规则需要先调用 SP_AUDIT_SQLSEQ_START，之后调用若干次 SP_AUDIT_SQLSEQ_ADD，每次加入一条 SQL 语句，语句序列审计规则中的 SQL 语句顺序根据加入 SQL 语句的顺序确定，最后调用 SP_AUDIT_SQLSEQ_END 完成语句序列审计规则的设置。

例如，设置一个语句序列审计规则 AUDIT_SQL1。

```
SP_AUDIT_SQLSEQ_START('AUDIT_SQL1');
SP_AUDIT_SQLSEQ_ADD('AUDIT_SQL1', 'SELECT NAME FROM TEST1;');
SP_AUDIT_SQLSEQ_ADD('AUDIT_SQL1', 'SELECT ID FROM TEST2;');
SP_AUDIT_SQLSEQ_ADD('AUDIT_SQL1', 'SELECT * FROM TEST3;');
SP_AUDIT_SQLSEQ_END('AUDIT_SQL1');
```

（2）删除指定的语句序列审计规则，使用 SP_AUDIT_SQLSEQ_DEL 语法，其系统过程如下：

```
VOID
SP_AUDIT_SQLSEQ_DEL(
      NAME      VARCHAR(128)
);
```

其中，NAME 表示语句序列审计规则名。

例如，删除语句序列审计规则 AUDIT_SQL1。

```
SP_AUDIT_SQLSEQ_DEL('AUDIT_SQL1')
```

使用说明：

只要审计功能被启用，系统级的审计记录就会产生；

在进行数据库审计时，数据库审计员之间没有区别，可以审计所有数据库对象，也可以取消其他数据库审计员的审计设置；

语句审计不针对特定的对象，只针对用户；

对象审计针对指定的用户与指定的对象进行审计；

在设置审计时，审计选项不区分包含关系，都可以设置；

在设置审计时，审计时机不区分包含关系，都可以设置；

如果用户执行的一条语句与设置的若干审计选项都匹配，则只会在审计文件中生成一条审计记录。

6.4.3 审计实时侵害检测

当执行 SP_SET_ENABLE_AUDIT(2)时，开启审计实时侵害检测功能。

审计实时侵害检测系统用于实时分析当前用户的操作，并查找与该操作匹配的审计实时分析规则，如果规则存在，则判断该用户的行为是否是侵害行为、确定侵害等级，并根据侵害等级采取相应的响应措施。

当执行 SP_SET_ENABLE_AUDIT(2)时，具有 AUDIT DATABASE 权限的用户可以使用下面的系统过程创建审计实时侵害检测规则。

```
VOID
SP_CREATE_AUDIT_RULE(
    RULENAME      VARCHAR(128),
    OPERATION     VARCHAR(30),
    USERNAME      VARCHAR(128),
    SCHNAME       VARCHAR(128),
    OBJNAME       VARCHAR(128),
    WHENEVER      VARCHAR(20),
    ALLOW_IP      VARCHAR(1024),
    ALLOW_DT      VARCHAR(1024),
    INTERVAL      INTEGER,
    TIMES         INTERGER
);
```

其中，RULENAME 表示创建的实时审计侵害检测规则名；OPERATION 表示审计操作名，可选项如表 6-9 所示；USERNAME 表示用户名，没有指定或 NULL 代表所有用户；SCHNAME 表示模式名，默认为 NULL；OBJNAME 表示对象名，默认为 NULL；WHENEVER 表示审计时机，可选项包括 ALL、SUCCESSFUL、FAIL，含义同前文；ALLOW_IP 表示 IP 列表，以“,”隔开，例如“192.168.0.1”“127.0.0.1”；ALLOW_DT 为时间串，格式如下：

```
ALLOW_DT::= <时间段项>{,<时间段项>}
<时间段项> ::= <具体时间段> | <规则时间段>
<具体时间段> ::= <具体日期><具体时间> TO <具体日期><具体时间>
<规则时间段> ::= <规则时间标识><具体时间> TO <规则时间标识><具体时间>
<规则时间标识> ::= MON | TUE | WED | THURS | FRI | SAT | SUN
INTERVAL 时间间隔，单位为分钟
TIMES 次数
```

表 6-9　审计实时侵害检测 OPERATION 可选项

序　号	OPERATION 可选项	序　号	OPERATION 可选项
1	CREATE USER	6	CREATE TABLESPACE
2	DROP USER	7	DROP TABLESPACE
3	ALTER USER	8	ALTER TABLESPACE
4	CREATE ROLE	9	CREATE SCHEMA
5	DROP ROLE	10	DROP SCHEMA

（续表）

序　号	OPERATION 可选项	序　号	OPERATION 可选项
11	SET SCHEMA	51	DROP LABEL
12	CREATE TABLE	52	ALTER LABEL
13	DROP TABLE	53	REMOVE TABLE POLICY
14	ALTER TABLE	54	APPLY TABLE POLICY
15	TRUNCATE TABLE	55	USER SET LEVELS
16	CREATE VIEW	56	USER SET COMPARTMENTS
17	ALTER VIEW	57	USER SET GROUPS
18	DROP VIEW	58	USER SET PRIVS
19	CREATE INDEX	59	USER REMOVE POLICY
20	DROP INDEX	60	SESSION LABEL
21	CREATE PROCEDURE	61	SESSION ROW LABEL
22	ALTER PROCEDURE	62	RESTORE DEFAULT LABELS
23	DROP PROCEDURE	63	SAVE DEFAULT LABELS
24	CREATE TRIGGER	64	SET TRX ISOLATION
25	DROP TRIGGER	65	SET TRX READ WRITE
26	ALTER TRIGGER	66	CREATE PACKAGE
27	CREATE SEQUENCE	67	DROP PACKAGE
28	DROP SEQUENCE	68	CREATE PACKAGE BODY
29	CREATE CONTEXT INDEX	69	DROP PACKAGE BODY
30	DROP CONTEXT INDEX	70	CREATE SYNONYM
31	ALTER CONTEXT INDEX	71	DROP SYNONYM
32	GRANT	72	INSERT
33	REVOKE	73	SELECT
34	AUDIT	74	DELETE
35	NOAUDIT	75	UPDATE
36	CHECKPOINT	76	EXECUTE
37	CREATE POLICY	77	EXECUTE TRIGGER
38	DROP POLICY	78	MERGE INTO
39	ALTER POLICY	79	LOCK TABLE
40	CREATE LEVEL	80	UNLOCK USER
41	ALTER LEVEL	81	ALTER DATABASE
42	DROP LEVEL	82	SAVEPOINT
43	CREATE COMPARTMENT	83	COMMIT
44	DROP COMPARTMENT	84	ROLLBACK
45	ALTER COMPARTMENT	85	CONNECT
46	CREATE GROUP	86	DISCONNECT
47	DROP GROUP	87	EXPLAIN
48	ALTER GROUP	88	STARTUP
49	ALTER GROUP PARENT	89	SHUTDOWN
50	CREATE LABEL		

例如，创建一个审计实时侵害检测规则 DANGEROUS_SESSION，该规则检测每星期一 8:00～9:00 所有非本地用户 SYSDBA 的登录动作。

```
SP_CREATE_AUDIT_RULE ('DANGEROUS_SESSION', 'CONNECT', 'SYSDBA', 'NULL', 'NULL',
'ALL', ' "127.0.0.1" ', 'MON "8:00:00" TO MON "9:00:00" ', 0, 0);
```

创建一个审计实时侵害检测规则 PWD_CRACK，该规则检测可能的口令暴力破解行为，其语法如下。

```
SP_CREATE_AUDIT_RULE ('PWD_CRACK', 'CONNECT', 'NULL', 'NULL', 'NULL', 'FAIL',
'NULL', 'NULL', 1, 50);
```

当不再需要某个审计实时侵害检测规则时，可使用下面的系统过程进行删除。

```
VOID
SP_DROP_AUDIT_RULE(
    RULENAME VARCHAR(128)
);
```

其中，RULENAME 表示待删除的审计实时侵害检测规则名。

例如，删除已创建的审计实时侵害检测规则 DANGEROUS_SESSION。

```
SP_DROP_AUDIT_RULE ('DANGEROUS_SESSION');
```

为了界定不同侵害行为对系统的危害情况，审计实时侵害检测系统定义了 4 个级别的侵害等级，从四级到一级侵害行为严重程度递增。这样，根据用户操作匹配的审计实时侵害检测规则可以判断其属于哪个等级的侵害行为。4 个侵害等级如表 6-10 所示。

表 6-10　审计实时侵害等级说明

侵害等级	说　明
四级	操作只违反了 IP 或时间段设置之一，并且累计次数在规定时间间隔内没有达到门限值，或者没有门限值设置
三级	操作同时违反了 IP 和时间段设置，并且累计次数在规定时间间隔内没有达到门限值，或者没有门限值设置
二级	操作的 IP 和时间段都正常，并且累计次数在规定时间间隔内达到了门限值
一级	操作只违反了 IP 或时间段设置之一，并且累计次数在规定时间间隔内达到了门限值；或者操作同时违反了 IP 和时间段设置，并且累计次数在规定时间间隔内达到了门限值

审计实时侵害检测规则的设置，使得某些操作可能会触发多条审计分析规则，也就是说可能存在多条审计分析规则同时匹配的情况。在这种情况下，需要将操作记录保存到所有匹配的同时规定了操作频率门限值的审计分析规则下，并且使用这些审计分析规则对该操作进行分析，从所有满足的侵害等级中选择一个最高的侵害等级进行响应。

达梦数据库审计实时侵害检测系统根据侵害检测结果做出相应的审计实时侵害检测响应，由低到高分为 4 个等级，如表 6-11 所示。

这些审计实时侵害检测响应动作中除了生成报警信息，其余由 DM 服务器完成。生成报警信息的实现包括 DM 服务器将报警信息写入一个专门的日志文件，由达梦数据库的审计告警工具 dmamon 实时分析这个日志文件，发现报警信息并将报警信息以邮件的形式发送到指定的邮箱。

表 6-11　审计实时侵害检测响应等级说明

响应等级	说　　明
四级响应	实时报警生成，对四级侵害行为进行响应。当系统检测到四级侵害行为时，生成报警信息
三级响应	违例进程终止，对三级侵害行为进行响应。当系统检测到三级侵害行为时，终止当前操作（用户当前连接仍然保持），同时生成报警信息
二级响应	服务取消，对二级侵害行为进行响应。当系统检测到二级侵害行为时，强制断开用户当前连接，退出登录，同时生成报警信息
一级响应	账号锁定或失效，对一级侵害行为进行响应。当系统检测到一级侵害行为时，强制断开用户当前连接，退出登录，并且锁定账号或使账号失效，同时生成报警信息

6.4.4　审计配置

达梦数据库审计信息存储在审计文件中，审计文件存放在数据库的 SYSTEM_PATH 指定的路径下，即数据库所在路径下。审计文件命名格式为“AUDIT_GUID_创建时间.log”，其中“GUID”为达梦数据库给定的一个唯一值。

审计文件的大小可以通过达梦数据库配置文件 dm.ini 中参数 AUDIT_MAX_FILE_SIZE 指定。当单个审计文件超过指定大小时，系统会自动切换审计文件，自动创建新的审计文件，审计记录将写入新的审计文件中。AUDIT_MAX_FILE_SIZE 为动态系统级参数，默认值为 100MB，DBA 用户可通过系统过程 SP_SET_PARA_VALUE 对其进行动态修改，有效值范围为 1～4096MB。

随着系统的运行，审计记录将会不断增加，审计文件需要更多的磁盘空间。在极限情况下，审计记录可能会因为磁盘空间不足而无法写入审计文件，最终导致系统无法正常运行。这种情况通过设置达梦数据库配置文件 dm.ini 中参数 AUDIT_FILE_FULL_MODE 可以解决。该参数有两种配置策略：当将 AUDIT_FILE_FULL_MODE 设置为 1 时，将删除最老的审计文件，直至有足够的空间创建新审计文件；当将 AUDIT_FILE_FULL_MODE 设置为 2 时，将不再写审计记录。AUDIT_FILE_FULL_MODE 为静态参数，默认值为 1，可通过系统过程 SP_SET_PARA_VALUE 进行修改，但是修改后需要重新启动 DM 服务器才能生效。这两种策略都会导致审计记录的缺失，因此，数据库管理员应该及时对审计文件进行备份。

若数据库审计员已对历史审计信息进行了充分分析，不再需要某个时间点之前的历史审计信息，可使用下面的系统过程删除指定时间点之前的审计文件，该过程不会删除达梦数据库当前正在使用的审计文件。

```
VOID
SP_DROP_AUDIT_FILE(
    TIME_STR    VARCHAR(128),
    TYPE        INT
);
```

其中，TIME_STR 表示指定的时间字符串；TYPE 为审计文件类型，0 表示普通审计文件，1 表示实时审计文件。

例如，指定删除 2015-12-6 16:30:00 以前的普通审计文件。

```
SP_DROP_AUDIT_FILE('2015-12-6 16:30:00', 0);
```

达梦数据库审计文件支持文件加密，数据库审计员可使用下面的系统过程对审计文件进行加密：

```
VOID
SP_AUDIT_SET_ENC(
    NAME    VARCHAR(128),
    KEY     VARCHAR(128)
);
```

其中，NAME 表示加密算法名，可使用达梦数据库支持的加密算法，如表 6-12 所示，也支持用户自定义的加密算法；KEY 表示加密密钥。

表 6-12　达梦数据库支持的加密算法和散列算法

算法名称	算法类型	分组长度	密钥长度
DES_ECB	分组加密算法	8	8
DES_CBC	分组加密算法	8	8
DES_CFB	分组加密算法	8	8
DES_OFB	分组加密算法	8	8
DESEDE_ECB	分组加密算法	8	16
DESEDE_CBC	分组加密算法	8	16
DESEDE_CFB	分组加密算法	8	16
DESEDE_OFB	分组加密算法	8	16
AES128_ECB	分组加密算法	16	16
AES128_CBC	分组加密算法	16	16
AES128_CFB	分组加密算法	16	16
AES128_OFB	分组加密算法	16	16
AES192_ECB	分组加密算法	16	24
AES192_CBC	分组加密算法	16	24
AES192_CFB	分组加密算法	16	24
AES192_OFB	分组加密算法	16	24
AES256_ECB	分组加密算法	16	32
AES256_CBC	分组加密算法	16	32
AES256_CFB	分组加密算法	16	32
AES256_OFB	分组加密算法	16	32
RC4	散列算法	—	16
MD5	散列算法	—	—
SHA1	散列算法	—	—

当使用达梦数据库系统提供的审计机制进行审计设置后，这些审计设置信息都会记录在数据字典表 SYSAUDITOR.SYSAUDIT 中，该表的结构如表 6-13 所示。审计类型用户可

以查看此数据字典表查询审计设置信息。

表 6-13　表 SYSAUDITOR.SYSAUDIT 的结构

序　号	列	数据类型	说　　明
1	LEVEL	SMALLINT	审计级别
2	UID	INTEGER	用户 ID
3	TVPID	INTEGER	表/视图/触发器/存储程序函数 ID
4	COLID	SMALLINT	列 ID
5	TYPE	SMALLINT	审计类型
6	WHENEVER	SMALLINT	审计时机

只要达梦数据库系统处于审计活动状态，系统就会按审计设置进行审计活动，并将审计信息写入审计文件。审计记录内容包括操作者的用户名称、所在站点、所进行的操作、操作对象、操作时间、当前审计条件等。审计用户可以通过动态视图 SYSAUDITOR.V$AUDITRECORDS 查询在系统默认路径下的审计文件的审计记录，该动态视图的结构如表 6-14 所示。

表 6-14　动态视图 SYSAUDITOR.V$AUDITRECORDS 的结构

序　号	列	数据类型	说　　明
1	USERID	INTEGER	用户 ID
2	USERNAME	VARCHAR(128)	用户名称
3	ROLEID	INTEGER	角色 ID，没有具体角色的用户和 SQL 语句序列审计，没有角色信息
4	ROLENAME	VARCHAR(128)	角色名称，没有具体角色的用户和 SQL 语句序列审计，没有角色信息
5	IP	VARCHAR(25)	IP 地址
6	SCHID	INTEGER	模式 ID
7	SCHEMA	VARCHAR(128)	模式名称
8	OBJID	INTEGER	对象 ID
9	OBJNAME	VARCHAR(128)	对象名称
10	OPRATION	VARCHAR(128)	操作类型名称
11	SUCC_FLAG	CHAR(1)	成功标记
12	SQL_TEXT	VARCHAR(8188)	SQL 文本
13	DESCRIPTION	VARCHAR(8188)	描述信息
14	OPTIME	DATETIME	操作时间
15	MAC	VARCHAR(25)	操作对应的 MAC 地址

例如，对 SYSAUDITOR 进行如下设置：

```
/*-------- SYSAUDITOR/SYSAUDITOR ----------*/
SP_AUDIT_OBJECT('INSERT', 'SYSDBA', 'PERSON', 'ADDRESS', 'SUCCESSFUL');
SP_AUDIT_OBJECT('UPDATE', 'SYSDBA', 'PERSON', 'ADDRESS', 'SUCCESSFUL');
```

然后，查询 SYSAUTIOR.SYSAUDIT 数据字典表，查询结果如下：

```
SELECT * FROM sysauditor.sysaudit;
行号      LEVEL    UID          TVPID    COLID    TYPE     WHENEVER
------------------------------------------------------------------------------------------------
1         2        50331649     1196     -1       50       1
2         2        50331649     1196     -1       53       1
```

以数据库管理员 SYSDBA 登录，对表 PERSON.ADDRESS 进行插入和删除操作。

```
/*-------- SYSDBA/SYSDBA --------*/
INSERT INTO person.address(address1, address2, city, postalcode)
VALUES('AAA', '', 'BBB', '111111');
DELETE FROM person.address WHERE address1='AAA';
COMMIT;
```

再次以数据库管理员 SYSAUDITOR 登录，查询动态视图 SYSAUDITOR.V$AUDITRECORDS，可以显示上述插入操作生成的审计记录。

```
/*-------- SYSAUDITOR/SYSAUDITOR ----------*/
SELECT * FROM sysauditor.v$auditrecords WHERE username='SYSDBA';
行号 USERID    USERNAME     ROLEID     ROLENAME    IP    SCHID        SCHNAME
------------------------------------------------------------------------------------------------
OBJID     OBJNAME      OPERATION    SUCC_FLAG
------------------------------------------------------------------------------------------------
1    50331649  SYSDBA       67108864   DBA         ::1   150995945    PERSON
1196      ADDRESS      INSERT       Y
INSERT INTO person.address(address1, address2, city, postalcode)
VALUES('AAA', '', 'BBB', '111111');
2016-03-15 15:07:49.000000E0-3F-49-AE-86-5F
```

由于没有对表 PERSON.ADDRESS 上的删除操作进行相关的审计设置，因此数据库管理员 SYSDBA 之前执行的删除操作没有生成审计记录。

第 7 章 达梦数据库备份还原

数据库的备份还原是数据库系统容灾的重要方法之一。在一个生产系统中，数据库往往处于核心地位，为了保证数据的安全，人们想出了各种各样的方法，备份与还原是其中一种重要的方法。备份意味着把重要的数据复制到安全的存储介质上；还原意味着在必要的时候把以前备份的数据复制到最初的位置，以保证用户可以正常访问数据。本章主要介绍达梦数据库备份还原相关内容。

7.1 备份还原概述

达梦数据库中的数据存储在数据库的物理数据文件中，物理数据文件按照数据页、簇和段的方式进行管理，数据页是最小的数据存储单元。任何一个对达梦数据库的操作，归根结底都是对某个物理数据文件数据页的读写操作。

因此，达梦数据库备份的本质就是从数据库文件中复制有效数据页保存到备份集中，这里的有效数据页包括数据文件的描述页和被分配使用的数据页。在备份过程中，如果数据库系统还在继续运行，则此运行期间的数据库操作并不会立即体现到数据文件中，而是首先以日志的形式写到归档日志中。因此，为了保证用户可以通过备份集将数据恢复到备份结束时间点的状态，需要将备份过程中产生的归档日志也保存到备份集中。

还原与恢复是备份的逆过程。还原是将备份集中的有效数据页重新写入目标数据文件的过程。恢复则是指通过重做归档日志，将数据库状态恢复到备份结束时的状态；也可以恢复到指定时间点和指定日志序列号（Log Sequence Number，LSN）的状态。恢复结束以后，数据库中可能存在处于未提交状态的活动事务，在恢复结束后数据库系统第一次启动时，DM 服务器会自动对这些活动事务进行回滚。备份、还原与恢复的关系如图 7-1 所示，数据库发生故障后可通过备份库进行还原，并通过归档日志将数据库恢复到指定时间点或某个 LSN。

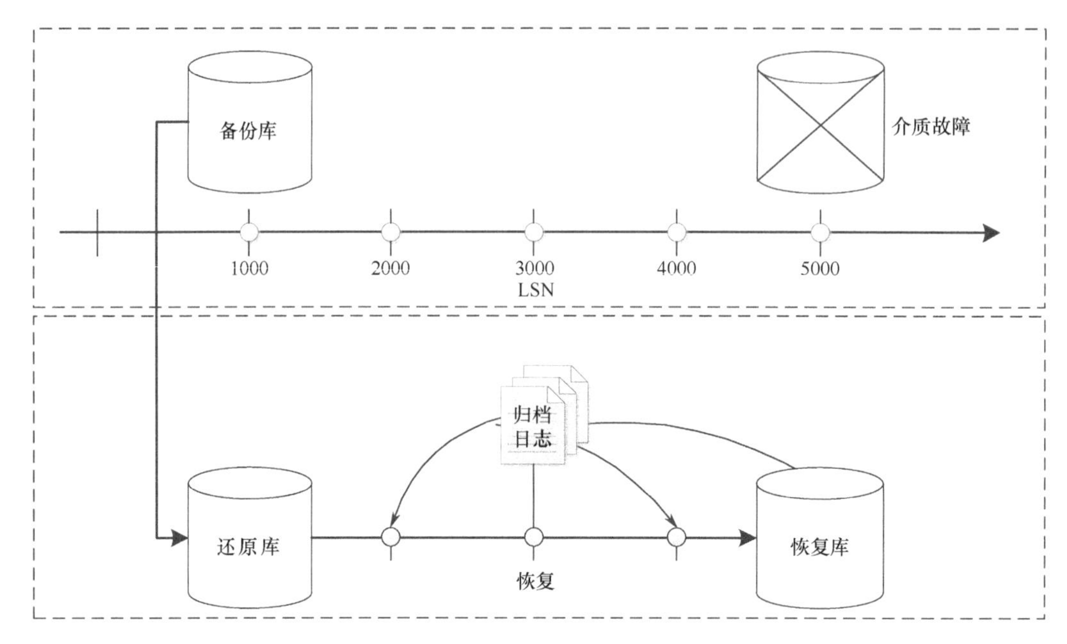

图 7-1 备份、还原与恢复的关系

7.1.1 相关概念

1. 重做日志

重做日志，又叫 REDO 日志，详细记录了所有物理页的修改，基本信息包括操作类型、表空间号、文件号、页号、页内偏移、实际数据等。数据库中 INSERT、DELETE、UPDATE 等 DML 操作，以及 CREATE TABLE 等 DDL 操作最终都会转化为对某些数据文件、某些数据页的修改。因此，在系统发生故障后重启时，通过 REDO 日志，可以将数据库恢复到故障前的状态。

达梦数据库默认包含两个后缀为 .log 的日志文件，用来保存 REDO 日志，称为联机 REDO 日志文件，这两个文件循环使用。任何数据页从内存缓冲区写入磁盘之前，必须保证其对应的 REDO 日志已经写入联机 REDO 日志文件。

2. 归档日志

达梦数据库可以在归档和非归档两种模式下运行，达梦数据库还支持本地归档和远程归档，本书中若无特殊说明，均指本地归档。当数据库处于归档模式下，并且配置了本地归档时，REDO 日志先写入联机 REDO 日志文件，然后异步写入归档日志文件。归档日志文件以配置的归档名称和文件创建时间命名，后缀也是 .log。

系统在归档模式下运行会更安全，当出现介质故障，如磁盘损坏导致数据文件丢失时，利用归档日志系统可以恢复至故障发生的前一刻。因此，建议将归档目录与数据文件配置保存在不同的物理磁盘上。

3. 备份

备份的目的就是当数据库损坏的时候，可以执行还原/恢复操作，把数据库复原到损坏前的某个时间点。用于还原/恢复数据库的载体是备份集，生成备份集的过程便是备份。备份就是从源库（备份库）中读取有效数据页、归档日志等相关信息，经过加密、压缩后，写到备份片文件中，并将相关备份信息写到元数据文件中的过程。一次备份的结果就是一个备份集。

备份集是指用来存放备份过程中产生的备份数据和备份信息。一个备份集对应了一次完整的备份。一个备份集为一个目录，它是由一个或多个备份片文件和一个元数据文件组成的。

备份片文件是用来存储备份数据的文件。在备份时，数据文件内容或归档日志内容经过处理后，都会存放在这些备份片文件中。备份片文件后缀为 .bak。元数据文件用来存储备份信息，通过元数据文件可以了解整个备份集信息。元数据文件后缀为 .meta。

4．还原

还原是备份的逆过程，就是把备份集中的备份数据经过处理后，回写到还原目标库中相应数据文件中的过程。

由于在联机备份时，系统中一些处于活动状态的事务可能正在执行，因此并不能保证备份集中的所有数据页都是处于一致性状态的。同时，在脱机备份时，数据页不一定是正常关闭的，也不能保证备份集中所有的数据页都是处于一致性状态的。基于此，还原结束后还原目标库有可能处于非一致性状态，不能马上提供数据库服务，必须在进行数据库恢复操作后，才能正常启动。

5．恢复

恢复是重做本地归档日志或在备份集中备份归档日志的过程。利用恢复操作，可以使数据库恢复到备份时的状态，或者某个最新状态。没有经过恢复的还原数据库是不允许启动的，因为还原回来的数据通常处于非一致性状态，需要执行恢复操作使目标数据库数据一致，才能对外提供服务。

表空间还原和表还原是联机执行的，均不需要再执行恢复操作。因为表空间的还原、恢复操作是一次性完成的，表还原是联机完全备份还原，不需要借助本地归档日志，所以两者均不需要恢复。本书所说的恢复是指利用 DM 控制台工具这一脱机工具完成的数据库恢复操作。

7.1.2　备份还原的分类

1．备份的分类

（1）物理备份与逻辑备份。

物理备份，是指根据备份范围（数据库级、表空间级、表级）将数据文件中的有效数据页和归档日志（也可能没有归档日志，需要用户来指定）复制到备份片文件中的过程。物理备份是在文件层进行的。

逻辑备份，是指利用达梦数据库提供的逻辑导出工具 DEXP，将指定对象（数据库级、模式级、表级）的数据导出到文件的备份。DEXP 工具类似于 Oracle 数据库提供的 EXP 工具。

在这两种备份方式中，物理备份是更强健的数据保护方式，也是备份策略中的首选；逻辑备份是物理备份的补充方式，相对物理备份而言，具有更大的灵活性。

（2）联机备份与脱机备份。

按照数据库的状态，可以将备份分为联机备份和脱机备份。

联机备份，是指数据库处于运行状态，通过执行 SQL 语句进行的备份。当前许多系统都要求 7×24 小时提供服务，联机备份是最常用的备份形式之一。在联机备份时，大量的事务处于活动状态，为确保备份数据的一致性，需要同时备份一段日志（备份期间产生的 REDO 日志）。按照联机备份要求，数据库必须配置本地归档，并且归档必须处于开启状态。

脱机备份，是指数据库在处于关闭状态时，使用 DMRMAN（DM RECOVERY MANEGER）或 DM 控制台工具执行的备份。需要注意的是，只有正常关闭的数据库才允许执行脱机备份；正在运行或异常关闭的数据库无法成功执行脱机备份，系统会报错。

（3）库备份、表空间备份与表备份。

按照备份的粒度大小，可以将备份分为数据库备份、表空间备份和表备份。

库备份，是指对整个数据库执行的备份，又称为库级备份。库备份的对象是数据库中所有的数据文件和备份过程中的归档日志，可选择是否备份日志。

表空间备份，是指对表空间执行的备份，又称为表空间级备份。表空间备份的过程就是复制表空间内所有数据文件的有效数据的过程。达梦数据库不允许对 SYSTEM 表空间、ROLL 表空间、TEMP 表空间进行备份还原。

表备份，是指将表的所有数据页备份到备份集中，并记录各个数据页之间的逻辑关系用来恢复表数据结构。表备份不需要备份归档日志，不存在增量备份之说。达梦数据库仅支持单个用户表备份或者分区表的单个子分区表备份。

（4）一致性备份与非一致性备份。

一致性备份，是指备份集中包含了全部的备份数据，可以只利用备份集中的备份数据就将数据库恢复到备份时的状态，如联机库备份（带日志）、脱机库备份等。

非一致性备份，是指单独使用备份集中的数据还不足以将数据库恢复到备份时某个数据一致性的点，需要借助归档来恢复。

（5）完全备份与增量备份。

完全备份，是指备份中包含了指定的库（或表空间）的全部数据页。完全备份需要备份的数据量较大、备份时间较长、占用空间较大。

增量备份，是指基于某个已有备份（完全备份或增量备份），备份自该已有备份以来所有发生修改的数据页。增量备份需要备份的数据量较小、备份时间较短、占用空间较小。

由于增量备份是基于某个已有备份进行的备份，这样的依赖关系就构成了一个备份集链表。一个完整的备份集链表必须包含一个完全备份，并且这个完全备份一定是链表中的第一个备份。若备份集链表中存在多个备份集，则其他位置上的备份集均为增量备份集，并且越往后备份集越新，最后一个备份集为最新生成的备份集。若备份集链表中只有一个备份集，那么这个备份集一定是完全备份。

2. 还原的分类

（1）物理还原与逻辑还原。

物理还原，是指物理备份的逆过程，可以通过联机执行 SQL 语句或通过 DMRMAN 等脱机工具，将备份得到的备份集还原到目标数据文件。

逻辑还原，是指逻辑备份的逆过程，其是使用达梦数据库提供的 DIMP 工具把使用 DEXP 导出的备份数据重新导入的过程。DIMP 工具类似于 Oracle 的 IMP 工具。

（2）联机还原与脱机还原。

联机还原，是指数据库处于运行状态时进行的还原过程，通常通过执行 SQL 语句或借助 DM 管理工具完成。

脱机还原，是指数据库处于脱机状态时进行的还原过程，通常通过 DMRMAN 或 DM 控制台工具完成。还原的目标库必须是重新初始化或处于正常关闭状态的数据库。

（3）数据库还原、表空间还原与表还原。

按照还原粒度大小，还原分为数据库还原、表空间还原和表还原。

可以将源库作为还原目标库，但若还原过程失败，则目标库将被损坏，不能再使用，因此建议不要在源库上进行数据库还原。达梦数据库支持从库备份集中还原指定的表空间，也允许从库备份集和表空间备份集中还原指定的数据文件。表还原实质上是表内数据的还原，以及索引和约束等的重建。

（4）完全备份还原与增量备份还原。

根据备份集，可以将还原分为完全备份还原和增量备份还原。

完全备份还原，是指目标还原备份集为完全备份。完全备份还原可以不依赖其他备份集直接完成还原操作。

增量备份还原，是指目标还原备份集为增量备份。增量备份还原需要完整的备份集链表才能完成还原操作。因此，增量备份还原需要用户确保完整备份集链表中各备份集都存在，否则将无法执行还原操作。

7.1.3　备份还原的条件

1. 数据库备份还原的条件

1）数据库备份的条件

（1）联机备份时，数据库必须配置本地归档，并且归档必须处于开启状态。

（2）脱机备份时，只有正常关闭的数据库才允许脱机备份。

2）数据库还原的条件

数据库还原的条件是，数据库必须处于脱机状态。

2. 表空间备份还原的条件

（1）表空间备份的条件。不允许备份 SYSTEM 表空间、ROLL 表空间和 TEMP 表空间。

（2）表空间还原的条件。数据库必须处于联机状态。

表空间还原本身包含恢复操作，因此表空间还原后不需要再执行恢复操作。

3. 表备份还原的条件

1）表备份的条件

（1）数据库必须处于联机状态。
（2）只能进行完全备份，不需要备份归档日志。

2）表还原的条件

（1）数据库必须处于联机状态。
（2）表还原本身包含恢复操作，因此表还原后不需要再执行恢复操作。

7.1.4 备份还原的手段

达梦数据库提供了各种手段进行备份与还原恢复操作，包括备份还原 SQL 语句、脱机工具 DMRMAN、图形化工具 DM 管理工具和 DM 控制台工具。借助 DISQL 交互式工具中执行备份还原的 SQL 语句可完成联机数据备份与联机数据还原，包括数据库备份、归档备份、表空间备份还原、表备份还原。DMRMAN 用于执行脱机数据备份、还原与恢复，包括：脱机数据库备份、还原与恢复，脱机还原表空间，归档备份、还原与修复。DM 管理工具和 DM 控制台工具是图形化操作工具，DM 管理工具对应 SQL 备份还原语句，DM 控制台工具对应 DMRMAN 工具，分别用于联机备份还原和脱机备份还原。这 4 种手段既可以独立使用，也可以相互配合使用，如使用备份还原 SQL 语句生成的联机备份文件，可供 DM 管理工具执行还原操作。

7.2 数据库备份还原

达梦数据库支持数据库级的脱机备份和脱机还原，也支持数据库级的联机备份。数据库级的脱机备份和脱机还原可借助 DM 控制台工具或 DMRMAN 工具完成。数据库级的联机备份可借助 SQL 备份语句或 DM 管理工具完成，但在使用联机数据库备份生成的备份文件进行数据库还原恢复操作时，必须在脱机状态下执行数据库的还原恢复操作，并将数据库恢复到最新状态或某一指定时刻的状态。

7.2.1 使用 DM 控制台工具进行脱机备份还原

DM 控制台工具可以完成数据库级的脱机备份还原。使用 DM 控制台工具进行数据库脱机备份还原操作简单、方便，数据库管理员只需要单击鼠标，并进行简单参数设置，即可完成数据库级的脱机备份还原。

1. 数据库脱机备份

【例 7-1】使用 DM 控制台工具对达梦数据库进行脱机完全备份。

1）停止数据库服务

使用 DM 控制台工具进行数据库备份属于脱机备份，因此在备份数据库之前必须停止数据库服务。运行 DM 服务查看器，选择 DM 数据库服务实例，在右键菜单中单击“停止”选项即可使数据库脱机。

2）运行 DM 控制台工具进行脱机备份

运行 DM 控制台工具，在该工具左侧导航窗口中，单击“备份还原”选项，进入如图 7-2 所示界面。

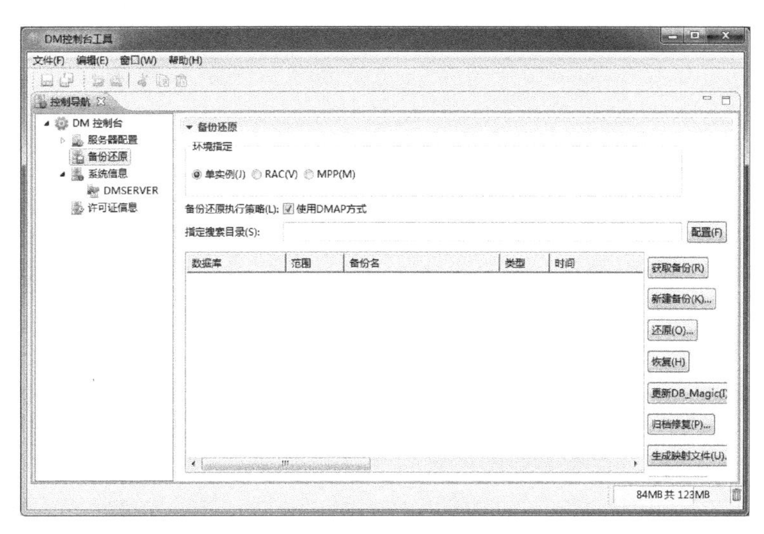

图 7-2　DM 控制台工具备份还原界面

在图 7-2 界面右侧单击“新建备份”选项，进入如图 7-3 和图 7-4 所示新建备份参数设置界面，进行相关参数设置，也可以直接使用默认参数。

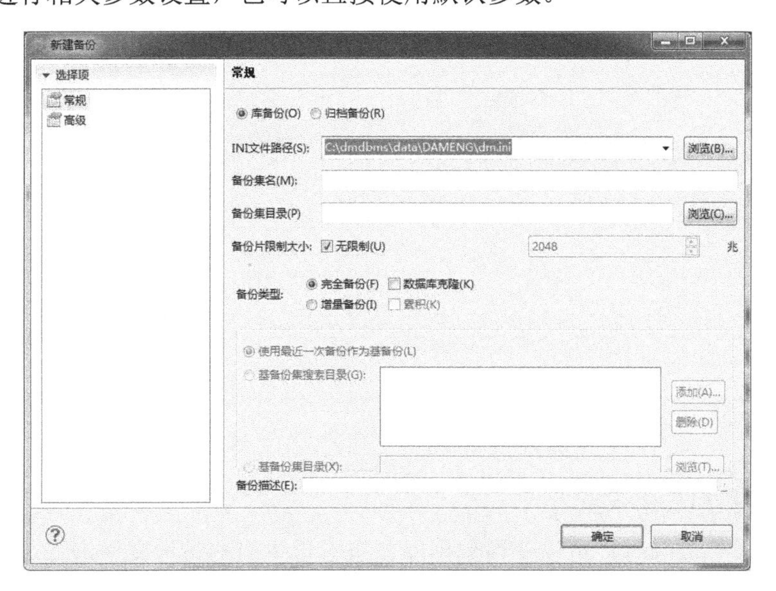

图 7-3　新建备份常规设置界面

图 7-4　新建备份高级设置界面

参数设置完成后，单击“确定”按钮，即可完成数据库的脱机备份。脱机备份成功后，可在 DM 控制台工具的备份还原界面，看到备份列表信息，如图 7-5 所示。

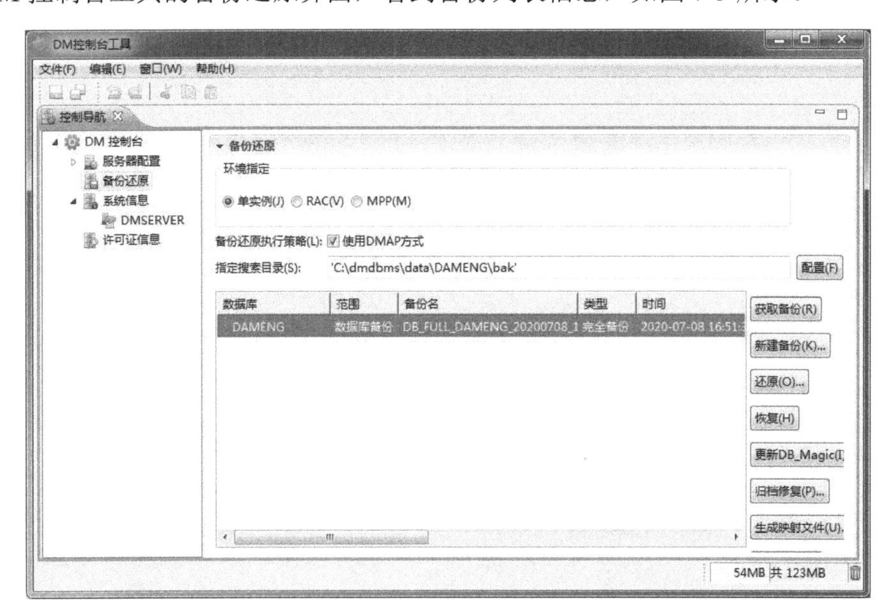

图 7-5　脱机备份还原列表信息界面

2．数据库脱机还原恢复

当数据库发生故障时，可以使用数据库脱机备份生成的备份文件进行还原恢复操作，该还原恢复操作可借助 DM 控制台工具完成。

【**例 7-2**】借助 DM 控制台工具，使用数据库脱机备份生成的备份文件还原恢复数据库。

在进行数据库的还原恢复操作时，数据库必须处于脱机状态。因此，在进行数据库的还原恢复操作之前，必须确保数据库服务已关闭。

1）脱机还原

在如图 7-5 所示脱机备份还原界面列表信息中，选中待还原的备份文件，单击右侧的“还原”按钮，进入如图 7-6 所示的数据库备份还原界面，设置参数后，单击“确定”按钮，即可完成脱机还原操作。

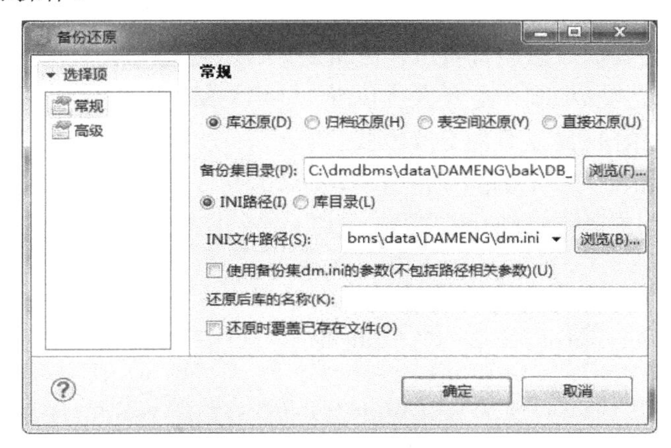

图 7-6　数据库备份还原界面

2）更新 DB_Magic

使用数据库脱机备份的备份文件进行脱机还原后，数据库处于不一致性状态，还需要更新 DB_Magic 以确保数据库的一致性。更新 DB_Magic 的方式是最简单的恢复方式，它不重做日志，仅更新数据库的 DB_Magic 和数据库状态，DB_Magic 是用来标识数据库唯一性的值，在不需要重做归档日志恢复数据的情况下，可以直接更新 DB_Magic 来完成最后的恢复工作。在如图 7-5 所示的脱机备份还原列表信息界面中，单击右侧的“更新 DB_Magic”选项，进入如图 7-7 所示的更新 DB_Magic 界面，单击“确定”按钮，即可完成更新 DB_Magic 操作。

图 7-7　更新 DB_Magic 界面

3）启动数据库服务

数据库还原恢复完成后，即可启动数据库服务。在 DM 服务查看器中，右键单击实例服务，并在弹出菜单中单击“启动”选项，即可完成数据库服务的启动工作。

7.2.2 使用 DMRMAN 工具进行脱机备份还原

1．数据库脱机备份

DMRMAN（DM RECOVERY MANEGER）工具是达梦数据库的脱机备份还原管理工具，由它来统一负责数据库级脱机备份、脱机还原、恢复等相关操作。DMRMAN 工具支持命令行指定参数方式和控制台交互方式执行，使用 DM 控制台工具进行数据库的脱机备份还原本质上是 DMRMAN 工具的交互方式。

本节仅简述 DMRMAN 工具的使用方法，读者若想了解 DMRMAN 工具的详细使用方法，请参考达梦数据库联机帮助。

1）语法格式

```
BACKUP DATABASE '<INI 文件路径>' [FULL|INCREMENT [WITH BACKUPDIR '<基备份搜索目录>'{,'<基备份搜索目录>'}] [BASE ON BACKUPSET '<基备份集目录>'] [USE PWR]] [TO <备份名>] [BACKUPSET '<备份集目录>'][DEVICE TYPE <介质类型>[PARMS '<介质参数>'] [BACKUPINFO '<备份描述>'] [MAXPIECESIZE <备份片限制大小>] [IDENTIFIED BY <密钥>[WITH ENCRYPTION<TYPE>][ENCRYPT WITH <加密算法>]][COMPRESSED [LEVEL <压缩级别>]] [PARALLEL [<并行数>]];
```

主要参数说明如下。

（1）INI 文件路径：待备份目标数据库配置文件 dm.ini 的路径。

（2）FULL|INCREMENT：备份类型，FULL 表示完全备份，INCREMENT 表示增量备份。

（3）基备份集目录：用于增量备份，为增量备份指定基备份集目录。

（4）备份名：指定生成备份的名称。若未指定，则系统随机生成，默认备份名的格式为 DB_备份类型_数据库名_备份时间。

（5）备份集目录：指定当前备份集生成的目录，若未指定，则在默认备份目录中生成备份集。

2）应用举例

【例 7-3】 使用 DMRMAN 工具脱机备份数据库。

（1）停止数据库服务。

使用 DMRMAN 工具进行数据库备份属于脱机备份，因此在备份数据库之前需要使数据库处于脱机状态。运行 DM 服务查看器，选择 DM 数据库服务实例，在右键菜单中单击“停止”选项即可使数据库脱机。

（2）备份数据库。

使用 DMRMAN 工具脱机备份数据库，需要先运行 DMRMAN 工具，然后执行相应的备份语句。

```
C:\dmdbms\bin>DMRMAN.exe
```

```
RMAN>BACKUP DATABASE 'C:\dmdbms\data\DAMENG\dm.ini'
```

DMRMAN 命令执行完成后，在 C:\dmdbms\data\DAMENG\bak 目录下创建了一个名为 DB_DAMENG_FULL_20200709_092201_000854 的文件夹（在不同环境下，文件夹名称不同），在该文件夹下有 DB_DAMENG_FULL_20200709_092201_000854.bak 数据片文件和 DB_DAMENG_FULL_20200709_092201_000854.meta 元数据文件。

2．数据库脱机还原恢复

使用数据库脱机备份生成的数据库备份文件，进行还原恢复操作，可借助 DMRMAN 工具完成。

1）语法格式

```
RESTORE DATABASE '<INI 文件路径>' FROM BACKUPSET '<备份集目录>' [DEVICE TYPE DISK|TAPE[PARMS '<介质参数>']][IDENTIFIED BY <密钥> [ENCRYPT WITH <加密算法>]] [WITH BACKUPDIR '<基备份集搜索目录>'{,'<基备份集搜索目录>'}][MAPPED FILE '<映射文件>'][TASK THREAD <任务线程数>] [NOT PARALLEL];
```

主要参数说明如下。

（1）INI 文件路径：目标还原数据库配置文件 dm.ini 的路径。

（2）备份集目录：指定待还原的备份集目录。

2）应用举例

【例 7-4】借助 DMRMAN 工具，使用例 7-3 中脱机备份生成的数据库备份文件，还原恢复数据库。

数据库还原恢复操作需要数据库处于脱机状态，然后执行相关操作，具体如下。

（1）还原数据库。

```
RMAN>RESTORE DATABASE 'C:\dmdbms\data\DAMENG\dm.ini' from backupset 'C:\dmdbms\data\DAMENG\bak\DB_DAMENG_FULL_20200709_092201_000854'
```

（2）更新 DB_Magic。

```
RMAN>RECOVER DATABASE 'C:\dmdbms\data\DAMENG\dm.ini' UPDATE DB_Magic
```

（3）启动数据库服务。

数据库还原恢复完成后，即可启动数据库服务。在 DM 服务查看器中，右键单击 DM 数据库服务实例，并在弹出菜单中单击“启动”选项，即可完成数据库服务的启动工作。

7.2.3　使用 DM 管理工具进行联机备份还原

DM 管理工具支持数据库的联机备份，数据库的还原恢复操作还需要借助 DMRMAN 工具或 DM 控制台工具。

1．数据库联机备份

【例 7-5】借助 DM 管理工具，对数据库进行联机备份。

数据库的联机备份需要数据库处于归档模式，因此需要先进行数据库归档模式配置，然后执行数据库联机备份操作。

1）归档模式配置

DM 管理工具支持归档模式配置，首先，在 DM 管理工具的导航窗口中，右键单击根节点，在弹出菜单中单击“管理服务器”选项，进入如图 7-8 所示的“系统管理”界面。

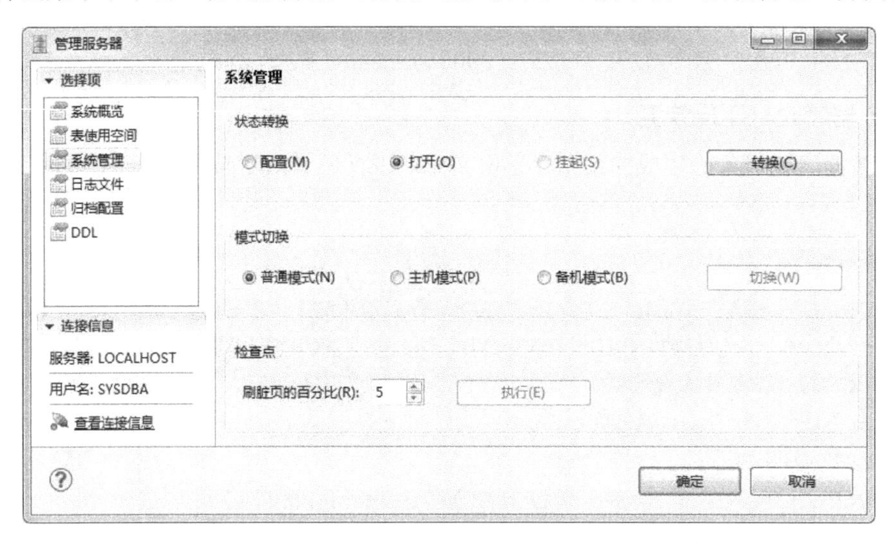

图 7-8　“系统管理”界面

其次，单击“配置”单选按钮，并单击“转换”按钮，进入配置状态。

再次，单击“归档配置”选项，进入如图 7-9 所示的“归档配置”界面，单击“归档”单选按钮，并单击右侧“+”按钮进行归档参数配置，配置完成后单击“确定”按钮，完成归档配置。

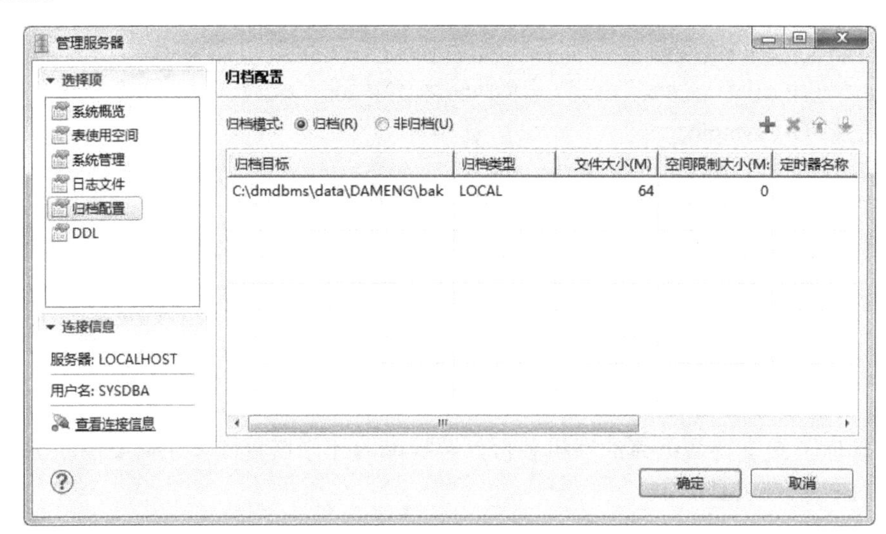

图 7-9　“归档配置”界面

最后，再次进入“系统管理”界面，将“状态转换”选为“打开”单选按钮，并单击“确定”按钮。

2）数据库联机备份

在 DM 管理工具的导航窗口中，展开“备份”选项，右键单击“库备份”选项，并单击“新建备份”选项，进入如图 7-10 所示的“新建库备份”界面。在该界面“常规”界面中可以设置备份名、备份集目录、备份片大小、备份类型等相关参数，也可以在“高级”界面中设置其他参数，还可以在“DDL”界面（见图 7-11）中查看对应的 SQL 备份语句。

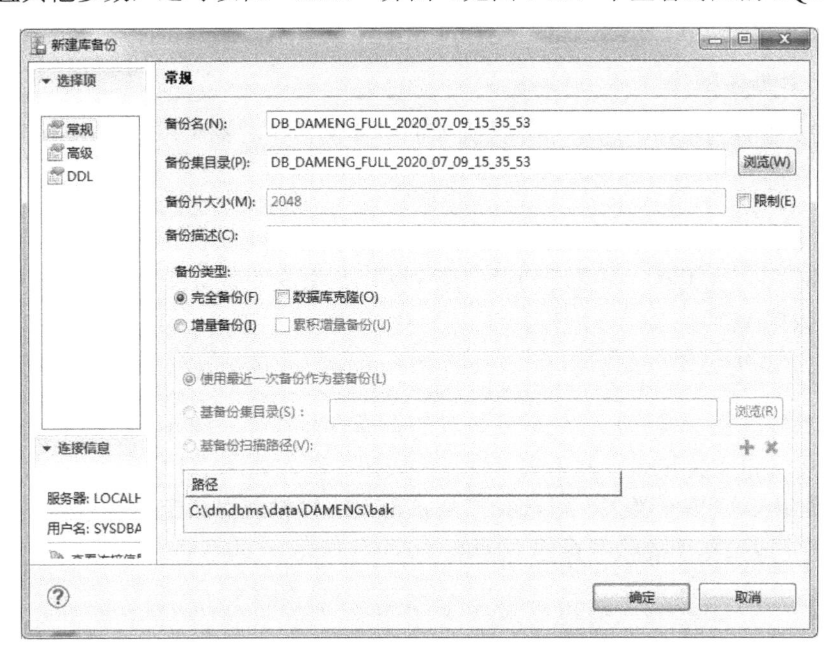

图 7-10　“新建库备份”－“常规”界面

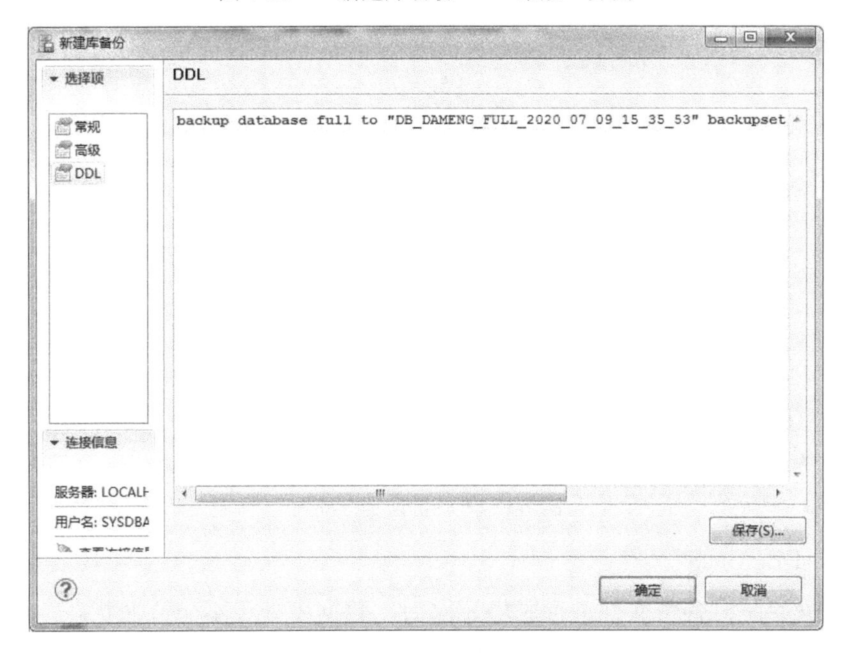

图 7-11　在“新建库备份”－“DDL”界面中查看对应的 SQL 备份语句

2. 使用数据库联机备份文件进行还原恢复

达梦数据库支持使用数据库脱机备份文件还原恢复数据库，也支持使用数据库联机备份文件还原恢复数据库。在使用数据库联机备份文件还原恢复数据库时，同样需要数据库处于脱机状态，不同之处在于使用数据库脱机备份文件还原恢复数据库必须执行数据库恢复操作。

【例 7-6】使用例 7-5 生成的数据库联机备份文件还原恢复数据库。

1）停止数据库服务

运行 DM 服务查看器，选择 DM 数据库服务实例，在右键菜单中单击“停止”选项即可使数据库脱机。

2）数据库还原

进入 DM 控制台工具，在备份列表中选中例 7-5 生成的备份文件记录，并单击“还原”按钮，还原数据库。

3）数据库恢复

在完成数据库还原操作后，还需要执行数据库恢复操作。同样，在 DM 控制台工具备份列表中选中备份文件记录，并单击“恢复”按钮，进入如图 7-12 所示的“备份恢复”界面。在该界面中，“恢复类型”可选择“从备份集恢复”或“指定归档恢复”，然后单击“确定”按钮完成数据库的恢复操作。

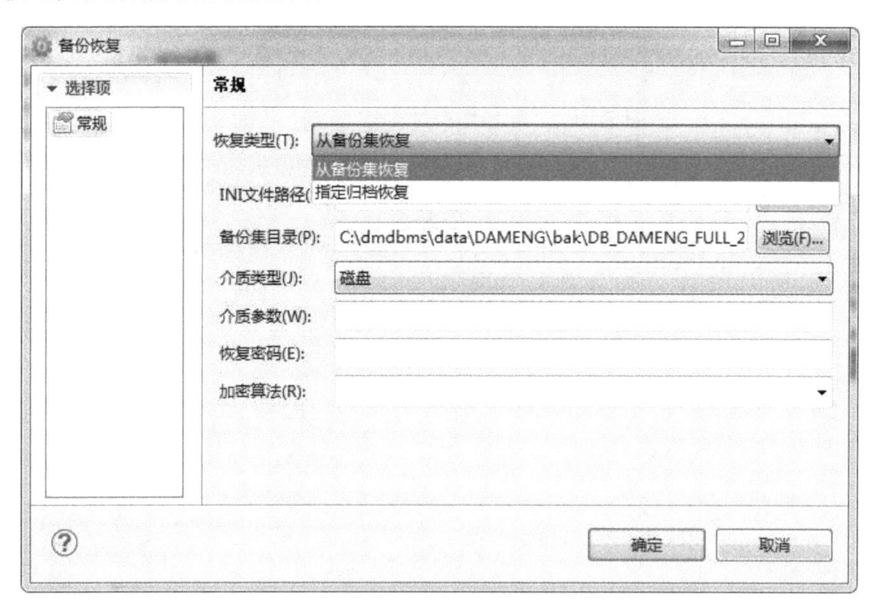

图 7-12 “备份恢复”界面

4）更新 DB_Magic

使用数据库脱机备份文件进行脱机还原后，数据库处于不一致性状态，还需要更新 DB_ Magic 来确保数据库的一致性。同样，在 DM 控制台工具中，选中备份文件记录，并单击“更新 DB_Magic”按钮，完成更新 DB_Magic 操作。

5）*启动数据库服务*

数据库还原恢复完成后，即可启动数据库服务。在 DM 服务查看器中，右键单击 DM 数据库实例服务，并在弹出菜单中单击“启动”选项，即可完成数据库服务的启动。

7.2.4　使用 SQL 语句进行联机备份还原

使用 SQL 语句进行数据库的联机备份还原本质上是命令行操作方式。

1．数据库联机备份

使用 SQL 语句执行数据库联机备份，即使用 BACKUP DATABASE 语句完成数据库联机备份操作。

1）*语法格式*

```
BACKUP DATABASE [FULL|INCREMENT WITH BACKUPDIR '<备份目录>'{,'<备份目录>'}
[USE PWR]][TO <备份名>] BACKUPSET '<备份集路径>' [DEVICE TYPE <介质类型> [PARMS '<介质参
数>']] [BACKUPINFO '<备份描述>'] [MAXPIECESIZE <备份片限制大小>] [IDENTIFIED BY <密钥>
[WITH ENCRYPTION<TYPE>][ENCRYPT WITH <加密算法>]][COMPRESSED [LEVEL <压缩级别>]]
[WITHOUT LOG][TRACE FILE '<trace文件名>'] [TRACE LEVEL <trace日志级别>] [PARALLEL [<并行
数>]];
```

主要参数说明如下。

（1）FULL|INCREMENT：备份类型，其中，FULL 表示完全备份，INCREMENT 表示增量备份。

（2）<备份目录>：用于在增量备份中指定备份目录，最大长度为 256 字节；备份目录的搜索范围是指定目录的当前目录及其第一级子目录，并且优先判断当前目录是否存在 .meta 后缀的数据元文件，若存在则停止搜索。例如，在目录 D:\tpcc\bak2\bak2_1\bak2_2 中，对于 D:\tpcc\bak2 来说，bak2_1 是其第一级子目录，bak2_2 是其第二级子目录。若指定搜索目录为 D:\tpcc\bak2，则首先判断 D:\tpcc\bak2 中是否存在 .meta 后缀的数据元文件，若存在，则停止搜索；否则，进入 bak2_1 判断是否存在 .meta 后缀的数据元文件，若不存在，则直接报错返回，不会进入 bak2_2。在实际应用中，备份目录为默认备份目录和当前执行备份集目录的上级目录。

（3）USE PWR：用于增量备份，指定在备份过程中使用 PWR 优化，默认为不使用。

（4）备份名：指定生成备份名称。若未指定，则系统随机生成，默认备份名的格式为 DB_备份类型_数据库名_备份时间。

（5）备份集路径：指定当前备份集的生成路径，若未指定，则在默认备份路径中生成备份集。

（6）介质类型：存储备份集的设备类型，暂时支持 DISK 和 TAPE，默认为 DISK。

（7）介质参数：只有介质类型为 TAPE 时才有效。

（8）备份描述：备份的描述信息。

（9）备份片限制大小：备份片文件大小上限，以 MB 为单位，上限最小可为 128MB，在 32 位操作系统中最大为 2GB，在 64 位操作系统中最大为 128GB。

（10）密钥：备份加密通过使用 IDENTIFIED BY 来指定加密密码。加密密码应用双引号括起来，这样可以避免一些特殊字符通不过语法检测的问题。

（11）WITH ENCRYPTION <TYPE>：指定加密类型，0 表示不加密，1 表示简单加密，2 表示复杂加密。另外，若指定了密钥或者加密算法，但未指定加密类型，则默认加密类型为 1。

（12）加密算法：在默认情况下，加密算法为 AES256_CFB。

（13）压缩级别：取值为 0～9。其中，0 表示不压缩，1 表示一级压缩……9 表示九级压缩。压缩级别越高，压缩越慢，但压缩比越高。若未指定压缩级别，但指定了 COMPRESSED，则默认压缩级别为 1；否则，默认压缩级别为 0。

（14）WITHOUT LOG：数据库联机备份是否备份日志标识参数。如果使用该标识参数，则不备份日志；否则，备份日志。如果使用了 WITHOUT LOG 标识参数，则使用 DMRMAN 工具还原时，必须指定 ARCHIVE_DIR 参数。

（15）trace 文件名：指定生成的 trace 文件名。当启用 trace，但不指定 trace 文件名时，默认在达梦数据库系统的 log 目录下生成 DM_SBTTRACE_年月.log 文件；若使用相对路径，则在执行码同级目录下生成该文件。

（16）trace 日志级别：有效值为 1 和 2。默认值为 1，表示不启用 trace，此时若指定了 trace 文件名，则会生成 trace 文件，但不写入 trace 信息；当 trace 日志级别取值为 2 时，则启用 trace，并写入 trace 相关信息。

（17）并行数：指定并行备份的并行数。若不指定，则默认值为 4；若指定为 0 或 1，则认为非并行备份。在增量备份中，强制并行数与基备份并行数一致。若未指定关键字 PARALLEL，则认为非并行备份。并行备份不支持 PWR 优化和介质类型为 TAPE 的备份。

2）举例说明

【例 7-7】借助 SQL 语句，对数据库进行数据库联机备份。

（1）归档模式配置。

归档模式配置除可以使用 7.2.3 节介绍的方法配置外，还可以在 DISQL 工具中使用命令来配置。若已配置归档模式，即数据库已处于归档模式，则无须再配置。

```
SQL>CONN SYSDBA/SYSDBA;
SQL>ALTER DATABASE MOUNT;
SQL>ALTER DATABASE NOARCHIVELOG;
SQL>ALTER DATABASE ADD ARCHIVELOG 'DEST=C:\log, TYPE=LOCAL, FILE_SIZE=64,
    SPACE_LIMIT=0';
SQL>ALTER DATABASE ARCHIVELOG;
SQL>ALTER DATABASE OPEN;
```

（2）数据库备份。

```
SQL>BACKUP DATABASE FULL TO DAMENG_BAK_2020 BACKUPSET 'C:\dmdbms\data\
    DAMENG\bak\DMBAK_2020' BACKUPINFO 'DAMENG 的联机完全备份';
SQL>BACKUP DATABASE FULL TO DAMENG_BAK1 BACKUPSET 'C:\dmdbms\data\DAMENG\
```

```
bak\DMBAK_2020' BACKUPINFO 'DAMENG 的联机完全备份';
```

在执行上述联机全库备份后，在 C:\dmdbms\data\DAMENG\bak\DMBAK_2020 目录下生成 DMBAK_2020.bak、DMBAK_2020.meta、DMBAK_2020_1_1.bak 等备份片文件和元数据文件。

2. 使用数据库联机备份文件进行还原恢复

使用数据库联机备份文件进行还原恢复操作也可以借助 DMRMAN 工具来完成。

【例 7-8】借助 DMRMAN 工具，使用例 7-7 生成的数据库联机备份文件还原恢复数据库。

1）停止数据库服务

运行 DM 服务查看器，选择 DM 数据库服务实例，在右键菜单中单击“停止”选项，即可使数据库脱机。

2）数据库还原

```
C:\dmdbms\bin>DMRMAN.exe
RMAN>RESTORE DATABASE 'C:\dmdbms\data\DAMENG\dm.ini' FROM BACKUPSET 'C:\dmdbms\
data\DAMENG\bak\DMBAK_2020'
```

3）数据库恢复

```
RMAN>RECOVER DATABASE 'C:\dmdbms\data\DAMENG\dm.ini' FROM BACKUPSET 'C:\dmdbms\
data\DAMENG\bak\DMBAK_2020';
```

4）更新 DB_Magic

```
RMAN>RECOVER DATABASE 'C:\dmdbms\data\DAMENG\dm.ini' UPDATE DB_Magic
```

5）启动数据库服务

数据库还原恢复完成后，即可启动数据库服务。在 DM 服务查看器中，右键单击 DM 数据库实例服务，并在弹出菜单中单击“启动”选项，即可完成数据库服务的启动。

7.3 表空间备份还原

表空间备份还原需要数据库处于联机状态，并处于归档模式下。因此，进行表空间备份还原需要开启数据库服务，并配置为归档模式，然后执行表空间备份还原操作。

7.3.1 使用 DM 管理工具进行备份还原

使用 DM 管理工具进行联机备份还原操作简单、方便，非常适合初学者使用。

1. 表空间备份

【例 7-9】使用 DM 管理工具备份 DMHR 表空间。

备份表空间，首先，需要开启数据库实例服务，并配置为归档模式；然后，在 DM 管理工具的导航窗口中展开“备份”选项，右键单击“表空间备份”选项，并单击弹出菜单中的“新建备份”选项，进入如图 7-13 所示的“新建表空间备份”界面。

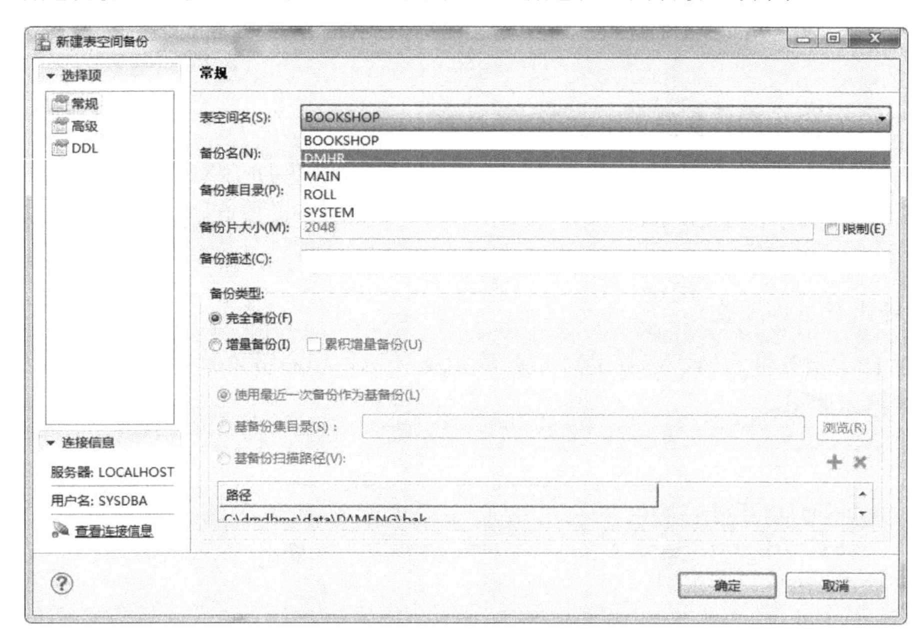

图 7-13 “新建表空间备份”界面

在“新建表空间备份”界面中，设置相应参数，如设置“表空间名”为“DMHR”。同时，在 DDL 选项中可以查看相应的 DDL 语句，如图 7-14 所示。配置完成后，单击“确定”按钮，完成 DMHR 表空间的备份。备份完成后，在 DM 管理工具导航窗口的“表空间备份”选项下可观察到备份信息。

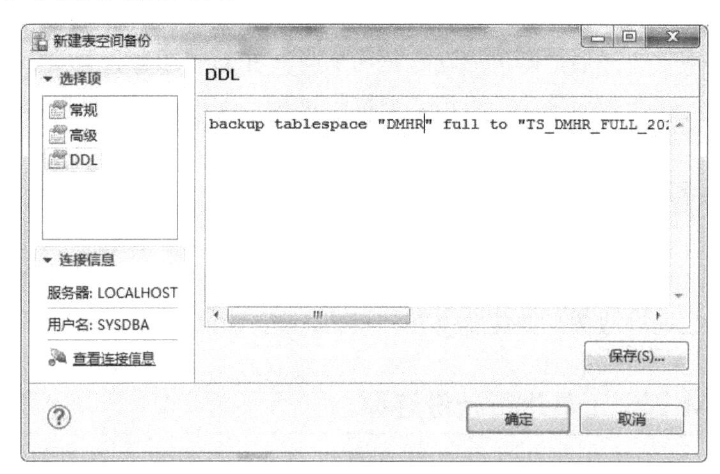

图 7-14 在“新建表空间备份”界面 DDL 选项中查看 DDL 语句

2. 表空间还原恢复

表空间还原恢复也需要数据库处于联机状态，并且处于归档模式下。达梦数据库的表空间还原恢复操作也可以直接借助 DM 管理工具完成，并直接将数据还原恢复到最新状态，而不是备份文件时刻的状态。

【例 7-10】借助 DM 管理工具，使用例 7-9 生成的备份文件，还原恢复 DMHR 表空间。

借助 DM 管理工具还原表空间，只需要展开 DM 管理工具导航窗口的“表空间备份”选项，右键单击例 7-9 生成的备份文件，在弹出菜单中单击“备份还原”选项，进入如图 7-15 所示的“表空间备份还原”界面，并进行参数配置。

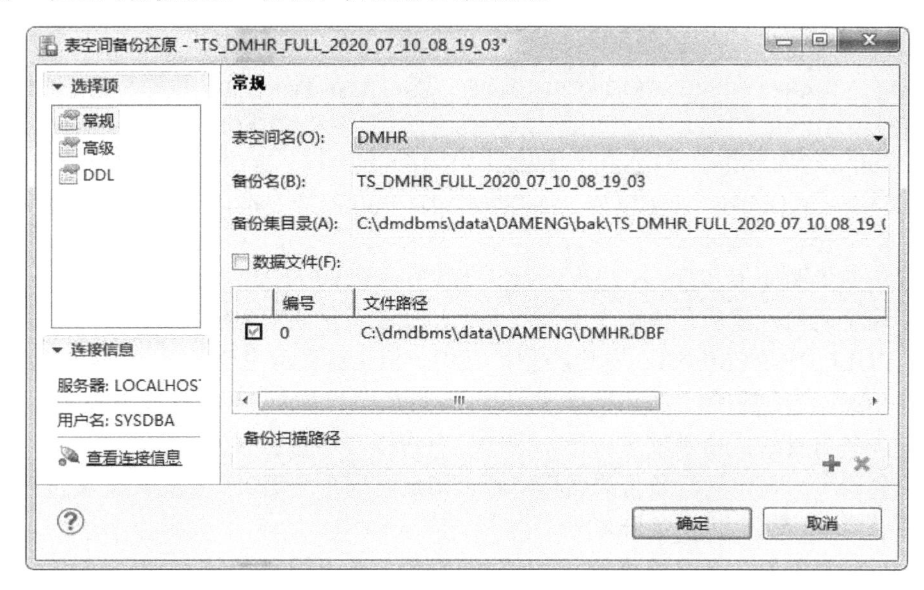

图 7-15　“表空间备份还原”界面

同时，可单击“DDL”选择项查看表空间还原对应的 DDL 语句，如图 7-16 所示。

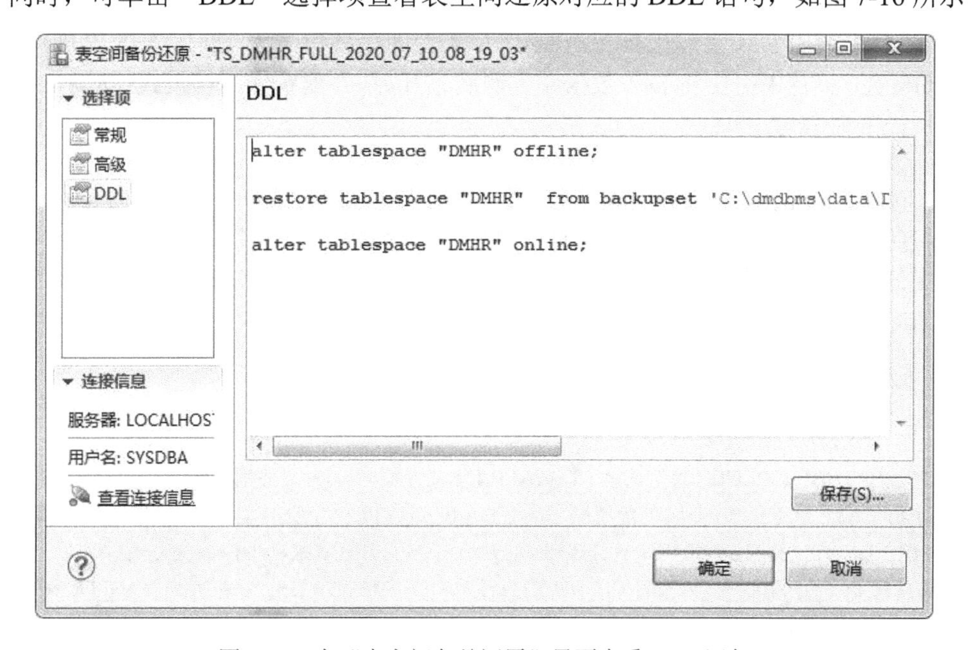

图 7-16　在“表空间备份还原”界面查看 DDL 语句

7.3.2 使用 SQL 语句进行备份还原

使用 SQL 语句对表空间进行联机备份还原，即在 DISQL 工具中执行 BACKUP TABLESPACE、RESTORE TABLESPACE 等完成表空间的联机备份还原。

1. 表空间备份

1）语法格式

```
BACKUP TABLESPACE <表空间名> [FULL | INCREMENT  WITH BACKUPDIR '<备份目录>' {,'<备份目录>'}[BASE ON  <BACKUPSET '<基备份目录>'] [USE PWR]] [TO <备份名>] BACKUPSET '<备份集路径>'[DEVICE TYPE <介质类型> [PARMS '<介质参数>']] [BACKUPINFO '<备份集描述>'] [MAXPIECESIZE <备份片限制大小>] [IDENTIFIED BY <密钥>[WITH ENCRYPTION<TYPE>] [ENCRYPT WITH <加密算法>]][COMPRESSED [LEVEL <压缩级别>]] [TRACE FILE '<trace文件名>'] [TRACE LEVEL <trace日志级别>] [PARALLEL [<并行数>]];
```

主要参数说明如下。

（1）表空间名：需要备份的表空间的名称，只能备份用户表空间。

（2）FULL|INCREMENT：备份类型，其中，FULL 表示完全备份，INCREMENT 表示增量备份。

（3）基备份目录：用于增量备份，为增量备份指定基备份目录。

（4）备份名：指定生成备份的名称。若未指定，则系统随机生成，默认备份名的格式为 TS_备份类型_表空间名_备份时间。

（5）备份集路径：指定当前备份集的生成路径，若未指定，则在默认备份路径中生成备份集。

2）应用举例

【例 7-11】使用 DM 管理工具备份 DMHR 表空间，备份名为 TS_DMHR_2020。

备份表空间，首先需要将 DM 数据库实例服务开启，并配置为归档模式；然后在 DISQL 工具中执行下列语句。

```
SQL>CONN SYSDBA/SYSDBA;
SQL>BACKUP TABLESPACE dmhr FULL TO ts_dmhr_2020 BACKUPSET 'C:\dmdbms\data\
    DAMENG\bak\TS_DMHR_2020' BACKUPINFO 'TBS的联机完全备份';
```

表空间备份完成后，在 C:\dmdbms\data\DAMENG\bak\TS_DMHR_2020 目录下生成 TS_DMHR_2020.bak 备份片文件、TS_DMHR_2020.meta 元数据文件等。

2. 表空间还原

1）语法格式

```
RESTORE TABLESPACE <表空间名> DATAFILE <文件编号> {,<文件编号>} | '<文件路径>' {,'<文件路径>'} FROM BACKUPSET '<备份集路径>' [DEVICE TYPE <介质类型> [PARMS '<介质参数>']] [IDENTIFIED BY <密码>] [ENCRYPT WITH <加密算法>] [WITH BACKUPDIR '<备份目录>' {,'<备份目录>'}] [WITH ARCHIVEDIR '归档目录'{,'归档目录'}] [MAPPED FILE '<映射文件>'][TRACE FILE '<trace文件名>'] [TRACE LEVEL <trace日志级别>][NOT PARALLEL];
```

主要参数说明如下。

（1）表空间名：需要还原的表空间名称。

（2）文件编号：表空间中指定还原数据文件的编号，对应动态视图 V$DATAFILE 中 ID 列的值。

（3）文件路径：表空间中指定还原数据文件的路径名或镜像文件名，对应动态视图 V$DATAFILE 中 PATH 列或 MIRROR_PATH 列的值；也可以仅指定数据文件名称（相对路径），当与表空间中的数据文件匹配时，会使用 SYSTEM 目录补齐。

（4）备份集路径：表空间备份时指定的备份集路径，备份集可以是表空间级备份集或库级备份集。

（5）备份目录：收集备份文件的目录。

（6）归档目录：表空间还原时，收集归档文件的目录。

2）应用举例

【例 7-12】借助 SQL 语句，使用例 7-11 生成的备份文件，还原恢复 DMHR 表空间。

（1）使表空间脱机：

```
SQL>ALTER TABLESPACE dmhr OFFLINE;
```

（2）进行表空间还原：

```
SQL>RESTORE TABLESPACE dmhr FROM BACKUPSET 'C:\dmdbms\data\DAMENG\bak\TS_
        DMHR_2020';
```

（3）使表空间联机：

```
SQL>ALTER TABLESPACE dmhr ONLINE;
```

7.4　表备份还原

表备份还原需要数据库处于联机状态，但数据库处于归档模式下或不处于归档模式下均可。因此，进行表备份还原需要开启数据库服务，然后执行表备份还原操作。

7.4.1　使用 DM 管理工具进行备份还原

表联机备份还原操作可以借助 DM 管理工具完成，操作简单、使用方便，非常适合初学者使用。

1. 表备份

【例 7-13】使用 DM 管理工具备份 DMHR 模式下的表 EMPLOYEE。

备份表，首先，将数据库实例服务开启，并配置为归档模式；然后，在 DM 管理工具的导航窗口中，展开“备份”选项，右键单击“表备份”选项，并单击弹出菜单中的“新建备份”选项，进入如图 7-17 所示的“新建表备份”界面。

在“新建表备份”界面中，设置相应参数，例如，设置“模式名”为“DMHR”，设置“表名”为“EMPLOYEE”。同时，在“DDL”选项中可以查看相应的 DDL 语句，如图 7-18 所示。配置完成后，单击“确定”按钮，完成表 EMPLOYEE 的备份。备份完成后，在 DM 管理工具导航窗口的“表备份”选项下可以观察到备份的信息。

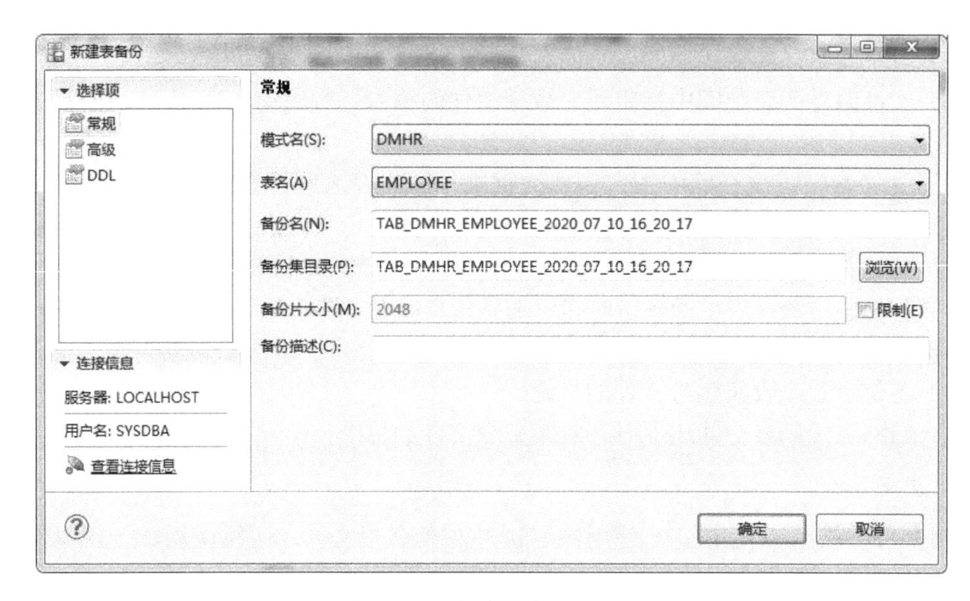

图 7-17　“新建表备份”界面

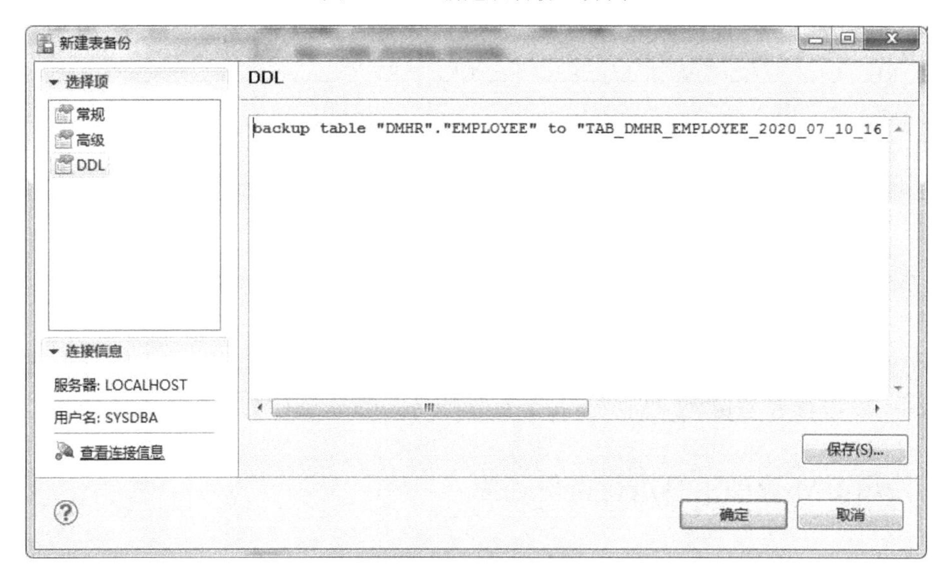

图 7-18　在“新建表备份”界面中查看 DDL 语句

2. 表还原恢复

表还原恢复也需要数据库处于联机状态，但数据库处于归档模式下或不处于归档模式下均可。达梦数据库的表还原恢复操作也可以直接借助 DM 管理工具完成，并且直接将数据还原恢复到表备份时的状态。

【例 7-14】借助 DM 管理工具，使用例 7-13 生成的备份文件，还原恢复 DMHR 模式下的表 EMPLOYEE。

借助 DM 管理工具还原表，只需要展开 DM 管理工具导航窗口的“备份”选项下的“表备份”选项，并右键单击例 7-13 生成的备份文件，在弹出的菜单中单击“备份还原”选项，进入如图 7-19 所示的“表备份还原”界面，进行参数配置，“模式名”设置为“DMHR”，

“表名”设置为“EMPLOYEE”，并勾选“表结构”选项。

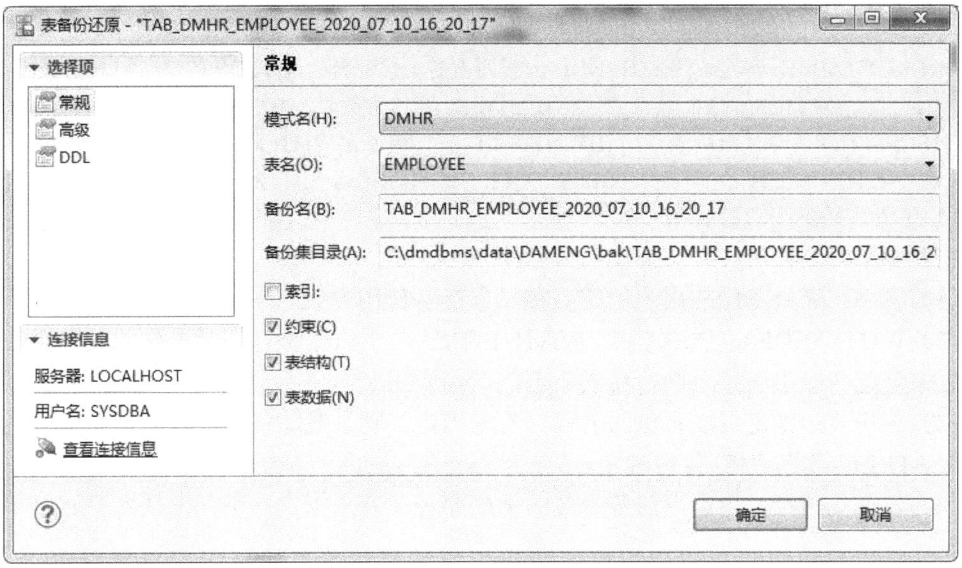

图 7-19　“表备份还原”界面

同时，可单击“DDL”选项查看表还原对应的 DDL 语句，如图 7-20 所示。

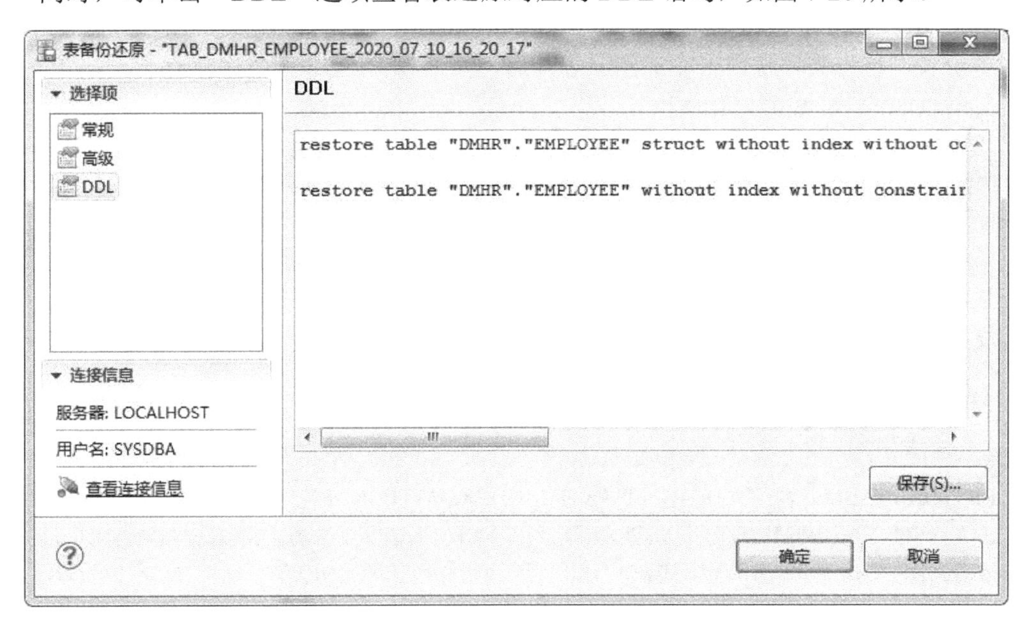

图 7-20　在“表备份还原”界面中查看 DDL 语句

7.4.2　使用 SQL 语句进行备份还原

使用 SQL 语句进行表联机备份还原，即在 DISQL 工具中执行 BACKUP TABLE、RESTORE TABLE 等完成表的联机备份还原。

1．表备份

1）语法格式

```
BACKUP TABLE <表名> [WITH INDEX [索引名称{,索引名称}]] [TO <备份名>] BACKUPSET
‘<备份集路径>’ [DEVICE TYPE <介质类型> [PARMS ‘<介质参数>’]] [BACKUPINFO ‘<备份集描述>’]
[MAXPIECESIZE <备份片限制大小>] [IDENTIFIED BY <密钥>[WITH ENCRYPTION <TYPE>]
[ENCRYPT WITH <加密算法>]] [COMPRESSED [LEVEL <压缩级别>]] [TRACE FILE ‘<trace文件名>’]
[TRACE LEVEL <trace日志级别>];
```

主要参数说明如下。

（1）表名：需要备份的用户表的名称，只能备份用户表。

（2）WITH INDEX：如果指定 WITH INDEX，那么在执行还原操作的时候会在还原数据之前创建二级索引；否则，在之后创建二级索引。

（3）备份名：指定生成备份的名称。若未指定，则系统随机生成，默认备份名的格式为 DB_BTREE_数据库名_备份时间。

（4）备份集路径：指定当前备份集的生成路径，若未指定，则在默认备份路径中生成备份集。

2）应用举例

【例 7-15】使用 SQL 备份语句，备份 DMHR 模式下的表 EMPLOYEE，并命名为 TAB_DMHR_EMPLOYEE_2020。

备份表，首先需要将数据库实例服务开启，然后在 DISQL 工具中执行下列语句。

```
SQL>CONN SYSDBA/SYSDBA;
SQL>BACKUP TABLE ‘DMHR’. ‘EMPLOYEE’ TO ‘TAB_DMHR_EMPLOYEE_2020’ BACKUPSET
‘C:\dmdbms\data\DAMENG\bak\TAB_DMHR_EMPLOYEE_2020’ BACKUPINFO ‘EMPLOYEE的联机完全
备份’;
```

备份完成后，在 C:\dmdbms\data\DAMENG\bak\TAB_DMHR_EMPLOYEE_2020 的目录下生成 TAB_DMHR_EMPLOYEE_2020.bak、TAB_DMHR_EMPLOYEE_2020.meta 等备份片文件、元数据文件。

2．表还原

1）语法格式

```
RESTORE TABLE [<表名>][STRUCT] [WITH INDEX | WITH INDEX DATA | WITHOUT INDEX]
[WITH CONSTRAINT|WITHOUT CONSTRAINT] FROM BACKUPSET ‘<备份集路径>’ [DEVICE TYPE
<介质类型> [PARMS ‘<介质参数>’]] [IDENTIFIED BY <密码>] [ENCRYPT WITH <加密算法>] [TRACE
FILE ‘<trace文件名>’] [TRACE LEVEL <trace日志级别>];
```

主要参数说明如下。

（1）表名：需要还原的表名称。

（2）备份集路径：表备份时指定的备份集路径。

（3）若在语句中指定 STRUCT 关键字，则执行表结构还原。表结构还原会根据备份集中备份表的还原要求，对目标表定义进行校验，并删除目标表中已存在的二级索引和约束；若在表结构还原时未指定 WITHOUT CONSTRAINT，则会将备份集中的 CHECK 约束在目标表上重建。

（4）若在语句中不指定 STRUCT 关键字，则执行表数据还原。表数据还原仅会在目标表定义与备份表定义一致，并且不存在二级索引和约束的情况下执行；若在表数据还原时未指定 WITHOUT CONSTRAINT，则允许目标表中存在与备份表中相同的 CHECK 约束。

2）应用举例

【例 7-16】借助 SQL 语句，使用例 7-15 中生成的表备份文件，还原恢复 DMHR 模式下的表 EMPLOYEE。

还原恢复 DMHR 模式下的表 EMPLOYEE 需要在联机状态下，在 DISQL 中执行以下语句。

```
SQL>RESTORE TABLE 'DMHR'. 'EMPLOYEE' STRUCT WITHOUT INDEX WITH CONSTRAINT
     FROM BACKUPSET 'C:\dmdbms\data\DAMENG\bak\TAB_DMHR_EMPLOYEE_2020';
SQL>RESTORE TABLE 'DMHR'. 'EMPLOYEE' WITHOUT INDEX WITH CONSTRAINT FROM
     BACKUPSET 'C:\dmdbms\data\DAMENG\bak\TAB_DMHR_EMPLOYEE_2020';
```

7.5 逻辑备份还原

7.5.1 逻辑备份

DEXP 工具可以对本地或远程数据库进行数据库级、用户级、模式级和表级的逻辑备份。备份的内容非常灵活，可以选择是否备份索引、数据行和权限，以及是否忽略各种约束（外键约束、非空约束、唯一约束等），在备份前可以选择生成日志文件记录备份过程供以后查看。

1. 语法格式

逻辑备份的语法格式如下：

```
DEXP KEYWORD=VALUE ……
```

各关键字的含义与用法如表 7-1 所示，当关键字为 USERID 时，“USERID=”可省略。

表 7-1 各关键字的含义与用法

关 键 字	含 义	备 注
USERID	用户名/口令@主机名:端口号#证书路径，如 SYSDBA/SYSDBA@server:5236#ssl_path@ssl_pwd	必选参数，其中主机名、端口号和证书路径为可选项，如果不指定，则使用默认值
FILE	用于指定导出文件名称。如果不选用该参数，则导出文件名称为 DEXP.DMP； 可以包含多个文件，文件之间用逗号分隔。文件名称可以包含通配符%U，作为自动扩充文件的文件名称模板。%U 表示 2 个字符宽度的数字，由系统自动生成，起始为 01	可选参数
FILESIZE	用于指定单个导出文件大小的上限，可以按 B、KB、MB、GB 的方式指定大小，在超出时自动增加新文件	可选参数

（续表）

关键字	含义	备注
DIRECTORY	直接路径（N）； 用于指定导出文件及日志文件生成的目录，默认为 DEXP 工具所在的目录。如果 FILE 和 LOG 参数指定的文件包含生成路径，则 FILE 和 LOG 参数中指定的路径将替代 DIRECTORY 指定的路径；如果 FILE 和 LOG 参数中指定的文件未包含路径信息，则文件将被生成到 DIRECTORY 指定的路径下	可选参数
FULL	导出整个数据库（N）	可选参数
OWNER	所有者用户名列表，用户希望导出哪个用户的对象	可选参数
SCHEMAS	导出的模式列表	可选参数
TABLES	表名列表，指定导出的表名称	可选参数
QUERY	对导出表的数据进行过滤的条件。例如，TABLES=INFO QUERY="WHERE CONDITION"，通过 QUERY 所制定的过滤条件，对表 INFO 进行导出操作	可选参数
PARALLEL	指定导出过程中所使用的线程数目	可选参数
EXCLUDE	忽略指定的对象，包括 CONSTRAINTS、INDEXES、ROWS、TRIGGERS、GRANTS、TABLES。当忽略表时，使用 TABLES: INFO 格式，如果使用 TABLES 方式导出，则指定的 TABLES 将被忽略	如 EXCLUDE=(CONSTRAINTS, INDEXES, TRIGGERS, GRANTS) EXCLUDE=TABLES: table1, table2
CONSTRAINTS	导出约束（Y）	可选参数
GRANTS	导出权限（N）	可选参数
INDEXES	导出索引（Y）	可选参数
TRIGGERS	导出触发器（Y）	可选参数
ROWS	导出数据行（Y）	可选参数
LOG	屏幕输出的日志文件	可选参数
NOLOGFILE	不使用日志文件（N）	可选参数
PARFILE	参数文件名，如果 DEXP 的参数很多，可以存为参数文件	可选参数
FEEDBACK	每 x 行显示进度（0）	可选参数
COMPRESS	是否压缩导出数据文件（N|Y）	可选参数，默认为 N
ENCRYPT	导出数据是否加密（N）	可选参数
ENCRYPT_PASSWORD	导出数据的加密密钥	可选参数，和 ENCRPY 同时使用
ENCRYPT_NAME	导出数据的加密算法	可选参数，和 ENCRPY、ENCRPY_PASSWORD 同时使用
DROP	导出表后是否将表删除（N）	可选参数
DESCRIBE	导出数据文件的描述信息，记录在数据文件中	可选参数
NOLOG	屏幕上不显示日志信息（N）	可选参数
LOCAL	在 MPP 环境下，是否使用 LOCAL 方式登录（N）	可选参数
HELP	显示帮助信息	可选参数

2. 应用举例

【**例 7-17**】备份整个数据库。

1）创建备份目录

创建 C:\dmdbms\data\DAMENG\bak\LOGIC 目录用于存储备份结果。

2）备份整个数据库

```
C:\dmdbms\bin>DEXP USERID=SYSDBA/SYSDBA DIRECTORY=C:\dmdbms\data\DAMENG\bak\
LOGIC FILE=db_all.dmp LOG=db_all.log FULL=Y
```

在备份过程中最好使用 DIRECTORY 参数指定路径，如果不指定路径，并且 FILE 和 LOG 参数都没有指定路径，则程序将根据当前的运行目录来设置相应的备份路径。

【**例 7-18**】备份单个用户的全部数据，将 DMHR 用户的数据全部备份。

```
C:\dmdbms\bin>DEXP SYSDBA/SYSDBA DIRECTORY=C:\dmdbms\data\DAMENG\bak\LOGIC
FILE=own_dmhr.dmp LOG=own_dmhr.log OWNER=dmhr
```

通过 OWNER 参数指定被备份的用户。

【**例 7-19**】备份用户的一个模式的全部数据，将 SYSDBA 用户的 OTHER 模式下的数据全部备份。

```
C:\dmdbms\bin>DEXP SYSDBA/SYSDBA DIRECTORY=C:\dmdbms\data\DAMENG\bak\LOGIC
FILE=sch_other.dmp LOG=sch_other.log SCHEMAS=OTHER
```

用 SCHEMAS 参数指定被备份的模式。一般情况下，用户的模式与备份模式是相同的，但是用户可以包含多个模式，在这种情况下备份模式是用户模式的一个子集。

【**例 7-20**】备份多个表的全部数据，在 OTHER 模式下备份表 ACCOUNT 和表 ACTIONS 的全部数据。

```
C:\dmdbms\bin>DEXP SYSDBA/SYSDBA DIRECTORY=C:\dmdbms\data\DAMENG\bak\LOGIC
FILE=tab_account_actions.dmp LOG=tab_account_actions.log TABLES=(other.account, other.actions)
```

在备份表数据时，必须指定模式名和表名，在备份多个表数据时，表之间用逗号隔开，表名之间不加空格，多个表可以加括号，也可以不加括号。

7.5.2 逻辑还原

达梦数据库提供了对数据库进行逻辑还原的命令行工具 DIMP，位于安装目录 bin 目录下。数据库管理员可以利用它在命令行方式下对达梦数据库进行联机逻辑还原，并支持对远程数据库的访问。

DIMP 工具利用 DEXP 工具生成的备份文件对数据库进行联机逻辑还原。逻辑还原的方式可以灵活选择，如是否忽略对象存在而导致的创建错误、是否导入约束、是否导入索引，以及在导入时是否需要编译、是否生成日志等。

1. 语法格式

逻辑还原的命令格式如下：

```
DIMP KEYWORD=VALUE ……
```

当关键字为 USERID 时，“USERID=”可以省略，各关键字的详细说明如表 7-2 所示。

表 7-2　DIMP 工具各关键字的详细说明

关 键 字	含　义	备　注
USERID	用户名/口令@主机名:端口号#证书路径，如 SYSDBA/SYSDBA@server:5236#ssl_path@ssl_pwd	必选参数，其中主机名、端口号和证书路径为可选项，如果不指定，则使用默认值
FILE	导入文件，之前导出的文件	必选参数
DIRECTORY	导入文件所在目录	可选参数
FULL	导入整个数据库（N）	可选参数
OWNER	导入指定的用户名下的模式	可选参数
SCHEMAS	导入模式列表	可选参数
TABLES	表名列表，指定导入的表名称	可选参数
PARALLEL	指定导入过程中所使用的线程数目	可选参数
IGNORE	忽略创建错误（N）。如果表已经存在，则向表中插入数据；否则，报错	可选参数
EXCLUDE	忽略指定的对象（如 CONSTRAINTS、INDEXES、ROWS、TRIGGERS、GRANTS 等）	如 EXCLUDE=(CONSTRAINT)
CONSTRAINTS	导入约束（Y）	可选参数
GRANTS	导入权限（N）	可选参数
INDEXES	导入索引（Y）	可选参数
TRIGGERS	导入触发器（Y）	可选参数
ROWS	导入数据行（Y）	可选参数
LOG	屏幕输出的日志文件	可选参数
NOLOGFILE	不使用日志文件（N）	可选参数
NOLOG	屏幕上不显示日志信息（N）	可选参数
PARFILE	参数文件名，如果 DIMP 的参数很多，则可以保存为参数文件	可选参数
FEEDBACK	显示每 x 行的进度（0）	可选参数
COMPILE	编译过程、程序包和函数（Y）	可选参数
INDEXFILE	将表的索引/约束信息写入指定的文件	可选参数
INDEXFIRST	导入时先建立索引（N）	可选参数
REMAP_SCHEMA	SOURCE_SCHEMA：TARGET_SCHEMA 将 SOURCE_SCHEMA 中的数据导入 TARGET_SCHEMA 中（N）	可选参数
ENCRYPT_PASSWORD	数据的加密密钥	可选参数，和 DEXP 工具中的 ENCRPY_PASSWORD 设置的密钥一样
ENCRYPT_NAME	数据的加密算法	可选参数，和 DEXP 工具中的 ENCRYPT_NAME 设置的加密算法一样
SHOW/DESCRIBE	只列出文件内容（N）	可选参数
LOCAL	在 MPP 环境下，是否使用 LOCAL 方式登录(N)	可选参数
HELP	显示帮助信息	可选参数

2．应用举例

【例 7-21】 还原表数据。利用 TAB_ACCOUNT_ACTIONS.DMP 文件还原 OTHER 模式下的表 ACCOUNT 和表 ACTIONS。

1）为了检验还原效果，先删除表 ACCOUNT 和表 ACTIONS

```
SQL>DROP TABLE other.account;
SQL>DROP TABLE other.actions;
```

2）还原表 ACCOUNT 和表 ACTIONS

```
C:\dmdbms\bin>DIMP SYSDBA/SYSDBA DIRECTORY=C:\dmdbms\data\DAMENG\bak\LOGIC
FILE=tab_account_actions.dmp LOG=tab_account_actions_imp.log TABLES=(other.account, other.actions)
IGNORE=Y
```

【例 7-22】 还原模式中的数据，利用 SCH_OTHER.DMP 文件还原 OTHER 模式下的数据。

1）为了检验还原效果，先删除 OTHER 模式

```
SQL>DROP SCHEMA OTHER CASCADE;
```

2）还原 OTHER 模式下的数据

```
C:\dmdbms\bin>DIMP USERID=SYSDBA/SYSDBA DIRECTORY=C:\dmdbms\data\DAMENG\bak\
LOGIC FILE=sch_other.dmp LOG=sch_other_imp.log SCHEMAS=OTHER
```

【例 7-23】 还原用户的数据，利用 OWN_DMHR.DMP 文件还原 DMHR 用户的数据。

1）为了检验还原效果，先删除用户 DMHR，自然就删除了该用户的所有数据

```
SQL>DROP USER dmhr CASCADE;
```

2）新建用户 DMHR

```
SQL>CREATE USER dmhr IDENTIFIED BY DMHR12345 DEFAULT TABLESPACE dmhr;
```

3）还原用户数据

```
C:\dmdbms\bin>DIMP USERID=SYSDBA/SYSDBA DIRECTORY=C:\dmdbms\data\DAMENG\bak\
LOGIC FILE=own_dmhr.dmp LOG=own_dmhr_imp.log OWNER=dmhr
```

8

第8章 达梦数据库作业管理

对数据库管理员而言，有许多日常工作均是固定不变的，如定期备份数据库、定期生成数据统计报表等。这些工作既单调又费时，如果这些重复任务能够自动化完成，将可以为数据库管理员节省大量宝贵的时间。

达梦数据库的作业系统可以让那些重复的数据库任务自动完成，实现日常工作自动化。作业系统大致包含作业管理、警报管理和操作员管理3个部分。

用户通过作业可以实现对数据库的操作，并将作业执行结果以通知的形式反馈到操作员。通过为作业创建灵活的调度方案可以满足在不同时刻运行作业的要求，用户还可以定义警报响应，以便当服务器发生特定的事件时通知数据库操作员，或者执行预定义的作业。

8.1 作业概述

为了更好地理解作业与调度，下面介绍一些相关的概念。

1. 作业

作业是由DM代理程序按顺序执行的一系列指定的操作。作业中可执行的操作包括运行DM PL/SQL脚本、定期备份数据库、对数据库中的数据进行检查等。可以通过作业来执行经常重复和可调度的任务。作业按照调度策略执行，也可以由警报触发执行，作业还可以产生警报以通知用户作业状态（成功或失败）。

2. 步骤

每个作业都由一个或多个作业步骤组成，作业步骤是作业对一个数据库或一个服务器执行的动作。每个作业必须至少有一个作业步骤。

3．调度

作业调度是用户定义的一个时间安排，在给定的时刻到来时，系统会启动相关的作业，依次执行作业中定义的步骤。调度可以是一次性的，也可以是周期性的。

4．警报

警报用来提示系统中发生的某种事件，若发生了特定的数据库操作，或者提示出错信号，或者提示作业的启动、执行完毕等事件。警报主要用于通知指定的数据库操作员，便于其迅速了解系统中发生的状况。可以为警报定义产生的条件，也可以定义当警报产生时系统采取的动作，如通知数据库操作员执行某个特定的作业等。

5．操作员

操作员是负责维护 DM 服务器运行服务实例的人员。在预期的警报（或事件）发出时，可以通过电子邮件或以网络发送的方式将警报（或事件）的内容通知数据库操作员。

虽然达梦数据库的作业系统提供了作业管理、警报管理和操作员管理等功能，但初学者只需要掌握作业管理的相关操作即可，对警报管理和操作员管理感兴趣的读者可以参阅达梦数据库联机帮助。

6．作业准备

在创建作业之前，数据库中必须有存储作业数据的系统表，主要包括表 SYSJOBS、表 SYSJOBSTEPS、表 SYSJOBSCHEDULES、表 SYSMAILINFO、表 SYSJOBHISTORIES、表 SYSALERTHISTORIES、表 SYSOPERATORS、表 SYSALERTS、表 SYSALERTNOTIFICATIONS 等，在达梦数据库联机帮助中有这些表的定义和创建方法。在 DM 管理工具中初始化代理即可完成作业准备工作。在 DM 管理工具中，右键单击“代理”选项，在弹出的快捷菜单中选择“创建代理环境”选项，在“代理”选项下创建“作业”“警报”“操作员”3 个子选项，完成作业准备工作。

8.2　通过系统过程管理作业

8.2.1　创建作业

1．语法格式

```
SP_CREATE_JOB (
  JOB_NAME                VARCHAR(128),
  ENABLED                 INT,
  ENABLE_EMAIL            INT,
  EMAIL_OPTR_NAME         VARCHAR(128),
  EMAIL_TYPE              INT,
  ENABLED_NETSEND         INT,
  NETSEND_OPTR_NAME       VARCHAR(128),
  NETSEND_TYPE            INT,
```

```
    DESCRIBE                    VARCHAR(8187)
)
```

参数说明如下。

（1）JOB_NAME：作业名称，必须是有效的标识符，同时不能是达梦数据库的关键字。作业不能重名，重名会报错。

（2）ENABLED：作业是否启用，其中，1 表示启用，0 表示不启用。

（3）ENABLE_EMAIL：作业是否开启邮件系统。其中，1 表示是，0 表示否。如果开启，那么该作业相关的一些日志会通过邮件通知数据库操作员；如果不开启，就不会发送邮件。

（4）EMAIL_OPTR_NAME：指定数据库操作员名称。如果开启了邮件通知功能，邮件会发送给该数据库操作员。在创建时系统会检测这个数据库操作员是否存在，如果不存在则会报错。

（5）EMAIL_TYPE：在开启了邮件系统之后，确定在什么情况下发送邮件，包括 3 种情况：0，1，2。其中，0 表示在作业执行成功后发送；1 表示在作业执行失败后发送；2 表示在作业执行结束后发送。

（6）ENABLED_NETSEND：作业是否开启网络发送功能，其中，1 表示是，0 表示否。如果开启，那么这个作业相关的一些日志会通过网络发送给数据库操作员；如果不开启，则不会通知。

（7）NETSEND_OPTR_NAME：指定数据库操作员的名称。如果开启了网络信息发送功能，则通过网络发送信息给数据库操作员。在指定数据库操作员名称时，系统会检测这个数据库操作员是否存在，如果不存在则会报错。

（8）NETSEND_TYPE：在开启了网络发送功能后，在什么情况下发送网络信息，包括 3 种情况，和 EMAIL_TYPE 是完全一样的。网络发送功能只在 Windows 早期版本上才支持（如 Windows 2000/XP)，并且须开启 MESSAGER 服务。Windows 7、Windows 8 系统因为取消了 MESSAGER 服务，所以不支持该功能。

（9）DESCRIBE：作业描述信息，最长 500 字节。

2．应用举例

【例 8-1】创建 INSERTACCOUNT 作业，要求不开启邮件系统、不指定数据库操作员、不开启网络发送功能。

```
SQL>SP_CREATE_JOB('INSERTACCOUNT', 1, 0, ' ', 0, 0, ' ', 0, '向表ACCOUNT插入数据');
```

8.2.2 启动作业配置

1．语法格式

```
SP_JOB_CONFIG_START (
    JOB_NAME        VARCHAR(128)
)
```

JOB_NAME 是指要配置作业的名称。作业在被执行之前会首先检测这个作业是否存在，如果不存在则会报错。

2. 应用举例

【例 8-2】开始配置 INSERTACCOUNT。

```
SQL>SP_JOB_CONFIG_START('INSERTACCOUNT');
```

8.2.3 配置作业步骤

1. 语法格式

```
SP_ADD_JOB_STEP (
  JOB_NAME             VARCHAR(128),
  STEP_NAME            VARCHAR(128),
  TYPE                 INT,
  COMMAND              VARCHAR(8187),
  SUCC_ACTION          INT,
  FAIL_ACTION          INT,
  RETRY_ATTEMPTS       INT,
  RETRY_INTERVAL       INT,
  OUTPUT_FILE_PATH     VARCHAR(256),
  APPEND_FLAG          INT
)
```

参数说明如下。

（1）JOB_NAME：作业名称，表示正在给哪个作业增加步骤，这个参数必须为调用 SP_JOB_CONFIG_START 函数时指定的作业名称，否则系统会报错，同时系统会检测这个作业是否存在，不存在也会报错。

（2）STEP_NAME：表示增加步骤的名称，必须是有效的标识符，同时不能是达梦数据库的关键字。同一个作业不能有两个同名的步骤，在创建步骤时会先检测这个步骤是否已经存在，如果存在则会报错。

（3）TYPE：步骤类型，取值可以为 0、1、2、3、4、5 和 6。

0：表示执行一段 SQL 语句或语句块。

1：表示执行备份还原 I 。

2：表示重组数据库。

3：表示更新数据库的统计信息。

4：表示执行数据迁移（DTS）。

5：表示执行备份还原 II 。

6：表示执行基于备份集的备份还原。

（4）COMMAND：指定不同步骤类型（TYPE）下，步骤在运行时所执行的 SQL 语句。它不能为空。

当 TYPE=0 时，指定要执行的 SQL 语句或语句块。如果要指定多条 SQL 语句，语句之间必须用分号隔开；不支持多条 DDL 语句一起执行，否则在执行时可能会提示不可预知的错误信息。

当 TYPE=1 时，指定的是一个字符串。该字符串由 3 部分组成：[备份模式][备份压缩类型][base_dir,……,base_dir|bakfile_path]。3 部分详细介绍如下。

第 1 部分是一个字符，表示备份模式。其中，0 表示完全备份；1 表示增量备份。如果第 1 个字符不是这两个值中的一个，则系统会报错。

第 2 部分是一个字符，表示备份时是否进行压缩。其中，0 表示不压缩；1 表示压缩。

第 3 部分是一个文件路径，表示备份文件的路径。路径命令有具体的格式，分为以下两种。

对于增量备份，因为必须要指定一个或多个基备份路径，每个路径之间都需要用逗号隔开，之后是备份路径，基备份路径与备份路径之间需要用“|”符号隔开，如果不指定备份路径，则不需要“|”符号，同时系统会自动生成一个备份路径，如 01E:\base_bakdir1,base_bakdir2|bakdir。

对于完全备份，因为不需要指定基备份路径，所以也不需要“|”符号，可以直接在第 3 字节开始指定备份路径，如 01E:\bakdir。如果不指定备份路径，则系统会自动生成一个备份路径。

当 TYPE 是 2、3 或 4 时，要执行的语句就是由系统内部根据不同类型生成的不同语句或过程。

当 TYPE=5 时，指定的是一个字符串。该字符串由 6 部分组成：[备份模式][备份压缩类型][备份日志类型][备份并行类型][预留][base_dir,……,base_dir|bakfile_path|parallel_file]。6 部分详细介绍如下。

第 1 部分是一个字符，表示备份模式。其中，0 表示完全备份；1 表示增量备份。如果第 1 个字符不是这两个值中的一个，则系统会报错。

第 2 部分是一个字符，表示备份时是否进行压缩。其中，0 表示不压缩；1 表示压缩。

第 3 部分是一个字符，表示是否备份日志。其中，0 表示备份；1 表示不备份。

第 4 部分是一个字符，表示是否并行备份。其中，0 表示普通备份；1 表示并行备份，并行备份映射放到最后，以“|”符号分割。

第 5 部分是一个保留字符，用 0 填充。

第 6 部分是一个文件路径，表示备份文件的路径。

当 TYPE=6 时，指定的是一个字符串。该字符串由 9 部分组成：[备份模式][备份压缩类型][备份日志类型][备份并行数][USE PWR][MAXPIECESIZE][RESV1][RESV2][base_dir,……,base_dir|bakfile_dir]。9 部分详细介绍如下。

第 1 部分是一个字符，表示备份模式。其中，0 表示完全备份；1 表示增量备份；3 表示归档备份。如果第 1 个字符不是这 3 个值中的一个，则系统会报错。

第 2 部分是一个字符，表示备份时是否进行压缩。其中，0 表示不压缩；1 表示压缩。

第 3 部分是一个字符，表示是否备份日志。其中，0 表示备份；1 表示不备份。

第 4 部分是一个字符，表示并行备份并行数，取值为 0～9。其中，0 表示不进行并行备份；1 表示使用并行数默认值 4；2～9 表示并行数。

第 5 部分为一个字符，表示在并行备份时，是否使用 USE PWR 优化增量备份。其中，0 表示不使用；1 表示使用。

第 6 部分为一个字符，表示备份片大小的上限（MAXPIECESIZE）。其中，0 表示默认值，1～9 依次表示备份片的大小，1 表示 128MB 的备份片大小，9 表示 32GB 的备份片大小。

第 7 部分为一个字符，表示是否在备份完归档后，删除备份的归档文件。其中，0 表示不删除；1 表示删除。

第 8 部分是一个保留字符，用 0 填充。

第 9 部分是一个文件路径，表示备份文件的路径。

（5）SUCC_ACTION：指定步骤执行成功后，下一步该做什么事，取值为 0、1 或 3。

0：表示执行下一步。

1：表示报告执行成功。

3：表示返回第一个步骤继续执行。

（6）FAIL_ACTION：指定步骤执行失败后，下一步该做什么事，取值为 0、2 或 3。

0：表示执行下一步。

2：表示报告执行失败。

3：表示返回第一个步骤继续执行。

（7）RETRY_ATTEMPTS：表示步骤执行失败后，需要重试的次数，取值为 0～100 次。

（8）RETRY_INTERVAL：表示每两次步骤执行重试的间隔时间，均不能大于 10 秒。

（9）OUTPUT_FILE_PATH：表示步骤执行时输出文件的路径。该参数已废弃，没有实际意义。

（10）APPEND_FLAG：输出文件的追写方式。如果指定输出文件，则这个参数表示在写入文件时是否从文件末尾开始追写。其中，1 表示是；0 表示否。如果是 0，则从文件指针当前指向的位置开始追写。

2. 应用举例

【例 8-3】 下面的语句为作业 INSERTTTBAK 增加了步骤 STEP1，STEP1 的任务是向 OTHER 模式下的表 TTBAK 中插入一条记录。

```
SQL>SP_ADD_JOB_STEP('INSERTACCOUNT', 'STEP1', 0, 'INSERT INTO OTHER.TTBAK
    VALUES (100,10000);', 0, 0, 0, 0, NULL, 0);
```

STEP1 指定的是执行 SQL 语句成功或失败后执行的下一个步骤，失败后不重新执行，两个步骤之间间隔为 0。

8.2.4　配置作业调度

1. 语法格式

```
SP_ADD_JOB_SCHEDULE (
  JOB_NAME                VARCHAR(128),
  SCHEDULE_NAME           VARCHAR(128),
  ENABLE                  INT,
  TYPE                    INT,
```

```
    FREQ_INTERVAL               INT,
    FREQ_SUB_INTERVAL           INT,
    FREQ_MINUTE_INTERVAL        INT,
    STARTTIME                   VARCHAR(128),
    ENDTIME                     VARCHAR(128),
    DURING_START_DATE           VARCHAR(128),
    DURING_END_DATE             VARCHAR(128),
    DESCRIBE                    VARCHAR(500)
);
```

参数说明如下。

（1）JOB_NAME：作业名称，指定要给该作业增加调度，这个参数必须是配置作业开始时指定的作业名称，否则报错，同时系统还会检测这个作业是否存在，如果不存在也会报错。

（2）SCHEDULE_NAME：待创建的调度名称，必须是有效的标识符，同时不能是达梦数据库的关键字。指定的作业不能创建两个同名的调度，在创建调度时会先检测这个调度是否已经存在，如果存在则会报错。

（3）ENABLE：表示调度是否启用，其值为布尔类型。其中，1 表示启用；0 表示不启用。

（4）TYPE：指定调度类型，取值为 0、1、2、3、4、5、6、7、8。

0：表示指定作业只执行一次。

1：表示按天的频率来执行。

2：表示按周的频率来执行。

3：表示在一个月的某一天执行。

4：表示在一个月的第一周的第几天执行。

5：表示在一个月的第二周的第几天执行。

6：表示在一个月的第三周的第几天执行。

7：表示在一个月的第四周的第几天执行。

8：表示在一个月的最后一周的第几天执行。

当 TYPE=0 时，其执行时间由参数 DURING_START_DATE 指定。

（5）FREQ_INTERVAL：与 TYPE 有关，表示不同调度类型下的发生频率。

当 TYPE=0 时，这个值无效，系统不进行检查。

当 TYPE=1 时，表示每几天执行，取值为 1～100。

当 TYPE=2 时，表示每几个星期执行，取值范围没有限制。

当 TYPE=3 时，表示每几个月中的某一天执行，取值范围没有限制。

当 TYPE=4 时，表示每几个月的第一周执行，取值范围没有限制。

当 TYPE=5 时，表示每几个月的第二周执行，取值范围没有限制。

当 TYPE=6 时，表示每几个月的第三周执行，取值范围没有限制。

当 TYPE=7 时，表示每几个月的第四周执行，取值范围没有限制。

当 TYPE=8 时，表示每几个月的最后一周执行，取值范围没有限制。

（6）FREQ_SUB_INTERVAL：与 TYPE 和 FREQ_INTERVAL 有关，表示不同 TYPE 的执行频率，在 FREQ_INTERVAL 基础上，继续指定更为精准的频率。

当 TYPE=0 或 1 时，这个值无效，系统不进行检查。

当 TYPE=2 时，表示某一个星期的星期几执行，可以同时选中 7 天中的任意几天。其取值为 1～127。具体如何取值，请用户参考如下规则：因为每周有 7 天，所以达梦数据库系统内部用 7 位二进制来表示选中的日子。从最低位开始算起，依次表示周日、周一……周五、周六。选中周几，就将该位置 1，否则置 0。例如，选中周二和周六，7 位二进制就是 1000100，转化成十进制就是 68，所以 FREQ_SUB_INTERVAL 取值为 68。

当 TYPE=3 时，表示将在一个月的第几天执行，取值为 1～31。

当 TYPE 为 4、5、6、7、8 时，均表示将在某一周内的第几天执行，取值为 1～7，分别表示从周一到周日。

（7）FREQ_MINUTE_INTERVAL：表示一天内每隔多少分钟执行一次，有效值为 1～1440，单位为分钟。

（8）STARTTIME：定义作业被调度的起始时间，必须是有效的时间字符串，不可以为空。

（9）ENDTIME：定义作业被调度的结束时间，可以为空。如果不为空，指定的必须是有效的时间字符串，同时必须要在 STARTTIME 时间之后。

（10）DURING_START_DATE：指定作业被调度的起始日期，必须是有效的日期字符串，不可以为空。

（11）DURING_END_DATE：指定作业被调度的结束日期，可以为空。当 DURING_END_DATE 和 ENDTIME 都为空时，调度活动会一直持续下去。如果 DURING_END_DATE 不为空，则其必须是有效的日期字符串，同时必须在 DURING_START_DATE 日期之后。

（12）DESCRIBE：表示调度的注释信息，最大长度为 500 字节。

2. 应用举例

【例 8-4】为作业 INSERTACCOUNT 增加名为 SCH1 的调度。

```
SQL>SP_ADD_JOB_SCHEDULE('INSERTACCOUNT', 'SCH1', 1, 1, 1, 0, 1, CURTIME, '23:59:59',
    CURDATE, NULL, '一个测试调度');
```

在上面的例子中，为作业 INSERTACCOUNT 创建了一个新的调度，调度名为 SCH1；ENABLE 为 1，即启用这个调度；调度类型 TYPE 为 1，表示只执行一次；FREQ_INTERVAL 为 1，说明每天都要执行；在这种类型下，FREQ_SUB_INTERVAL 参数就不会检查，随机写 0；FREQ_MINUTE_INTERVAL 指定为 1，说明每隔 1 分钟就执行一次；STARTTIME 指定从当前时间开始，CURTIME 表示系统当前时间；ENDTIME 指定为 23:59:59，表示每天都执行到这个时间为止；DURING_START_DATE 为调度起始日期，CURDATE 表示系统当前日期；DURING_END_DATE 指定为 NULL，表示这个调度从开始执行那一刻起永不停止；DESCRIBE 指定为“一个测试调度”，为该调度的注释。

8.2.5 提交作业配置

1．语法格式

```
SP_JOB_CONFIG_COMMIT (
  JOB_NAME      VARCHAR(128)
)
```

JOB_NAME 是指待结束配置的作业名称。

2．应用举例

【例 8-5】提交作业，并查看作业执行的效果。

（1）在提交作业之前，为了便于查看作业执行前后的效果，可先清空表 ACCOUNT 中的数据，该步骤也可不执行。

```
SQL>DELETE FROM 'OTHER.ACCOUNT';
```

（2）提交作业。

```
SQL>SP_JOB_CONFIG_COMMIT('INSERTACCOUNT');
```

（3）几分钟后，查询表 ACCOUNT 中的数据，检查作业执行情况，可以发现该表多了一行数据，查询结果表明作业执行成功。

8.2.6 其他作业管理

这里简要介绍其他作业管理操作，系统过程的详细语法参考达梦数据库联机帮助。

1．查看作业日志

创建的每个作业信息都存储在作业表 SYSJOBHISTORIES 中。通过查看作业表 SYSJOBHISTORIES，可以看到所有已经创建的作业。

【例 8-6】查看作业日志，查看 INSERTACCOUNT 作业的日志。

```
SQL>SELECT stepname, status, curtime FROM 'SYSJOB.SYSJOBHISTORIES' WHERE
      name='INSERTACCOUNT' ORDER BY id;
```

2．清除作业日志

因为日志记录会不断增加，日志越来越庞大，所以用户需要及时清理过时的日志。可以通过系统过程 SP_JOB_CLEAR_HISTORIES 清除迄今为止某个作业的所有日志记录，即删除表 SYSJOBHISTORIES 中的相关记录。如果该作业还在继续工作，那么后续会在表 SYSJOBHISTORIES 中产生该作业的新日志。

【例 8-7】清除作业日志，清除 INSERTACCOUNT 作业的日志。

```
SQL>SP_JOB_CLEAR_HISTORIES('INSERTACCOUNT');
```

3．删除步骤

如果用户发现一个作业中的某个步骤不需要了，就可以通过系统过程 SP_DROP_JOB_STEP 删除该步骤。删除步骤必须在配置作业开始后才能进行，否则系统会报错，这样处理主要是为了保证作业配置的完整性。

【例 8-8】删除步骤。不需要 STEP1 步骤，删除该步骤。

```
SQL>SP_JOB_CONFIG_START('INSERTACCOUNT');
SQL>SP_DROP_JOB_STEP('INSERTACCOUNT', 'STEP1');
```

4. 删除调度

如果不再需要某个调度，可以将其删除。删除调度调用的函数为 SP_DROP_JOB_SCHEDULE。删除调度同样需要在配置作业开始后进行。

【例 8-9】删除调度。不需要 SCH1 调度，删除该调度。

```
SQL>SP_DROP_JOB_SCHEDULE('INSERTACCOUNT', 'SCH1');
```

5. 更改作业

有时需要修改作业参数，可以通过 SP_ALTER_JOB 系统过程来实现。

【例 8-10】停止作业。停止 INSERTACCOUNT 作业，即将作业的 ENABLE 参数修改为 0，其他参数不变。

```
SQL>SP_ALTER_JOB('INSERTACCOUNT',0,0, ',0,0,',0, '向表ACCOUNT插入数据');
```

执行该系统过程后，作业将不会继续执行。

6. 删除作业

如果一个作业已经执行完成，或者由于其他原因需要删除作业，可以调用系统过程 SP_DROP_JOB 实现。

【例 8-11】删除作业。不需要 INSERTACCOUNT 作业，删除该作业。

```
SQL>SP_DROP_JOB('INSERTACCOUNT');
```

8.3 通过 DM 管理工具管理作业

【例 8-12】创建作业 BAKALL，目的是每周日对数据库执行一次完全备份。

步骤 1：若未创建代理环境，可在 DM 管理工具导航窗口中右键单击“代理”选项，并在弹出菜单中单击“创建代理环境”选项，完成创建代理环境工作，如图 8-1 所示。

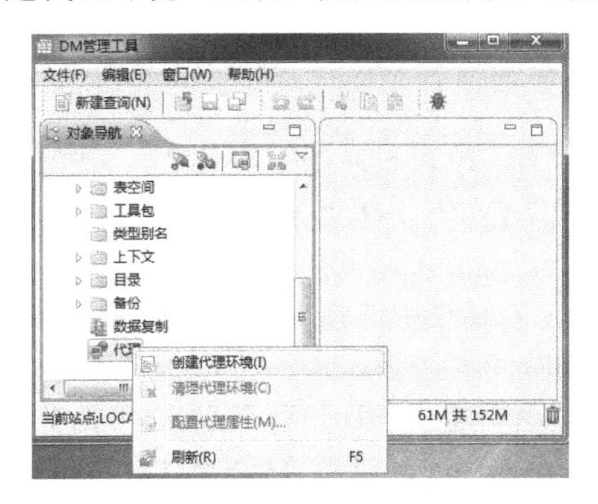

图 8-1　创建代理环境

步骤 2：右键单击“作业”选项，在弹出的快捷菜单中单击“新建作业”选项，如图 8-2

所示，弹出“新建作业”对话框，如图 8-3 所示。

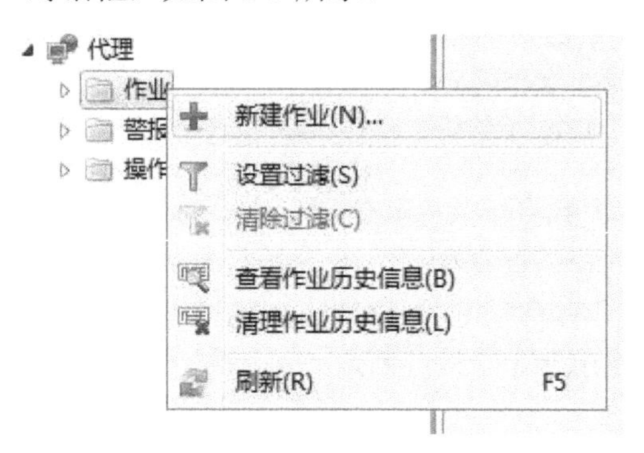

图 8-2 “作业”选项快捷菜单

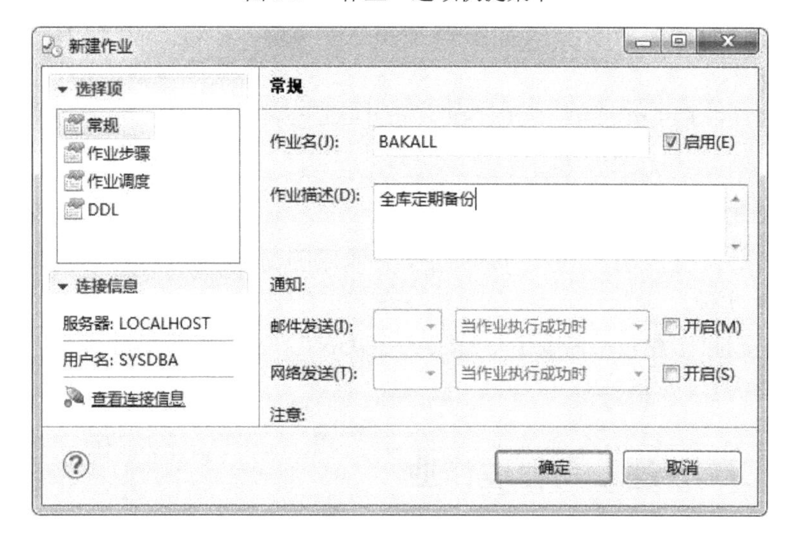

图 8-3 设置“作业名”和“作业描述”

步骤 3：在图 8-3 中，将“作业名”设置为“BAKALL”，“作业描述”设置为“全库定期备份”。

步骤 4：选择“作业步骤”选项，单击“添加”按钮，弹出“新建作业步骤”对话框，如图 8-4 所示。

步骤 5：在图 8-4 中，设置“步骤名称”为 STEP1、“步骤类型”为备份数据库、“备份路径”为 C:\dmdbms\data\DAMENG\DBBAK，“备份方式”为完全备份，单击“确定”按钮返回。

步骤 6：在“新建作业”对话框中选择“作业调度”选项，单击“添加”按钮，弹出“新建作业调度”对话框，如图 8-5 所示。

步骤 7：在图 8-5 中，设置调度“名称”为 SCH1、“调度类型”为反复执行、“发生频率”为每周日的 21:50:01 执行一次，单击“确定”按钮返回。

步骤 8：在图 8-3 中，继续单击“确定”按钮，完成 BAKALL 作业的创建。

步骤 9：到达指定的时间后，查看 BAKALL 作业历史信息，结果如图 8-6 所示。

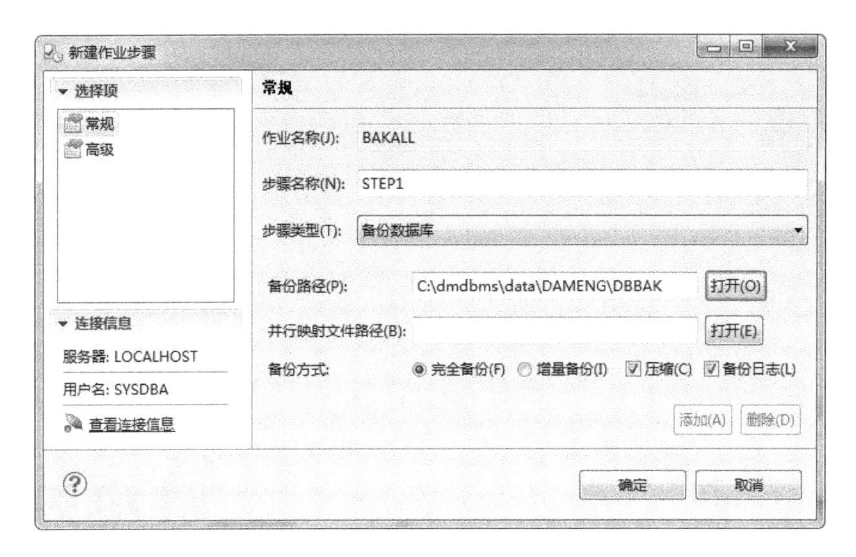

图 8-4　“新建作业步骤”对话框

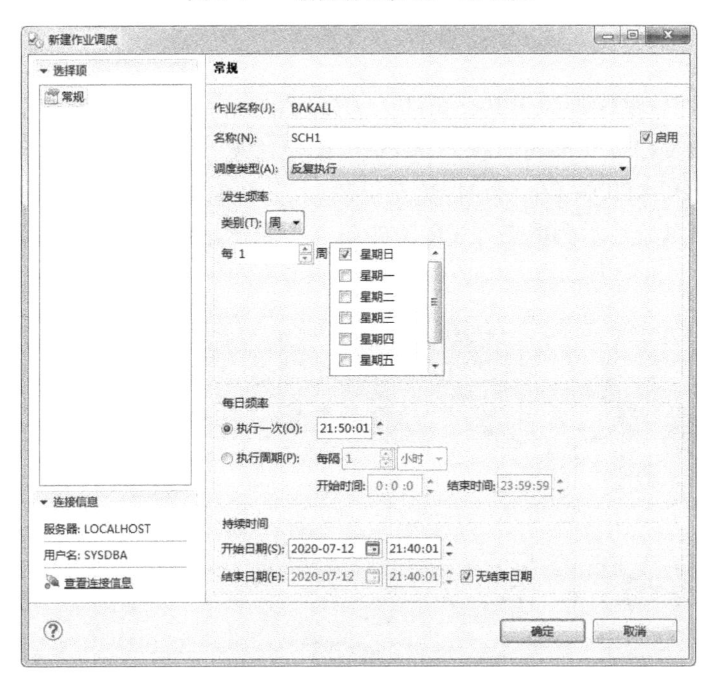

图 8-5　“新建作业调度”对话框

BAKALL

编号	作业名	步骤名	错误类型	错误码	错误信息	开始时间	结束时间	重试次数	是否通知
83403001	BAKALL	STEP1	0	0		2020-07-12 21:50:34	2020-07-12 21:50:38	0	否

图 8-6　BAKALL 作业历史信息查询结果

观察 C:\dmdbms\data\DAMENG\DBBAK 目录，可以发现在该目录下创建了一个名为 DB_DAMENG_FULL_2020_07_12_21_50_34.bak 的完全备份文件。

附录 A

样本数据库

本书中的示例数据库是关于某公司的人力资源信息，数据表包括 EMPLOYEE（员工信息）、DEPARTMENT（部门信息）、JOB（岗位信息）、JOB_HISTORY（员工任职岗位历史信息）、LOCATION（部门地理位置信息）、REGION（部门所在地区信息）、CITY（部门所在城市信息），示例数据库 ER 图如图 A-1 所示，数据表的内容如表 A-1～表 A-7 所示。

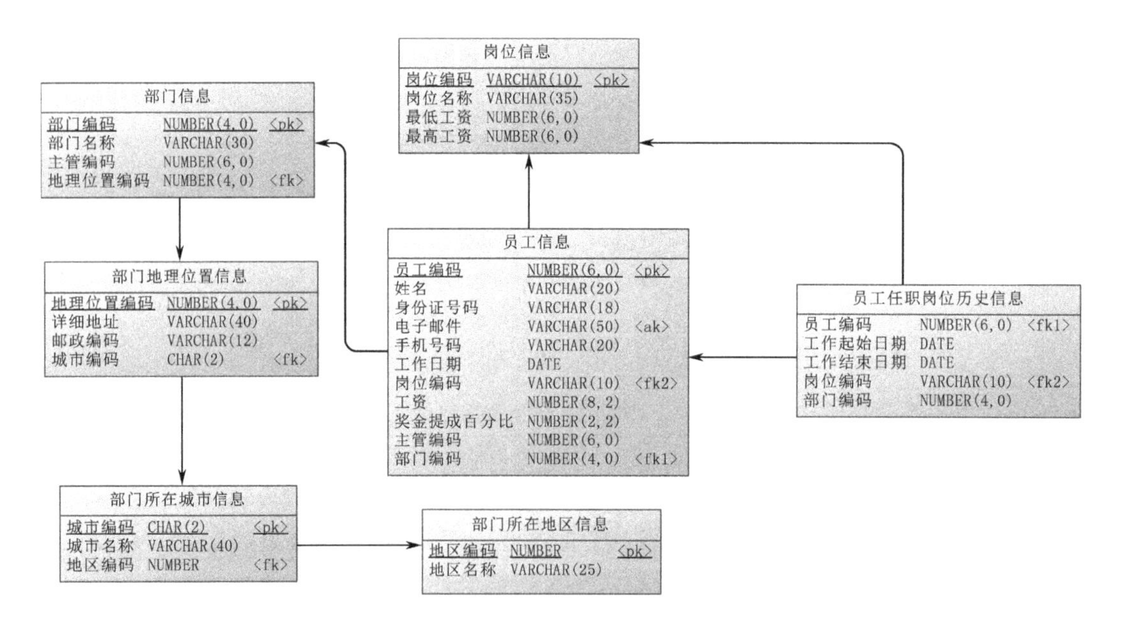

图 A-1　示例数据库 ER 图

表 A-1　EMPLOYEE（员工信息）的列清单

字段代码	数据类型	长　度	说　明
EMPLOYEE_ID	NUMBER(6,0)	6 字节	主键，员工编码
EMPLOYEE_NAME	VARCHAR(20)	20 字节	姓名
IDENTITY_CARD	VARCHAR(18)	18 字节	身份证号码
EMAIL	VARCHAR(50)	50 字节	电子邮件
PHONE_NUM	VARCHAR(20)	20 字节	手机号码
HIRE_DATE	DATE		工作日期
JOB_ID	VARCHAR(10)	10 字节	外键，岗位编码
SALARY	NUMBER(8,2)	8 字节	工资
COMMISSION_PCT	NUMBER(2,2)	2 字节	奖金提成百分比
MANAGER_ID	NUMBER(6,0)	6 字节	主管编码
DEPARTMENT_ID	NUMBER(4,0)	4 字节	部门编码

表 A-2　DEPARTMENT（部门信息）的列清单

字段代码	数据类型	长　度	说　明
DEPARTMENT_ID	NUMBER(4,0)	4 字节	主键，部门编码
DEPARTMENT_NAME	VARCHAR(30)	30 字节	部门名称
MANAGER_ID	NUMBER(6,0)	6 字节	外键，主管编码
LOCATION_ID	NUMBER(4,0)	4 字节	外键，地理位置编码

表 A-3　JOB（岗位信息）的列清单

字段代码	数据类型	长　度	说　明
JOB_ID	VARCHAR(10)	10 字节	主键，岗位编码
JOB_TITLE	VARCHAR(35)	35 字节	岗位名称
MIN_SALARY	NUMBER(6,0)	6 字节	最低工资
MAX_SALARY	NUMBER(6,0)	6 字节	最高工资

表 A-4　JOB_HISTORY（员工任职岗位历史信息）的列清单

字段代码	数据类型	长　度	说　明
EMPLOYEE_ID	NUMBER(6,0)	6 字节	员工编码
START_DATE	DATE		工作起始日期
END_DATE	DATE		工作结束日期
JOB_ID	VARCHAR(10)	10 字节	外键，岗位编码
DEPARTMENT_ID	NUMBER(4,0)	4 字节	外键，部门编码

表 A-5 LOCATION（部门地理位置信息）的列清单

字段代码	数据类型	长度	说明
LOCATION_ID	NUMBER(4,0)	4 字节	主键，地理位置编码
STREET_ADDRESS	VARCHAR(40)	40 字节	详细地址
POSTAL_CODE	VARCHAR(12)	12 字节	邮政编码
CITY_ID	CHAR(2)	2 字节	外键，城市编码

表 A-6 REGION（部门所在地区信息）的列清单

字段代码	数据类型	长度	说明
REGION_ID	NUMBER		主键，地区编码
REGION_NAME	VARCHAR(25)	25 字节	地区名称

表 A-7 CITY（部门所在城市信息）的列清单

字段代码	数据类型	长度	说明
CITY_ID	CHAR(2)	2 字节	主键，城市编码
CITY_NAME	VARCHAR(40)	40 字节	城市名称
REGION_ID	NUMBER		外键，地区编码

附录 B

达梦系统函数

表 B-1 数值函数

序 号	函 数 名	功能简要说明
1	ABS(n)	求数值 n 的绝对值
2	ACOS(n)	求数值 n 的反余弦值
3	ASIN(n)	求数值 n 的反正弦值
4	ATAN(n)	求数值 n 的反正切值
5	ATAN2(n_1,n_2)	求数值 n_1/n_2 的反正切值
6	CEIL(n)/CEILING(n)	求大于或等于数值 n 的最小整数
7	COS(n)	求数值 n 的余弦值
8	COSH(n)	求数值 n 的双曲余弦值
9	COT(n)	求数值 n 的余切值
10	DEGREES(n)	求弧度 n 对应的角度值
11	EXP(n)	求数值 n 的自然指数
12	FLOOR(n)	求小于或等于数值 n 的最大整数
13	GREATEST(n_1,n_2,n_3)	求 n_1、n_2 和 n_3 三个数中最大的一个
14	GREAT(n_1,n_2)	求 n_1、n_2 两个数中最大的一个
15	LEAST(n_1,n_2,n_3)	求 n_1、n_2 和 n_3 三个数中最小的一个
16	LN(n)	求数值 n 的自然对数
17	LOG(n_1[,n_2])	求数值 n_2 以 n_1 为底数的对数；若 n_2 未设置，则返回数值 n_1 的自然对数
18	LOG10(n)	求数值 n 以 10 为底的对数
19	MOD(m,n)	求数值 m 被数值 n 整除的余数
20	PI( )	得到常数 π
21	POWER(n_1,n_2)	求数值 n_2 以 n_1 为基数的指数
22	RADIANS(n)	求角度 n 对应的弧度值

（续表）

序　号	函　数　名	功能简要说明
23	RAND([n])	求一个 0～1 的随机浮点数
24	ROUND(n[,m])	求四舍五入值函数；将数值 n 四舍五入到小数点后 m 位，m 默认取 0
25	SIGN(n)	判断数值的数学符号
26	SIN(n)	求数值 n 的正弦值
27	SINH(n)	求数值 n 的双曲正弦值
28	SQRT(n)	求数值 n 的平方根
29	TAN(n)	求数值 n 的正切值
30	TANH(n)	求数值 n 的双曲正切值
31	TO_CHAR(n[,fmt[,'nls']])	将数值类型的数据转换为 VARCHAR 类型输出
32	TO_NUMBER(char[,fmt])	将 CHAR、VARCHAR、VARCHAR2 等类型的字符串转换为 fmt 类型的数值，fmt 取值及相应的转换格式如表 B-7 所示
33	TRUNC(n[,m])/ TRUNCATE(n[,m])	截取数值函数；将数值 n 的小数点后 m 位以后的全部截去。当 m 为负数时，表示将数值 n 的小数点前的 m 位截去，m 默认值为 0

表 B-2 字符串函数

序　号	函　数　名	功能简要说明
1	ASCII(char)	返回字符对应的整数
2	BIT_LENGTH(char)	求字符串的位长度
3	BLOB_EQUAL(n_1, n_2)	返回两个 BOB、IMAGE 或 LONGVARBINARY 类型的值 n_1 和 n_2 的比较结果，相同返回 1，否则返回 0
4	CHAR(n)/CHR(n)	返回整数 n 对应的字符
5	CHAR_LENGTH(char)/ CHARA_CTER_LENGTH(char)	求字符串的串长度
6	CONCAT(char1, char2, char3, …)	顺序连接多个字符串成为一个字符串
7	DIFFERENCE(char1, char2)	比较两个字符串的 SOUNDEX 值差异，返回两个 SOUNDEX 值在同一个位置出现相同字符的个数
8	EMPTY_CLOB( )	初始化 CLOB 字段
9	EMPTY_BLOB( )	初始化 BLOB 字段
10	GREATEST(char1,char2, char3)	求 char1、char2 和 char3 中最大的字符串
11	GREAT(char1, char2)	求 char1 和 char2 中最大的字符串
12	INITCAP(char)	将字符串中单词的首字符转换成大写字符
13	INS(char1, begin, n, char2)	删除在字符串 char1 中以 begin 参数所指位置开始的 n 个字符，再把 char2 插入到 char1 字符串的 begin 所指位置
14	INSERT(char1, n_1, n_2, char2)/ INSSTR(char1, n_1, n_2, char2)	将字符串 char1 从第 n_1 个字符的位置开始删除 n_2 个字符，并将 char2 插入到 char1 中第 n_1 个字符的位置
15	INSTR(char1, char2[,n,[m]])	从输入字符串 char1 的第 n 个字符开始查找字符串 char2 第 m 次出现的位置，以字符计算。当 n 为负数时，从字符串 char1 的最右边开始数起。n 和 m 的默认值均为 1

（续表）

序　　号	函　数　名	功能简要说明
16	INSTRB(char1, char2[,*n*,[*m*]])	从字符串 char1 的第 *n* 字节开始查找字符串 char2 第 *m* 次出现的位置，以字节计算。*n* 和 *m* 的默认值均为 1。当 *n* 为负数时，从字符串 char1 的最右边开始数起
17	LCASE(char)/LOWER(char)	将大写的字符串转换为小写的字符串
18	LEFT(char, *n*)/LEFTSTR(char, *n*)	返回字符串最左边的 *n* 个字符组成的字符串
19	LEN(char)	返回给定字符串表达式的字符(而不是字节)个数(汉字为 1 个字符)，其中不包含尾随空格
20	LENGTH(char)	返回给定字符串 char 表达式的字符（而不是字节）个数（汉字为 1 个字符），其中包含尾随空格
21	LENGTHB(char)/ OCTET_LENGTH(char)	返回输入字符串 char 的字节数
22	COPYB(DEST_LOB, SRC_LOB, LEN[,DOFFSET[,SOFFSET]])	复制指定长度的源 BLOB 数据插入目标 BLOB
23	LOCATE(char1, char2[,*n*])	返回字符串 char1 在字符串 char2 中首次出现的位置
24	LPAD(char1, *n*, char2)	在输入字符串 char1 的左边填充上字符串 char2 指定的字符，将其拉伸至 *n* 个字符长
25	LTRIM(char1, char2)	从输入字符串 char1 中删除所有的前导字符，这些前导字符由字符串 char2 定义
26	NLSSORT(str1[,nls_sort_str2])	返回对汉字 str1 按照 str2 进行排序的编码。当 str2 未设置时，返回 str1 的十六进制字符串，若 str2 取 schinese_pinyin_m、schinese_stroke_m、schinese_radical_m 时，分别表示对汉字按拼音、笔画、部首排序
27	OVERLAY(char1 PLACING char2 FROM int [FOR int])	字符串覆盖函数，用字符串 char2 覆盖字符串 char1 中指定的子字符串，返回修改后的字符串 char1
28	POSITION(char1,char2)/ POSITION (char1, /IN char2)	求字符串 char1 在字符串 char2 中第一次出现的位置
29	REPEAT(char, *n*)/ REPEATSTR(char, *n*)	返回将字符串 char 重复 *n* 次形成的字符串
30	REPLACE(char, search_string [,replacement_string])	将输入字符串 char 中所有出现的 search_string 都替换成 replacement_string 字符串。当 replacement_string 未设置时，表示删除字符串 char 中的 search_string
31	REPLICATE(char,times)	将字符串 char 复制 times 次
32	REVERSE(char)	将字符串反序
33	RIGHT(char, *n*)/ RIGHTSTR(char, *n*)	返回字符串最右边 *n* 个字符组成的字符串
34	RPAD(char1, *n*, char2)	类似 LPAD 函数，只是向右拉伸该字符串使之达到 *n* 个字符串长
35	RTRIM(char1, char2)	从输入字符串 char1 的右端开始删除字符串 char2 中的字符
36	REGEXP	根据符合 POSIX 标准的正则表达式进行字符串匹配
37	SOUNDEX(char)	返回一个表示字符串发音的字符串
38	SPACE(*n*)	返回一个包含 *n* 个空格的字符串
39	STRPOSDEC(char)	将字符串 char 中最后一个字符的值减 1
40	STRPOSDEC(char, pos)	将字符串 char 中指定位置 pos 上的字符值减 1
41	STRPOSINC(char)	将字符串 char 中最后一个字符的值加 1

（续表）

序　　号	函　数　名	功能简要说明
42	STRPOSINC(char,pos)	将字符串 char 中指定位置 pos 上的字符值加 1
43	STUFF(char1, begin, *n*, char2)	删除在字符串 char1 中以 begin 参数所指位置开始的 *n* 个字符，再将 char2 插入字符串 char1 的 begin 所指位置
44	SUBSTR(char, *m*, *n*)/ SUBSTRING(char FROM *m* [FOR *n*])	返回字符串 char 中从位置 *m* 开始的 *n* 个字符
45	SUBSTRB(char, *n*, *m*)	SUBSTR 函数等价的单字节形式
46	TO_CHAR(DATE[,fmt])	将日期类型数据转换为一个在日期语法 fmt 中指定语法的 VARCHAR 类型字符串
47	TRANSLATE(char, from, to)	将所有出现在搜索字符集中的字符转换成字符集中的相应字符
48	TRIM([LEADING|TRAILING| BOTH][exp][char1] FROM char2])	删去字符串 char2 中由字符串 char1 指定的字符
49	TEXT_EQUAL(n_1, n_2)	返回 n_1 和 n_2 的比较结果。如果完全相同，返等 1；否则，返回 0。n_1 和 n_2 的类型为 CLOB、TEXT 或 LONGVARCHAR
50	TO_SINGLE_BYTE(char)	将多字节形式的字符（串）转换为对应的单字节形式
51	TO_MULTI_BYTE(char)	将单字节形式的字符（串）转换为对应的多字节形式
52	UCASE(char)/UPPER(char)	将小写的字符串转换为大写的字符串

表 B-3　日期时间函数

序　　号	函　数　名	功能简要说明
1	ADD_DAYS(date,*n*)	返回日期加上 *n* 天后的新日期
2	ADD_MONTHS(date,*n*)	在输入日期上加上指定的几个月返回一个新日期
3	ADD_WEEKS(date,*n*)	返回日期加上 *n* 个星期后的新日期
4	CURDATE( )	返回系统当前日期
5	CURTIME( )	返回系统当前时间
6	CURRENT_DATE( )	返回系统当前日期
7	CURRENT_TIME(*n*)	返回系统当前时间
8	CURRENT_TIMESTAMP(*n*)	返回系统当前带会话时区信息的时间戳
9	DATEADD(datepart,*n*,date)	向指定的日期加上一段时间
10	DATEDIFF(datepart,date1,date2)	返回跨两个指定日期的日期和时间边界数
11	DATEPART(datepart,date)	返回代表日期的指定部分的整数
12	DAYNAME(date)	返回日期的星期名称
13	DAYOFMONTH(date)	返回日期为所在月份中的第几天
14	DAYOFWEEK(date)	返回日期为所在星期中的第几天
15	DAYOFYEAR(date)	返回日期为所在年中的第几天
16	DAYS_BETWEEN(date1,date2)	返回两个日期之间的天数
17	EXTRACT(时间字段 FROM date)	抽取日期时间或时间间隔类型中某个字段的值
18	GETDATE( )	返回系统当前时间戳
19	GREATEST(n_1,n_2,n_3)	求 n_1、n_2 和 n_3 中的最大日期
20	GREAT(n_1,n_2)	求 n_1 和 n_2 中的最大日期
21	HOUR(time)	返回时间中的小时分量
22	LAST_DAY(date)	返回输入日期所在月份最后一天的日期

（续表）

序　号	函 数 名	功能简要说明
23	LEAST(n_1,n_2,n_3)	求 n_1、n_2 和 n_3 中的最小日期
24	LOCALTIME( )	返回系统当前时间
25	LOCALTIMESTAMP( )	返回系统当前时间戳
26	MINUTE(time)	返回时间中的分钟分量
27	MONTH(date)	返回日期中的月份分量
28	MONTHNAME(date)	返回日期中月份分量的名称
29	MONTHS_BETWEEN(date1, date2)	返回两个日期之间的月份数
30	NEXT_DAY(date1, char2)	返回输入日期指定若干天后的日期
31	NOW( )	返回系统当前时间戳
32	OVERLAPS	返回两个时间段是否存在重叠
33	QUARTER(date)	返回日期在所处年中的季节数
34	ROUND(date1, char2)	将日期四舍五入到最接近格式元素指定的形式
35	SECOND(time)	返回时间中的秒分量
36	SYSDATE( )	返回系统的当前日期
37	SYSTIMESTAMP( )	返回系统当前带数据库时区信息的时间戳
38	TIMESTAMPADD(interval, *n*, timestamp)	返回时间 timestamp 加上 *n* 个 interval 类型时间间隔的结果
39	TIMESTAMPDIFF(interval, timestamp1, timestamp2)	返回一个表明 timestamp2 与 timestamp1 之间的 interval 类型时间间隔的整数
40	TO_CHAR(DATE[,fmt])	将日期数据类型 DATE 转换为一个在日期语法 fmt 中指定语法的 VARCHAR 类型字符串
41	TO_DATE(char[,fmt])	字符串转换为日期数据类型
42	TRUNC(date[,format])	把日期截断到最接近格式元素指定的形式
43	WEEK(date)	返回日期为所在年中的第几周
44	WEEKDAY(date)	返回当前日期的星期值
45	WEEKS_BETWEEN(date1, date2)	返回两个日期之间相差的周数
46	YEAR(date)	返回日期的年分量
47	YEARS_BETWEEN(date1, date2)	返回两个日期之间相差的年数

表 B-4　空值判断函数

序　号	函 数 名	功能简要说明
1	COALESCE(n_1,n_2,……,n_x)	返回第一个非空的值
2	IFNULL(n_1,n_2)	当 n_1 为非空时，返回 n_1；若 n_1 为空，则返回 n_2
3	ISNULL(n_1,n_2)	当 n_1 为非空时，返回 n_1；若 n_1 为空，则返回 n_2
4	NULLIF(n_1,n_2)	如果 n_1=n_2，返回 NULL；否则，返回 n_1
5	NVL(n_1,n_2)	返回第一个非空的值
6	NULL_EQU(n_1,n_2)	返回两个类型相同的值的比较

表 B-5 类型转换函数

序 号	函 数 名	功能简要说明
1	BINTOCHAR(exp)	将 exp 转换为 CHAR 类型
2	CAST(value AS 类型说明)	将 value 转换为指定的类型
3	CONVERT(类型说明, value)	将 value 转换为指定的类型
4	HEXTORAW(exp)	将 exp 转换为 BLOB 类型
5	RAWTOHEX(exp)	将 exp 转换为 VARCHAR 类型

表 B-6 杂类函数

序 号	函 数 名	功能简要说明
1	DECODE(exp, search1, result1,……, search*n*, result*n*[,default])	查表译码
2	ISDATE(exp)	判断表达式是否为有效的日期
3	ISNUMERIC(exp)	判断表达式是否为有效的数值

表 B-7 fmt 取值及相应转换格式

元 素	例 子	说 明
，（逗号）	9,999	在指定位置处返回逗号 注意：（1）逗号不能开头； （2）逗号不能在小数点右边
.（小数点）	99.99	在指定位置处返回小数点
$	$9999	美元符号开头
0	0999	以 0 开头，返回指定字符的数字
	9990	以 0 结尾，返回指定字符的数字
9	9999	返回指定字符的数字，其中，正号以空格代替，负号以“-”代替，0 开头以空格代替
D	99D99	返回小数点的指定位置，默认为“.”，格式串中最多能有 1 个 D
G	9G999	返回指定位置处的组分隔符，可有多个 G，但不能出现在小数点右边
S	S9999	负值前面返回 1 个“-”号； 正值前面不返回任何值
	9999S	负值后面返回一个“-”号； 正值后面不返回任何值；
		S 只能在格式串首尾出现
X	XXXX/ xxxx	返回指定字符的十六进制值，如果不是整数，则四舍五入到整数，如果为负数，则返回错误
C	C9999	返回指定字符的数字
B	B9999	返回指定字符的数字

附录 C

角色和系统权限

表 C-1　数据库常见预设角色

角色名称	所包含的权限
DBA	ALTER DATABASE
	BACKUP DATABASE
	CREATE USER
	CREATE ROLE
	SELECT ANY TABLE
	CREATE ANY TABLE
RESOURCE	CREATE ROLE
	CREATE SCHEMA
	CREATE TABLE
	CREATE VIEW
	CREATE SEQUENCE
PUBLIC	SELECT TABLE
	UPDATE TABLE
	SELECT USER
DB_AUDIT_ADMIN	CREATE USER
	AUDIT DATABASE
DB_AUDIT_OPER	AUDIT DATABASE
DB_POLICY_ADMIN	CREATE USEK
	LABEL DATABASR
DB_POLICY_OPER	LABEL DATABASE

表 C-2　常用数据库权限

数据库权限	说　明
CREATE TABLE	在自己的模式中创建表的权限
CREATE VIEW	在自己的模式中创建视图的权限
CREATE USER	在自己的模式中创建用户的权限
CREATE TRIGGER	在自己的模式中创建触发器的权限
ALTER USER	修改用户的权限
ALTER DATABASE	修改数据库的权限
CREATE PROCEDURE	在自己的模式中创建存储程序的权限

表 C-3　常用对象权限

数据库对象 类型对象权限	表	视　图	存储程序	包	类	类　型	序　列	目　录	域
SELECT	√	√					√		
INSERT	√	√							
DELETE	√	√							
UPDATE	√	√							
REFERENCES	√								
DUMP	√								
EXECUTE			√	√	√	√		√	
READ								√	
WRITE								√	
USAGE									√

附录 D DM8 常用数据字典

1．SYSOBJECTS

记录系统中所有对象的信息。

序　号	列	数 据 类 型	说　　明
1	NAME	VARCHAR(128)	对象名称
2	ID	INTEGER	对象 ID
3	SCHID	INTEGER	当 TYPE$=SCHOBJ 或 TYPE$=TABOBJ 时，表示对象所属的模式 ID；否则，为 0
4	TYPE$	VARCHAR(10)	对象的主类型。 （1）库级：UR、SCH、POLICY、GDBLINK、GSYNOM、DSYNOM、DIR、OPV、SPV、RULE、DMNOBJ； （2）模式级：SCHOBJ； （3）表级：TABOBJ
5	SUBTYPE$	VARCHAR(10)	对象的子类型，分为 3 种。 （1）用户对象：USER、ROLE； （2）模式对象：UTAB、STAB、VIEW、PROC、SEQ、PKG、TRIG、DBLINK、SYNOM、CLASS、TYPE、JCLASS、DOMAIN、CHARSET、CLLT、CONTEXT； （3）表对象：INDEX、CNTIND、CONS
6	PID	INTEGER	对象的父对象 ID，为-1 表示当前行 PID 列无意义
7	VERSION	INTEGER	对象的版本
8	CRTDATE	DATETIME	对象的创建时间
9	INFO1	INTEGER	表对象：表数据所在的缓冲区 ID(0xFF000000)，数据页填充因子(0x00F00000)、BRANCH(0x000FF000)、NOBARNCH(0x00000FF0)、BRANCHTYPE(0x0000000F)；

（续表）

序号	列	数据类型	说明
9	INFO1	INTEGER	用户对象：BYTE(4)用户类型； 视图对象：BIT(0) CHECK，BIT(1) CHECK CASCADE，BIT(2)是否加密，BIT(4) SYSTEM； 触发器对象：BIT(1) TV|EVENT FLAG，BIT(2,3)执行类型（前或后），BIT(4)是否加密，BIT(5)是否系统级，BIT(13)是否启用； 对于 TV 触发器：BIT(6) RSFLAG，BIT(7) NEW REFED FLAG，BIT(8) OLD REFED FLAG，BIT(9) ALL NEW MDF FLAG； 对于事件触发器：BIT(6,7) SCOPE，BIT(8,11) SCHEDUAL TYPE； 约束对象：列数； 存储程序：BIT(0)是否存储程序，BIT(1)是否加密，BIT(2)是否系统级； 角色：角色类型； 序列：BYTE(1)是否循环，BYTE(2)是否排序，BYTE(3)是否有缓存； 同义词：是否带系统标识； 包：BIT(1)文本是否加密，BIT(2)是否带系统标识
10	INFO2	INTEGER	表/用户/数据库/表空间：BYTE(4)空间限制值； 视图：基表 ID
11	INFO3	BIGINT	序列：起始值； 触发器：BYTE(0-3) EVENTS； TV 触发器：BYTE(4)更新操作可触发的字段，BYTE(5)行前触发器中可被触发器修改值的新行字段，BYTE(6)元组级触发器中引用的字段； 事件触发器：BYTE(4)间隔，BYTE(5)子间隔，BYTE(6,7)分间隔； 表：BYTE(0)表类型或临时表类型，BYTE(1)日志类型或错误响应或不可用标识，BYTE(2)是否临时表会话级，BYTE(3-4)区大小，BYTE(5)标记分布表； 用户：BYTE(2)默认表空间 ID
12	INFO4	BIGINT	序列：增量； 表：低 4 字节表示表版本，当表字典对象发生变化时，值加 1；高 4 字节表示大字段数据版本，当大字段数据发生变化时，值加 1
13	INFO5	VARBINARY(128)	表：BYTE(10) BLOB 数据段头； 序列：BYTE(8)序列最大值，BYTE(8)序列最小值，BYTE(2)文件 ID，BYTE(4)页号，BYTE(2)序列当前位置
14	INFO6	VARBINARY(2048)	视图：BYTE(4)表或视图 ID； TV 触发器：BYTE(2)更新操作可触发字段，BYTE(2)元组级触发器前可能被触发器修改值的字段，BYTE(2)元组级触发器中引用的字段； 事件触发器：BYTE(8)开始日期，BYTE(8)结束日期，BYTE(5)开始时间，BYTE(5)结束时间； 约束对象：(BYTE(4)ID)表列链表； 同义词：BYTE(2)模式名和 BYTE(2)对象名； 表：IDENTITY(BYTE(8) FOR SEED，BYTE(8) FOR INCREMENT)或 BYTE(4)列 ID

（续表）

序　号	列	数 据 类 型	说　　明
15	INFO7	BIGINT	保留
16	INFO8	VARBINARY(1024)	表：外部表的控制文件路径； 或者 BYTE(2)水平分区表记录总的子表数目
17	VALID	CHAR(1)	对象是否有效，‘Y’表示有效，‘N’表示失效

2. SYSINDEXES

记录系统中所有索引定义的信息。

序　号	列	数 据 类 型	说　　明
1	ID	INTEGER	索引 ID
2	ISUNIQUE	CHAR(1)	是否为唯一索引
3	GROUPID	SMALLINT	所在表空间的 ID
4	ROOTFILE	SMALLINT	存放根的文件号
5	ROOTPAGE	INTEGER	存放根的页号
6	TYPE$	CHAR(2)	类型，其中，BT 为 B 树，BM 为位图，ST 为空间，AR 为数组
7	XTYPE	INTEGER	索引标识，联合其他字段标识索引类型。 BIT(0)：0 为聚集索引，1 为二级索引； BIT(1)：标识函数索引； BIT(2)：全局索引在水平分区子表上标识； BIT(3)：全局索引在水平分区主表上标识； BIT(4)：标识唯一索引； BIT(5)：标识扁平索引； BIT(6)：标识数组索引； BIT(11)：表示该位图索引是由改造后创建的； BIT(12)：位图索引； BIT(13)：位图连接索引； BIT(14)：位图连接索引虚索引； BIT(15)：空间索引； BIT(16)：标识索引是否可见
8	FLAG	INTEGER	索引标记。 BIT(0)：系统索引； BIT(1)：虚索引； BIT(2)：PK； BIT(3)：在临时表上； BIT(4)：无效索引； BIT(5)：FAST POOL
9	KEYNUM	SMALLINT	索引包含的键值数目
10	KEYINFO	VARBINARY(816)	索引的键值信息
11	INIT_EXTENTS	SMALLINT	初始簇数目
12	BATCH_ALLOC	SMALLINT	下次分配簇数目
13	MIN_EXTENTS	SMALLINT	最小簇数

3. SYSCOLUMNS

记录系统中所有列定义的信息。

序　号	列	数据类型	说　明
1	NAME	VARCHAR(128)	列名
2	ID	INTEGER	父对象 ID
3	COLID	SMALLINT	列 ID
4	TYPE$	VARCHAR(128)	列数据类型
5	LENGTH$	INTEGER	列定义长度
6	SCALE	SMALLINT	列定义刻度
7	NULLABLE$	CHAR(1)	是否允许为空
8	DEFVAL	VARCHAR(2048)	默认值
9	INFO1	SMALLINT	水平分区表：分区列的序号； 其他表：BIT(0)压缩标记； 列存储表：BIT(0)压缩标记，BIT(1-12)区大小，BIT(13)列存储的区上是否进行最大最小值统计，BIT(14)是否加密列视图，BYTE(2)多层视图中的最原始表的列 ID； 存储过程：BYTE(2)参数类型
10	INFO2	SMALLINT	普通表：BIT(0)是否增列，BIT(14)是否加密列视图，BYTE(2)多层视图中直接上层； 列存储表：group_id

4. SYSCONS

记录系统中所有约束的信息。

序　号	列	数据类型	说　明
1	ID	INTEGER	约束 ID
2	TABLEID	INTEGER	所属表 ID
3	COLID	SMALLINT	列 ID；暂时不支持，无意义；全部为-1
4	TYPE$	CHAR(1)	约束类型
5	VALID	CHAR(1)	约束是否有效
6	INDEXID	INTEGER	索引 ID
7	CHECKINFO	VARCHAR(2048)	CHECK 约束的文本
8	FINDEXID	INTEGER	外键所引用的索引 ID
9	FACTION	CHAR(2)	前一个字符对应外键的更新动作，后一个字符对应外键的删除动作
10	TRIGID	INTEGER	动作触发器 ID

5. SYSSTATS

记录系统统计信息。

序　　号	列	数据类型	说　　明
1	ID	INTEGER	统计信息 ID
2	COLID	SMALLINT	列 ID，表级统计为-1
3	T_FLAG	CHAR(1)	对象的标记
4	T_TOTAL	BIGINT	总行数
5	N_SMAPLE	BIGINT	采样个数
6	N_DISTINCT	BIGINT	不同值的个数
7	N_NULL	BIGINT	空值个数
8	V_MIN	VARBINARY(255)	列的最小值
9	V_MAX	VARBINARY(255)	列的最大值
10	BLEVEL	TINYINT	B 树层次
11	N_LEAF_PAGES	BIGINT	叶子段总页数
12	N_LEAF_USED_PAGES	BIGINT	叶子占用的页数
13	CLUSTER_FACTOR	INTEGER	索引的 CLUSTER_FACTOR
14	N_BUCKETS	SMALLINT	直方图桶数目
15	DATA	BLOB	直方图数据
16	COL_AVG_LEN	INTEGER	平均行长
17	LAST_GATHERED	DATETIME(6)	最后收集时间
18	INFO1	VARBINARY(255)	预留列
19	INFO2	VARBINARY(255)	预留列

其中，COL_AVG_LEN 和 LAST_GATHERED 两个字段在达梦数据库 V7.1.5.173 版本和之后的版本都能看到。如果使用了该版本及以后的版本服务器，需要再退回之前版本的服务器，需要在新版本上执行 SP_UPDATE_SYSSTATS(0)并正常退出之后，才能使用老版本的服务器。另外，SP_UPDATE_SYSSTATS(99)可以在表 SYSSTATS 上增加这两个列，对老版本的达梦数据库进行升级。SP_UPDATE_SYSSTATS 的详细使用方法请参考《达梦数据库使用手册》。

6. SYSDUAL

为不带表名的查询而设，用户一般不需要查看。

序　　号	列	数 据 类 型	说　　明
1	ID	INTEGER	始终为 1

7. SYSTEXTS

存放数据字典对象文本信息。

序　　号	列	数 据 类 型	说　　明
1	ID	INTEGER	所属对象的 ID
2	SEQNO	INTEGER	视图对象文本信息的含义，0 表示视图定义，1 表示视图的查询子句
3	TXT	TEXT	文本信息

8. SYSGRANTS

记录系统权限信息。

序　　号	列	数 据 类 型	说　　明
1	URID	INTEGER	被授权用户/角色 ID
2	OBJID	INTEGER	授权对象 ID，对于数据库权限为-1
3	COLID	INTEGER	表/视图列 ID，非列权限为-1
4	PRIVID	INTEGER	权限 ID
5	GRANTOR	INTEGER	授权者 ID
6	GRANTABLE	CHAR(1)	权限是否可转授，Y 可转授，N 不可转授

9. SYSAUDIT

记录系统审计设置。

序　　号	列	数 据 类 型	说　　明
1	LEVEL	SMALLINT	审计级别
2	UID	INTEGER	用户 ID
3	TVPID	INTEGER	表/视图/触发器/存储过程函数 ID
4	COLID	SMALLINT	列 ID
5	TYPE	SMALLINT	审计类型
6	WHENEVER	SMALLINT	审计情况

10. SYSAUDITRULES

记录系统审计规则信息。

序　　号	列	数 据 类 型	说　　明
1	ID	INTEGER	规则 ID
2	RULENAME	VARCHAR(128)	规则名
3	USERID	INTEGER	用户 ID
4	SCHID	INTEGER	模式 ID
5	OBJID	INTEGER	操作对象 ID
6	COLID	SMALLINT	列 ID
7	OPTYPE	SMALLINT	操作类型
8	WHENEVER$	SMALLINT	审计情况
9	ALLOW_IP	VARCHAR(1024)	允许的 IP
10	ALLOW_DT	VARCHAR(1024)	时间段
11	INTERVAL$	INTEGER	时间间隔
12	TIMES	INTEGER	操作次数

11. SYSHPARTTABLEINFO

记录系统分区表信息。

序　　号	列	数 据 类 型	说　　明
1	BASE_TABLE_ID	INTEGER	基表 ID
2	PART_TABLE_ID	INTEGER	分区表 ID
3	PARTITION_TYPE	VARCHAR(10)	分区类型
4	PARTITION_NAME	VARCHAR(128)	分区名
5	HIGH_VALUE	VARBINARY(8188)	LIST 分区的临界值； 范围分区的分区值； 哈希分区此值为 NULL
6	INCLUDE_HIGH_VALUE	CHAR(1)	对于 LIST 分区：分区是否包含临界值； 对于范围分区：始终为 1；对于哈希分区：值为 0
7	RESVD1	INTEGER	对于子表记录：同层的第一个（最左边）子表 ID 对于模板记录：该模板中的子分区个数
8	RESVD2	INTEGER	保留
9	RESVD3	INTEGER	保留
10	RESVD4	VARCHAR(128)	保留
11	RESVD5	VARCHAR(2000)	保留

12．SYSMACPLYS

记录策略定义。

序　　号	列	数 据 类 型	说　　明
1	ID	INTEGER	策略 ID
2	NAME	VARCHAR(128)	策略名

13．SYSMACLVLS

记录策略等级。

序　　号	列	数 据 类 型	说　　明
1	PID	INTEGER	策略 ID
2	ID	SMALLINT	等级 ID
3	NAME	VARCHAR(128)	等级名

14．SYSMACCOMPS

记录策略范围。

序　　号	列	数 据 类 型	说　　明
1	PID	INTEGER	策略 ID
2	ID	SMALLINT	范围 ID
3	NAME	VARCHAR(128)	范围名

15．SYSMACGRPS

记录策略所在组信息。

序　号	列	数据类型	说　明
1	PID	INTEGER	策略 ID
2	ID	SMALLINT	组 ID
3	PARENTID	SMALLINT	父节点 ID
4	NAME	VARCHAR(128)	组名

16．SYSMACLABELS

记录策略标记信息。

序　号	列	数据类型	说　明
1	PID	INTEGER	策略 ID
2	ID	INTEGER	标记 ID
3	LABEL	VARCHAR(4000)	标记信息

17．SYSMACTABPLY

记录表策略信息。

序　号	列	数据类型	说　明
1	TID	INTEGER	表 ID
2	PID	INTEGER	策略 ID
3	COLID	SMALLINT	列 ID
4	OPTIONS	BYTE	可见性

18．SYSMACUSRPLY

记录用户策略信息。

序　号	列	数据类型	说　明
1	UID	INTEGER	用户 ID
2	PID	INTEGER	策略 ID
3	MAXREAD	INTEGER	最大读标记 ID
4	MINWRITE	INTEGER	最小写标记 ID
5	DEFTAG	INTEGER	默认标记 ID
6	ROWTAG	INTEGER	行级标记 ID
7	PRIVS	BYTE	特权

19．SYSMACOBJ

记录扩展客体标记信息。

序　号	列	数据类型	说　明
1	OBJID	INTEGER	对象 ID
2	COLID	SMALLINT	列 ID
3	PID	INTEGER	策略 ID
4	TAG	INTEGER	标记 ID

20. SYSCOLCYT

记录列加密信息。

序号	列	数据类型	说明
1	TID	INTEGER	表 ID
2	CID	SMALLINT	列 ID
3	ENC_ID	INTEGER	加密类型 ID
4	ENC_TYPE	CHAR(1)	加密类型
5	HASH_ID	INTEGER	哈希算法 ID
6	HASH_TYPE	CHAR(1)	是否加盐
7	CIPHER	VARCHAR(1024)	密钥

21. SYSACCHISTORIES

记录登录失败历史信息。

序号	列	数据类型	说明
1	LOGINID	INTEGER	登录 ID
2	LOGINNAME	VARCHAR(128)	登录名
3	TYPE$	INTEGER	登录类型
4	ACCPIP	VARCHAR(128)	访问 IP
5	ACCDT	DATETIME	访问时间

22. SYSPWDCHGS

记录密码修改信息。

序号	列	数据类型	说明
1	LOGINID	INTEGER	登录 ID
2	OLD_PWD	VARCHAR(48)	旧密码
3	NEW_PWD	VARCHAR(48)	新密码
4	MODIFIED_TIME	TIMESTAMP	修改日期

23. SYSCONTEXTINDEXES

记录全文索引信息。

序号	列	数据类型	说明
1	NAME	VARCHAR(128)	索引名
2	ID	INTEGER	索引号
3	TABLEID	INTEGER	基表号
4	COLID	SMALLINT	列号
5	UPD_TIMESTAMP	TIMESTAMP	索引更新时间
6	TIID	INTEGER	CTI$INDEX_NAME$I 表 ID
7	TRID	INTEGER	CTI$INDEX_NAME$R 表 ID
8	TPID	INTEGER	CTI$INDEX_NAME$P 表 ID

（续表）

序　号	列	数据类型	说　明
9	WSEG_TYPE	SMALLINT	分词参数类型
10	RESVD1	SMALLINT	保留
11	RESVD2	INTEGER	保留
12	RESVD3	INTEGER	保留
13	RESVD4	VARCHAR(1000)	保留

24．SYSTABLECOMMENTS

记录表或视图注释信息。

序　号	列	数据类型	说　明
1	SCHNAME	VARCHAR(128)	模式名
2	TVNAME	VARCHAR(128)	表/视图名
3	TABLE_TYPE	VARCHAR(10)	对象类型
4	COMMENT$	VARCHAR(40000)	注释信息

25．SYSCOLUMNCOMMENTS

记录列注释信息。

序　号	列	数据类型	说　明
1	SCHNAME	VARCHAR(128)	模式名
2	TVNAME	VARCHAR(128)	表/视图名
3	COLNAME	VARCHAR(128)	列名
4	TABLE_TYPE	VARCHAR(10)	对象类型
5	COMMENTS	VARCHAR(4000)	注释信息

26．SYSUSERS

记录系统用户信息。

序　号	列	数据类型	说　明
1	ID	INTEGER	用户 ID
2	PASSWORD	VARCHAR(128)	用户口令
3	AUTHENT_TYPE	INTEGER	用户认证方式：NDCT_DB_AUTHENT/NDCT_OS_AUTHENT/NDCT_NET_AUTHENT/NDCT_UNKOWN_AUTHENT
4	SESS_PER_USER	INTEGER	在一个实例中，一个用户可以同时拥有的会话数量
5	CONN_IDLE_TIME	INTEGER	用户会话的最大空闲时间
6	FAILED_NUM	INTEGER	用户登录失败次数限制
7	LIFE_TIME	INTEGER	一个口令在终止使用前可以使用的天数
8	REUSE_TIME	INTEGER	一个口令在可以重新使用之前必须经过的天数
9	REUSE_MAX	INTEGER	一个口令在可以重新使用之前必须改变的次数
10	LOCK_TIME	INTEGER	用户口令锁定时间

（续表）

序　号	列	数据类型	说　明
11	GRACE_TIME	INTEGER	用户口令过期后的宽限时间
12	LOCKED_STATUS	SMALLINT	用户登录是否锁定：LOGIN_STATE_UNLOCKED/LOGIN_STATE_LOCKED
13	LATEST_LOCKED	TIMESTAMP(19)	用户最后一次锁定的时间
14	PWD_POLICY	INTEGER	用户口令策略：NDCT_PWD_POLICY_NULL/NDCT_PWD_POLICY_1/NDCT_PWD_POLICY_2/NDCT_PWD_POLICY_3/NDCT_PWD_POLICY_4/NDCT_PWD_POLICY_5
15	RN_FLAG	INTEGER	是否只读
16	ALLOW_ADDR	VARCHAR(500)	允许的 IP 地址
17	NOT_ALLOW_ADDR	VARCHAR(500)	不允许的 IP 地址
18	ALLOW_DT	VARCHAR(500)	允许登录的时间段
19	NOT_ALLOW_DT	VARCHAR(500)	不允许登录的时间段
20	LAST_LOGIN_DTID	VARCHAR(128)	上次登录时间
21	LAST_LOGIN_IP	VARCHAR(128)	上次登录 IP 地址
22	FAILED_ATTEMPS	INTEGER	使一个账户被锁定的连续注册失败的次数
23	ENCRYPT_KEY	VARCHAR(256)	用户登录的存储加密密钥

27. SYSOBJINFOS

记录对象依赖信息。

序　号	列	数据类型	说　明
1	ID	INTEGER	被依赖类的 ID
2	TYPE$	VARCHAR(100)	对象依赖类型
3	INT_VALUE	INTEGER	对象类型对应的值
4	STR_VALUE	VARCHAR(2048)	如果是域对象，表示 DOMAIN+域 ID；其他对象暂未利用
5	BIN_VALUE	VARBINARY(2048)	暂未利用

28. SYSRESOURCES

记录用户使用系统资源限制信息。

序　号	列	数据类型	说　明
1	ID	INTEGER	用户 ID
2	CPU_PER_CALL	INTEGER	用户的一个请求能够使用的 CPU 时间上限（单位：秒）
3	CPU_PER_SESSION	INTEGER	一个会话允许使用的 CPU 时间上限（单位：秒）
4	MEM_SPACE	INTEGER	会话占有的私有内存空间上限（单位：MB）
5	READ_PER_CALL	INTEGER	每个请求能够读取的数据页数
6	READ_PER_SESSION	INTEGER	一个会话能够读取的总数据页数上限
7	INFO1	VARCHAR(256)	一个会话连接、访问和操作数据库服务器的时间上限（单位：10 分钟）

29. SYSCOLINFOS

记录列附加信息，如是否是虚拟列。

序　号	列	数据类型	说　明
1	ID	INTEGER	表 ID
2	COLID	SMALLINT	列 ID
3	INFO1	INTEGER	第 1 位表示是否是虚拟列
4	INFO2	INTEGER	备用
5	INFO3	INTEGER	备用

30. SYSUSERINI

记录定制 INI 参数。

序　号	列	数据类型	说　明
1	USER_NAME	VARCHAR(256)	用户名
2	PARA_NAME	VARCHAR(256)	ini 参数名
3	INT_VALUE	BIGINT	整型参数的值
4	DOUBLE_VALUE	FLOAT	浮点类型参数值
5	STRING_VALUE	VARCHAR(4000)	字符类型参数的值

31. SYSDEPENDENCIES

记录对象间依赖关系。

序　号	列	数据类型	说　明
1	ID	INTEGER	对象 ID
2	TYPE$	VARCHAR(17)	对象类型，包括 TABLE、VIEW、MATERIALIZED VIEW、INDEX、PROCEDURE、FUNCTION、TRIGGER、SEQUENCE、CALSS、JCLASS、TYPE、PACKAGE、SYNONYM、DOMAIN
3	REFED_ID	INTEGER	被引用对象 ID
4	REFED_TYPE$	VARCHAR(17)	被引用对象类型，包括类型与 TYPE$一致
5	DEPEND_TYPE	VARCHAR(4)	默认为“HARD”，当 TYPE$为 MATERIALIZED VIEW 和 INDEX 时，其值为“REF”

32. SYSINJECTHINT

记录已指定的 SQL 语句及对应的 HINT。

序　号	列	数据类型	说　明
1	NAME	VARCHAR(128)	规则名称
2	DESCRIPTION	VARCHAR(256)	规则的详细描述
3	VALIDATE	VARCHAR(5)	规则是否生效，取值 TRUE/FALSE
4	SQL_TEXT	TEXT	规则中的 SQL 语句
5	HINT_TEXT	TEXT	为 SQL 语句指定的 HINT 内容
6	CREATOR	VARCHAR(128)	规则创建人

（续表）

序　号	列	数 据 类 型	说　明
7	CRTDATE	DATETIME	规则创建时间
8	INFO1	INT	保留字段
9	INFO2	VARBINARY(128)	保留字段
10	INFO3	VARBINARY(1024)	保留字段

33. SYSMSTATS

记录多维统计信息内容。

序　号	列	数 据 类 型	说　明
1	ID	INT	ID 号
2	MCOLID	VARBINARY(4096)	多维度信息
3	T_FLAG	CHAR(1)	保留字段，目前一定是列“C”
4	N_DIMENSION	INT	维度
5	N_TOTAL	BIGINT	总的行数
6	N_SMAPLE	BIGINT	采样数
7	N_DISTINCT	BIGINT	不同值的个数
8	N_NULL	BIGINT	NULL 值的个数
9	BLEVEL	TINYINT	保留字段
10	N_LEAF_PAGES	BIGINT	保留字段
11	N_LEAF_USED_PAGES	BIGINT	保留字段
12	CLUSTER_FACTOR	INT	保留字段
13	N_BUCKETS	SMALLINT	直方图的桶数
14	DATA	BLOB	直方图的信息
15	COL_AVG_LEN	INT	保留字段
16	LAST_GATHERED	DATETIME	最后收集的时间

附录 E

达梦数据库技术支持

如果您在安装或使用达梦数据库系统及其相应产品时出现了问题，请首先访问达梦数据库官网。在此网站我们收集整理了安装使用过程中一些常见问题的解决办法，相信会对您有所帮助。

您也可以通过以下途径与武汉达梦数据库股份有限公司联系，武汉达梦数据库股份有限公司技术支持工程师会为您提供服务。

武汉达梦数据库股份有限公司
地址：武汉市东湖新技术开发区高新大道 999 号未来科技大厦 C3 栋 16～19 层
电话：（+86）027-87588000
传真：（+86）027-87588810

北京达梦数据库技术有限公司
地址：北京市海淀区中关村南大街 2 号数码大厦 B 座 1003
电话：（+86）010-51727900
传真：（+86）010-51727983

上海达梦数据技术有限公司
地址：上海市静安区江场三路 76、78 号 103 室
电话：（+86）021-33932716
传真：（+86）021-33932718

武汉达梦数据技术有限公司
地址：武汉市东湖新技术开发区高新大道999号未来科技大厦C3栋16层
电话：（+86）027-87588000
传真：（+86）027-87588810

武汉达梦数据库股份有限公司广州分公司
地址：广州市越秀区东风东路836号东峻广场4座604
电话：（+86）020-38844641

四川蜀天梦图数据科技有限公司
地址：成都市天府新区湖畔西路99号B7栋（天府英才中心）6层
电话：（+86）028-64787496
传真：（+86）028-64787496

达梦数据技术（江苏）有限公司
地址：江苏省苏州市吴中经济开发区越溪街道吴中大道1421号越旺智慧谷B区B2栋16楼
电话：（+86）0512-65285955
传真：（+86）0512-65286955

技术服务：
电话：**400-991-6599**
邮箱：**dmtech@dameng.com**